U0332079

国家出版基金项目
NATIONAL PUBLICATION FOUNDATION

有色金属理论与技术前沿丛书

稀土 Al - Cu 合金相图及应用

THE PHASE DIAGRAMS AND APPLICATION OF Al - Cu - RE SYSTEMS

章立钢　刘立斌　金展鹏　著
Zhang Ligang Liu Libin Jin Zhanpeng

中南大學出版社
www.csupress.com.cn
CNMC 中国有色集团

内容简介

Introduction

在铝合金中添加稀土，可显著改善合金的机械性能、物理性能和加工性能等。通过形成非晶制备高性能稀土铝合金的研究，尤其是稀土铝合金的非晶形成能力的研究，是目前材料界新兴的热点研究课题。该书通过构建一系列稀土 Al－Cu 合金相图，介绍稀土在铝合金中的微合金化机理，从热力学及相图出发探讨合金成分、热处理工艺对铝合金性能的影响；同时探讨稀土对于铝基非晶合金的非晶形成能力的改性。

本书中涵盖的内容对于制备高性能铝合金具有重要的参考价值。本书适合于材料科学相关领域的工程技术人员和科研人员阅读，也可作为相关专业教师和学生的参考书。

作者简介

About the Authors

章立钢　2010 年获取中南大学材料科学与工程学院材料学专业博士学位。2010—2014 年在德国弗莱贝格矿业技术大学任助理研究员。2014 年 9 月进入中南大学材料科学与工程学院任讲师至今。主持多项国家、省部级项目，包括国家自然科学基金、留学归国基金、中南大学优秀博士基金项目。在国际知名刊物发表学术论文 30 篇，其中 SCI 收录 29 篇。

刘立斌　中南大学材料科学与工程学院副院长，教授，博士生导师，兼任中国材料研究学会理事、中国物理学会相图专业委员会委员。主要从事材料热力学和材料设计等领域的研究，包括计算热力学和材料组织演化过程模拟；金属材料相图与合金化原理；界面反应与新型涂/镀层材料的开发等。主持多项国家自然科学基金项目。参与由冯端、师昌绪、刘治国主编的《材料科学导论》的相图部分的编写，发表论文 112 篇，其中 ESI 论文 79 篇，论文成果被 20 多个国家和地区的 60 多个大学与研究院所的科学家所引用 438 次。

金展鹏　中南大学材料科学与工程学院教授，博士生导师，享受政府特殊津贴的专家。1963 年，中南矿冶学院（中南大学前身）研究生毕业；1979—1981 年，瑞典皇家工学院访问学者；2003 年 11 月，当选为中国科学院院士。曾任国际合金相图委员会委员、中国材料学会理事。现任国际相图计算杂志副主编、美国相平衡杂志顾问编委、亚太材料科学院会员。

学术委员会

Academic Committee

国家出版基金项目
有色金属理论与技术前沿丛书

总序

Preface

当今有色金属已成为决定一个国家经济、科学技术、国防建设等发展的重要物质基础，是提升国家综合实力和保障国家安全的关键性战略资源。作为有色金属生产第一大国，我国在有色金属研究领域，特别是在复杂低品位有色金属资源的开发与利用上取得了长足进展。

我国有色金属工业近30年来发展迅速，产量连年来居世界首位，有色金属科技在国民经济建设和现代化国防建设中发挥着越来越重要的作用。与此同时，有色金属资源短缺与国民经济发展需求之间的矛盾也日益突出，对国外资源的依赖程度逐年增加，严重影响我国国民经济的健康发展。

随着经济的发展，已探明的优质矿产资源接近枯竭，不仅使我国面临有色金属材料总量供应严重短缺的危机，而且因为“难探、难采、难选、难冶”的复杂低品位矿石资源或二次资源逐步成为主体原料后，对传统的地质、采矿、选矿、冶金、材料、加工、环境等科学技术提出了巨大挑战。资源的低质化将会使我国有色金属工业及相关产业面临生存竞争的危机。我国有色金属工业的发展迫切需要适应我国资源特点的新理论、新技术。系统完整、水平领先和相互融合的有色金属科技图书的出版，对于提高我国有色金属工业的自主创新能力，促进高效、低耗、无污染、综合利用有色金属资源的新理论与新技术的应用，确保我国有色金属产业的可持续发展，具有重大的推动作用。

作为国家出版基金资助的国家重大出版项目，《有色金属理论与技术前沿丛书》计划出版100种图书，涵盖材料、冶金、矿业、地学和机电等学科。丛书的作者荟萃了有色金属研究领域的院士、国家重大科研计划项目的首席科学家、长江学者特聘教授、国家杰出青年科学基金获得者、全国优秀博士论文奖获得者、国家重大人才计划入选者、有色金属大型研究院所及骨干企业的顶尖专家。

国家出版基金由国家设立，用于鼓励和支持优秀公益性出版项目，代表我国学术出版的最高水平。《有色金属理论与技术前沿丛书》瞄准有色金属研究发展前沿，把握国内外有色金属学科的最新动态，全面、及时、准确地反映有色金属科学与工程技术方面的新理论、新技术和新应用，发掘与采集极富价值的研究成果，具有很高的学术价值。

中南大学出版社长期倾力服务有色金属的图书出版，在《有色金属理论与技术前沿丛书》的策划与出版过程中做了大量极富成效的工作，大力推动了我国有色金属行业优秀科技著作的出版，对高等院校、研究院所及大中型企业的有色金属学科人才培养具有直接而重大的促进作用。

王淀佐

2010 年 12 月

前言

Foreword

相图及相平衡热力学是一门基础科学，在材料的设计与开发过程中均涉及相图及相平衡知识。从20世纪初开始，有关相图的教科书和多元相图图集的大量出版，为相图这门科学提供了大量广泛的素材。20世纪中期开始，计算机科学开始与相图科学结合，延伸发展出了一门新的相图科学——计算相图。在此基础上，结合传统的相图测定与新型的相图计算，使得材料科学工作者可以模拟出大量的多元相图，为新型高性能材料的设计与开发提供了坚实的基础。

从20世纪30年代开始，就有了稀土铝合金的开发利用。研究发现，铝及铝合金中加入适量的稀土或稀土混合物，可使其强度、硬度、伸长率、断裂韧性和耐磨性能等综合力学性能得到很大提高。但其力学性能提高的原因仍然不是十分清楚，多数研究者认为稀土在铝合金中的净化作用、变质及细化晶粒作用是导致其力学性能提高的主要原因。然而，最近通过研究稀土Er元素在铝合金中的作用发现：在热处理过程中，首先从基体中析出的是$AuCu_3$结构的Al_3Er粒子，该粒子与基体共格，可以作为后续强化相形核的核心。这一现象与Sc在Al-Cu合金中的作用机理类似。

本书以含稀土的Al-Cu合金为背景，采用相图及相平衡测定方法，结合计算热力学手段，从成分设计、组织模拟、热处理工艺选择等几个方面研究了含稀土Al-Cu合金的相图及合金设计，目的是设计出适合添加到Al-Cu合金的稀土种类及最优成分。全书分为8章：第1章，介绍稀土Al-Cu合金的研究现状以及我们所要运用到的合金设计方法。第2章，论述Al-Cu-Y体系的相图及其在组织模拟中的应用。第3章，论述Al-Cu-Nd体系的相图及热力学性质；第4章，论述Al－Cu－Dy体系的相图及其在组织模拟中的应用；第5章，论述Al－Cu－Gd体系的相图及其在组织模拟中的应用；第6章，论述Al－Cu－Er体系的相图及其在组织模拟中的应用；第7章，论述Al－Cu－Yb体系的相图及热力学性质；第8章，结合新型的材料设计思路，从非晶晶化的角度，讨论各类稀土在Al－Cu合金中的作用。

本书在编写和出版过程中，得到了国家自然科学基金“Al－Cu合金体系相图及微合金化研究，50771106”及教育部科学技术重点研究项目“Al－Cu－RE相图与RE在铝合金中作用规律研究，109122”和中南大学出版社的大力支持，在此深表感谢！

由于编者水平有限，加之编写时间仓促，书中难免有错误和疏漏之处，敬请广大读者批评指正！

著者

2015．10

目录 / Contents

第1章　绪　论

铝是地壳中含量最多的金属元素，其原子序数为13，相对原子量是26.98，价电子层排布为$3s^23p^1$，位于元素周期表第3周期第Ⅲ主族。铝是银白色的轻金属，熔点为660.37℃，沸点为2467℃，密度为2.702 g/cm^3。铝为面心立方结构，有较好的导电性和导热性。纯铝较软，其可塑性很高，可进行各种压力加工。纯铝强度低，不能用作结构材料，只能用作导电体和耐蚀器皿等。如果在纯铝中加入适量的合金元素，制成铝合金，则可大大提高其强度。一些铝合金的强度(抗拉强度σ_b=500~600 MPa)已接近甚至超过普通钢的强度。因此，铝及铝合金在国防、航空、造船、邮电、电器、机械制造、化工以及交通运输等部门都得到了广泛的应用，其用量仅次于钢[1]。

1.1　铝合金

1.1.1　铝合金的特点

相比较传统的钢铁材料，铝合金具有以下几个方面的特性[2,3]：

(1)质轻

铝的密度为钢铁的1/3，在运输工具及自动化设备上扮演极为重要的角色。

(2)强度高

利用添加各种合金元素和轧延、锻压及不同等级的热处理工艺，可生成强度在250~870 MPa之间的各种铝合金产品。

(3)耐蚀性好

铝在自然环境中，表面会形成致密的薄层氧化膜，可阻绝空气中的氧，避免进一步氧化，从而具有优良的耐腐蚀性能。铝表面如再经各种不同层次的处理其耐腐蚀性能更佳，可适用于较为恶劣的环境。

(4)加工成形性好

利用完全退火或局部退火可生成较软质的铝合金，适用于各种成形加工及折弯、冲压、深冲等。因此铝及铝合金可以被加工成棒、线、片、板等型材，满足相关领域的需求。尤其是2×××、6×××、7×××等系列铝合金，可经过精密的车、铣工艺，广泛用于航天、电子、机械、自动化生产及高科技设备等领域。

(5)导电、导热性好

铝的导电性为铜的60%，其质量仅为铜的1/3，即相同质量时，铝的导电性为铜的两倍。故以导电率计算，铝的成本远低于铜。铝的热传导性极佳，故在电器、电子散热系统及家庭用五金、热交换器上被广泛使用。

(6)无毒、环保

铝不具毒性，在食品容器及食品包装材料如铝罐、铝箔等方面应用极多，且铝的价格较一般铁、钢材低，并易于回收重熔使用，为当前环保金属材料之最。

(7)表面处理性能好

铝具有优良的表面处理性，包括阳极处理、涂覆及电镀，尤其是在阳极处理中可利用不同的化学染剂生成各种色彩及高硬度的薄膜。

(8)无低温特性

铝在超低温状态下，无一般碳钢的低温脆化问题。

1.1.2 铝合金的分类

(1)按加工方法分类

按加工方法铝合金可分为两大类[3]：①铸造铝合金，于铸态下使用。②变形铝合金，能承受压力加工，力学性能高于铸态，故可加工成各种形态、规格的铝合金材。变形铝合金又可分为不可热处理强化铝合金和可热处理强化铝合金。主要用于制造航空器材、日常生活用品、建筑用门窗等。两类铝合金的区分如图 1 - 1 所示。

一种铝合金能否热处理强化，取决于合金元素的性质及含量。如图 1 - 1 所示，合金成分在 S 点以左，合金在加热及冷却过程中均不发生相变，因此不可能热处理强化；合金成分在 S 点以右，加热时合金中必然有一部分第二相溶入铝基体，温度越高，溶入量越大，此时铝基体中第二相的浓度增加，随后如采用快速冷却(即淬火)，则可防止已溶入基体的第二相重新析出，这样就得到了一种过饱和的固溶体；然后在较低温度下进行时效处理使得第二相以某种高度弥散的形式析出从而达到强化(沉淀硬化或析出硬化)效果。因此，这部分合金具有可热处理提高合金硬度及强度[4]的性能。

(2)按合金的性能及用途分类

按合金的性能及用途铝合金可以分为：工业铝合金、切削铝合金、耐热铝合金、低强度铝合金、中强度铝合金、高强度铝合金、超高强度铝合金、锻造铝合金及特殊铝合金。

铝合金中加入的主要合金元素有铜、硅、镁、锌、锰等；次要合金元素有镍、铁、钛、铬、锂等。

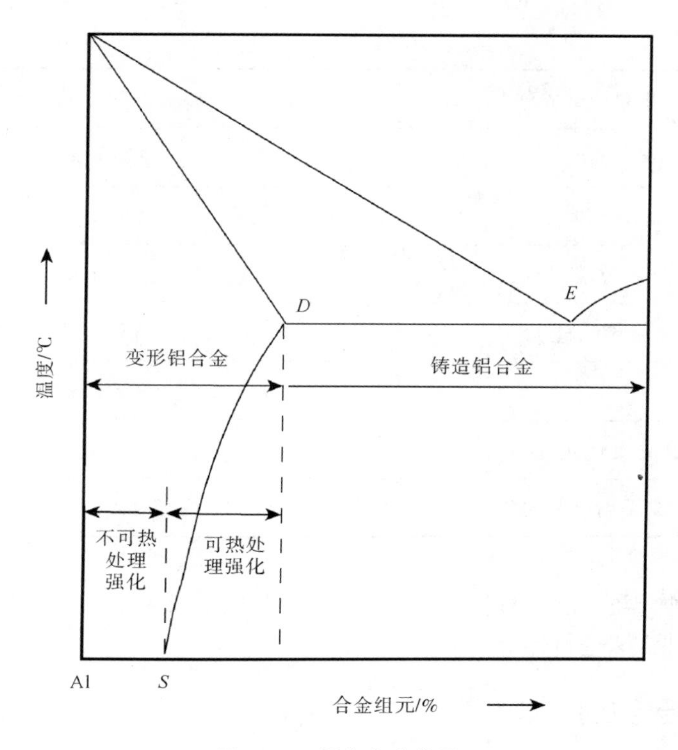

图1-1 铝合金分类图

Fig. 1-1 The categories of Alumium alloys

(3)按合金中的主要元素成分分类

按合金中所含的主要元素成分铝合金可以分为：工业纯铝(1×××)、Al-Cu合金(2×××)、Al-Mn合金(3×××)、A1-Si合金(4×××)、A1-Mg合金(5×××)、Al-Mg-Si合金((6×××)、A1-Zn-Mg-Cu合金(7×××)、A1-Li(8×××)及备用合金组(9×××)[5]，如表1-2所示。

表1-1 铝合金分类(按美国国家标准)

Table 1-1. The categories of Alumium alloys

主要合金成分	牌号
铝，纯铝(99.00%)或者更高	1×××
铜	2×××

续表 1－1

主要合金成分	牌号
锰	3×××
硅	4×××
镁	5×××
镁、硅	6×××
锌	7×××
其他元素	8×××
未采用合金系列	9×××

以上三种分类方法各有特点，世界上大多数的国家采用第三种分类方法。我国也采用该种方法进行铝合金分类。

1.1.3 铝合金应用状况

自电解铝技术获得应用以来，世界铝业得到了迅猛发展，铝合金已成为最常用的两种工业合金之一。

随着现代工业的发展，对铝合金的需求量日益增大。在汽车工业中，要求降低能耗，则汽车需要轻量化，而铝合金则是最佳的汽车轻量化用材，故当前交通运输业已成为铝合金应用的最大市场[6,7]。从 20 世纪 70 年代石油危机以来，汽车用铝量在逐年增加[8]；近年来，各国也广泛采用铝等有色合金件代替钢铁件：2001 年小汽车平均总质量降低为 800 kg 左右，其中钢铁部件为 200 kg，铝合金零部件为 275 kg，镁合金部件为 40 kg。因此，以提高总体燃料经济性和保护人类生存环境为目的的汽车轻量化运动，促进了铝合金铸件在汽车上的应用。

由于铝及铝合金的密度低，为较好的轻型结构材料，从而被广泛应用于国防工业部门。

自 1906 年德国的 Alfred Wilm 首次发现 Al－Cu－Mg 系合金的时效硬化现象以来，这类合金已成为广泛应用于全世界航空航天结构件的主要铝合金之一[9]。Alfred Wilm 的研究促进了 Al－Cu－Mg 系合金的发展，并使之成为齐柏林飞船和一些早期航空器的结构件[10]。到目前为止，人类对航空航天用铝合金进行了广泛的研究与开发，相继开发出了 50 多种具有各种性能的高强度铝合金，适应了航空航天事业的高速发展[11－13]。

铝合金可以作为良好的导电材料，可以作为传输电线及电器的零件，并且在电器工业中应用的范围愈来愈广。

铝合金可以作为输送气、液原料的材料。由于铝有较好的耐腐蚀性能，在化工领域可作为液态天然气输送管道、冷冻装置、石油精炼装置等。

可见，铝及铝合金是国防、国民经济各部门以及人们日常生活所需要的重要材料。铝及铝合金的特性、加工过程上的优点及主要应用领域如表1－2所示。

表1－2　铝及铝合金的特性、加工过程上的优点及主要应用领域

Table 1－2　The characteristic, manufacture meirt and application of Al and Alumium alloys

特性	加工过程中的优点	主要应用领域
无毒	低熔点	饮料容器和包装
低熔点	易于熔化和铸造	建筑材料
高比强度和模量	机械加工性好	航空航天工业
好的耐腐蚀性	能用于通用的变形技术	地面运输工业
高电导率	能用于通用的连接技术	电气和电子学材料
高热导率	能用于先进的加工技术	热交换器

1.2　高强度铝合金

铝合金的力学性能主要由其化学成分、熔铸工艺和热处理工艺过程等共同决定。在这些影响因素当中，人们就合金的化学成分和铸造工艺参数对材料性能的影响已经进行了大量深入的研究，在合金元素与杂质元素、精炼与变质、熔炼与浇铸、铝合金宏观与微观组织形成机理、晶粒细化机理与晶粒细化剂等方面的研究均取得了重要的进展，为高强度铝合金的广泛应用奠定了良好的理论和实践基础。

对铝合金热处理工艺过程及理论进行深入研究，通过优化热处理工艺参数来获得具有良好综合性能和低廉成本的高强度铝合金铸件，使得铝合金这种传统的合金材料焕发出新的光彩，具有重要的理论意义和重大的实际应用价值。随着近年来汽车、航空工业的迅猛发展，为适应人类社会对节约能源和环境保护的要求，工业界追求高比强度材料的欲望越来越强烈，在这样的背景下，人们对铝合金性能的要求越来越高。希望进一步提高铝合金的各项性能指标，充分发挥材料的潜能，以适应高科技的迅猛发展。从而也充分意识到了热处理也是提高铝合金强度的重要途径之一。

Alfred Wilm[9] 在 1904 年发现的时效强化应该是 20 世纪最重要的冶金学发现之一。时效强化是铝合金的主要强化手段。时效强化后铝合金的力学性能取决于合金的微观组织，即晶界和晶内的精细结构，包括晶粒大小，晶界的性质和晶内质点的大小、分布和弥散程度，质点与基体是否共格等。晶内质点有过渡沉淀相、稳定沉淀相、不溶解质点及某些缺陷(空位、位错)等。

在 Alfred Wilm[9] 发现时效强化后的很长一段时间内，时效强化的机理一直未被认识。直到 1937 年，Guinier 和 Preston 分别在 Al - Cu 合金中发现了 Cu 的富集区(之后被命名为 G. P. 区)，这个发现也开启了铝合金热处理析出序列的研究。随后，一系列高性能 Al 合金(Al - Cu、Al - Cu - Mg、Al - Mg - Si、Al - Cu - Mg - Zn、Al - Li 等)均是在此基础上开发设计的。

目前，固溶处理后失效强化的铝合金在室温下拥有较为优异的力学性能，但是在高温下析出的第二相粒子容易粗大化，从而显著地降低热强度。而飞机飞行时，机体外表温度可达 450 K，在此高温区域，传统方法制备的铝合金已无法使用。

1.3 高强度铝合金设计目的及方法

本书选择 Al - Cu - RE 体系，从合金成分、熔铸工艺和热处理工艺过程三个方面的因素出发，研究一系列合金的相关系及凝固时合金组织演化过程，理论预测了它们的非晶形成能力及随后的晶化倾向(序列)，初步构建了一种 Al - Cu - RE合金智能设计的方法，用来设计新型的耐热高强铝合金。

1.3.1 合金成分

虽然国内外材料工作者对稀土元素在铝合金中的微合金化作用已经进行了近 80 年的研究，但是仍然存在着许多疑问。研究发现，铝及铝合金中加入适量的稀土或稀土混合物，可使其强度、硬度、伸长率、断裂韧度和耐磨性能等综合力学性能得到很大的提高，但其力学性能提高的原因仍然不是十分清楚。多数研究者认为稀土在铝合金中的净化、变质及细化晶粒作用是导致其力学性能提高的主要原因[14-21]。然而，最近通过研究稀土 Er 元素在铝合金中的作用发现，在热处理过程中首先从基体中析出的是 $AuCu_3$ (Ll_2) 结构的 Al_3Er 粒子，该粒子与基体共格，可以作为后续强化相形核的核心[22, 23]，这些耐热的弥散粒子可以提高合金的高温性能。这一现象与 Sc 在铝合金中的作用机理类似[24, 25]。这些发现也为设计新型稀土铝合金提供了新的思路。

现有二元相图表明，在 Al－RE（RE 为轻稀土：La—Gd）中，不存在稳定 $AuCu_3$（L12）结构的 Al_3RE 相。但是通过第一性原理计算可以发现，亚稳 $AuCu_3$结构的 Al_3RE 相能量与稳定存在的 Al_3RE 相能量相差并不大[26－28]。例如：稳定 Ni_3Sn结构的 Al_3Ce 和 Al_3Gd 相其计算所得的形成焓分别为－40 kJ/mol 和－42 kJ/mol，而亚稳 $AuCu_3$结构的 Al_3RE 相其计算所得的形成焓分别为－35～－38 kJ/mol 和－39～－41.6 kJ/mol。在 Al－RE（RE 为轻稀土：La—Gd）中，如何获得稳定 $AuCu_3$结构的 Al_3RE 相是设计新型轻稀土铝合金的一项重要研究课题。最近，日本的石田清仁等人[29]在开发 Co 基高温合金（Co－Al－W）时，把二元中不稳定 $AuCu_3$结构在三元系中稳定化，从而获得理想性能的高温合金。这种合金开发的成功也为我们设计稳定 $AuCu_3$结构的 Al_3RE 相提供了可靠的依据和思路。显然，通过第一原理计算发现亚稳 $AuCu_3$结构的 Al_3RE 相的能量与稳定相接近[26－28]，这些亚稳相在三元或多元体系中稳定化并非不可能。

在大部分 Al－RE 体系（RE 为重稀土：Tb—Lu）中，存在稳定 $AuCu_3$结构的 Al_3RE 相。但在研究重稀土铝合金时，发现热处理中先析出的并不是 $AuCu_3$结构的 Al_3RE 相而是其他相，这些相的出现可以抑制再结晶过程，但其对合金的最终力学性能的贡献比 Al_3RE 相弱，有时甚至使稀土铝合金的强度和硬度降低。经研究发现，这些重稀土与 Sc 不同，它们在铝基体中的扩散系数小，并且其在铝基固溶体中的溶解度也很小（几乎为零），因此无法析出足够的弥散强化相以保证合金的强度。现阶段的研究表明，形成大量稳定 $AuCu_3$结构的 Al_3RE 相有可能是提高稀土铝合金强度的关键。

因此合金设计第一步的核心问题是通过相图测定或相图计算结果，首先确定选择合金系中是否存在稳定或亚稳匹配强化相（如在 Al－Cu－RE 合金系中的 $AuCu_3$结构的 Al_3RE 相）；然后在此基础上选择具体的合金成分，确定该成分下合金中匹配强化相与基体是否平衡（共格）；最后，确认合金中匹配强化相在铝基体的溶解度大小，从而为下一步选择具体熔炼和热处理方式打下基础。

1.3.2　熔炼工艺

假如以上三条（存在匹配相，并与基体平衡，且溶解度较大）合金体系都符合，那么第二步是结合相图计算，通过平衡凝固和非平衡凝固（scheil 凝固）模拟合金的凝固过程，计算凝固过程各相分数的变化，并确认匹配相（$AuCu_3$结构的 Al_3RE 相）在具体温度和凝固条件下的析出程度。根据计算结果选择和控制合金的熔炼方法（比如熔炼后凝固的速度等）。

目前开发耐热铝合金的工艺途径主要有两种：一种是通过普通铸造，在固溶处理时效过程中从固相析出耐高温的弥散相(如 Al－Sc 合金)；另一种方法是通过快速凝固(如喷射沉积)，从液相直接析出弥散的第二相(如 Al－Fe－V－Si 合金[30])。最新研究表明[31－37]，通过快速凝固可在 Al－TM－RE(TM 为过渡族金属)合金体系中获得非晶，通过一定温度的热加工，在非晶中可以析出弥散(3～4 nm)的第二相，从而提高合金的强度和硬度。

假如通过凝固模拟得到 $AuCu_3$结构的 Al_3RE 相能在铝基体中具有较大的溶解度且凝固过程中能大量析出，则选择第一种工艺；反之，就选择第二种工艺。

稀土铝合金中无法获得大量弥散的 $AuCu_3$结构的 Al_3RE 相的原因是 Al_3RE 相在铝基固溶体的溶解度很小，热处理时无法析出。而在非晶铝基体中，Al_3RE 相可以大量溶解，并且在随后的热加工过程中弥散析出(Al_3RE 相的体积分数可以达到 10% 以上[38])。利用非晶制备高性能稀土铝合金，可以使铝合金具有优异的高温性能(300℃时合金屈服强度可以达到 275 MPa[38])。纳米晶体弥散分布的铝基非晶合金以其优异的性能，吸引了无数材料研究人员的注意力。其超高比强度和良好的稳定性特别适合于航空航天领域，且有望在运输工具轻型化方面占有一席之地。且热处理析出 Al_3RE 相的体积分数与铝基非晶含量密切相关。因此稀土铝合金的非晶形成能力对于制备高性能合金至关重要。

1.3.2 热处理

对于普通铸造后的合金，平衡凝固和 Scheil 凝固模拟结果对具体热处理工艺有重要的指导作用，比如合金应该在什么温度范围内固溶处理，在什么温度范围进行时效处理等。通过快速凝固制备合金的关键是合金的非晶形成能力，因此合金设计第三步是结合非晶形成能力的热力学判据(相图计算)，预测非晶形成能力，从而确认合金是否能采用非晶来制备高性能铝合金。在此基础上，热力学判据又可预测出非晶之后的晶化倾向(序列)，从而判定热处理对 $AuCu_3$结构的 Al_3RE 相从非晶中大量析出的敏感性。

以上合金设计方法与材料开发密切相关，该方法从相图测定和相图计算结果出发，通过凝固模拟、非晶形成能力预测，设计合金成分，选择合适的熔炼方式，优化热处理工艺，最终可为设计新材料提供指导，合金设计整体思路如图 1－2 所示。

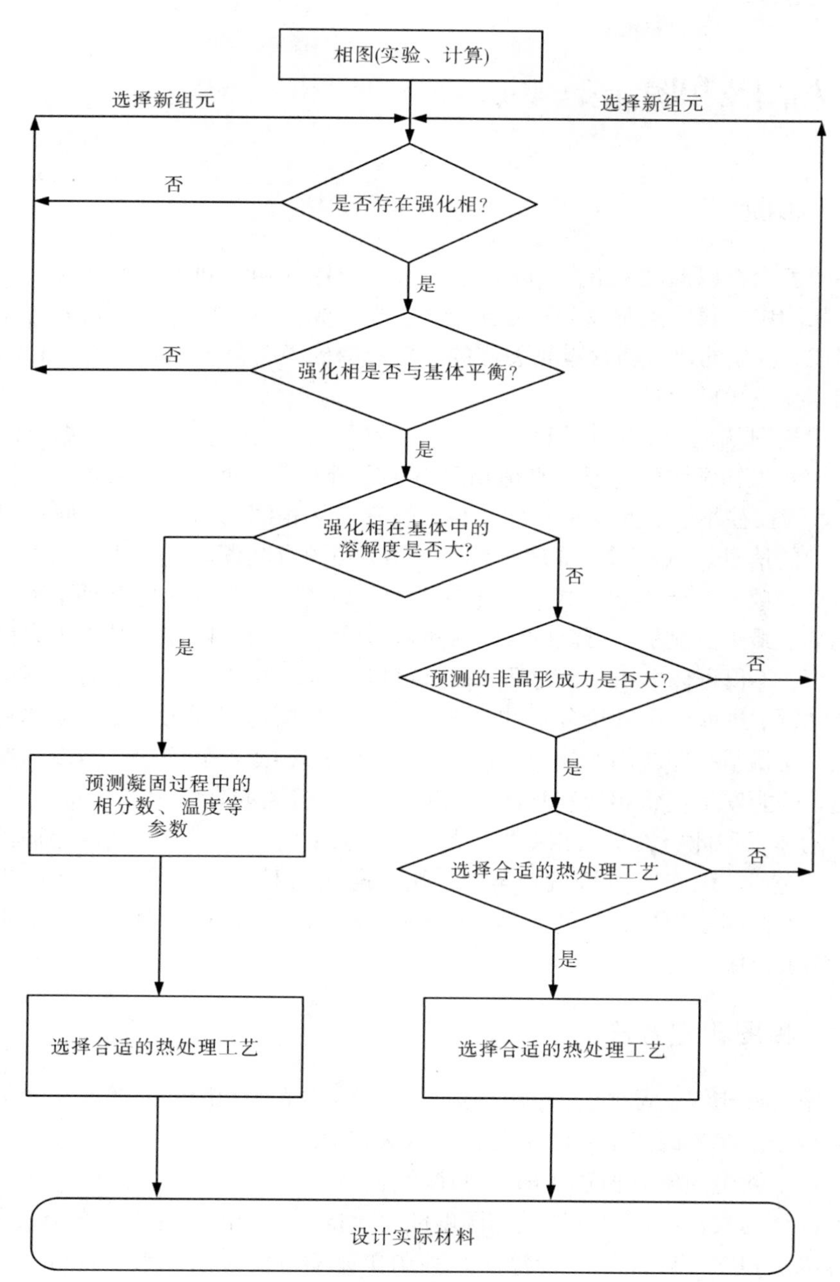

图1-2 合金设计流程图

Fig. 1-2 Schematic drawing of new alloy design

1.4　相图及相图计算

1.4.1　相图

相图表示在以温度、压力、成分等参量为坐标的相空间中，物质的相组成变化图。相图中的每一点都反映一定条件下，某一成分的材料平衡状态下由什么样的相组成，各相的成分与含量是怎样的。它能明确说明合金体系中各个相的存在范围和相变发生的条件。

应用相图就是为了解决实际问题，包括解释已有实验现象以及根据有限的实验数据预测未知领域的情况。平衡相图为大家所熟知，而在大多数生产、科研实践中，系统往往不能满足这种理想条件，但只要从相图的本质入手，便可以发现许多有用的信息。从相图计算理论可以看出，相图有其深厚的热力学背景，相图是热力学现象的几何表达形式。由于热力学可以告诉我们在一定条件下哪些情况是可能的，哪些情况是不可能的，以及过程发生的方向、趋势。因此研究稳定或亚稳相图，不仅可以分析平衡过程，而且可以了解一些非平衡过程的各种可能及不可能情况，进而作出理论分析和预测。例如，在快速凝固过程中，溶体有可能发生无分配凝固，即凝固产物与溶体的成分相同；在固态转变中，当冷却速度足够大时，可能发生块状相变和马氏体相变；从 T_0线（吉布斯自由能线）可以得知一定成分的体系中此类无扩散相变发生的最高温度；同时也可以预测亚稳固溶度的最大可能范围，用于分析机械合金化、快速凝固过程等非平衡工艺所产生的现象；与实验预测或理论计算的非晶形成温度（T_g）结合，可以预测利于非晶形成的成分、温度范围。

1.4.2　相图测定方法

相图由液相线、固相线、溶度线以及相变线构成。相图的实验测定就是对这些线的测定。相图的测定方法主要有合金法和扩散偶法[39, 40]。

合金中发生的所有相转变都同时伴随着某种物理化学性质的变化，所以可利用测定合金的某种物理化学性质随温度的变化推出它们的相变点。合金法又可细分为冷淬法和热分析法[41]。冷淬法是利用快速淬冷使体系在来不及进行相变的情况下，由高温冷却到室温，或由高温溶体冷凝成室温固体，然后利用光学显微镜、X 射线衍射等方法对试样进行物相鉴别。对一系列不同成分的试样在各个温度下反复进行上述冷淬实验即可测出大致完整的相图[42－50]。冷淬法在相图测定中应用广泛，尤其是对易产生过冷的体系或相变过程非常缓慢的体系，冷淬法几乎是唯一有效的方法。热分析法是按照一定程序连续改变温度,同时测量其物理性质对温度的依赖关系,有加热(冷却)曲线法、热差分析(DTA)法、示差扫描量热法(DSC)等[51]。这些方法的基本任务都是确定某一已知成分试样的各个相变温度。

基于相界局部平衡原理的扩散偶法[52-59],是一种研究多元金属合金体系相图特别是测定固态相关系高效的手段。扩散偶法只要求相界面达到局部平衡，不要求样品整体上完全平衡，目前该方法在相图测定中也得到了广泛的应用[60-62]。

1.4.3 相图计算

用传统的实验方法(合金法和扩散偶法)测定相图耗时、耗力且难以测定多元体系的完整成分和温度范围内的相关系，而实际上材料往往是多组元的，于是如何高效地获得多组元相图成为相图研究领域的重要挑战。正是在这种背景下，相图计算技术应运而生。在 1908 年，Van Laar[63]就从理论上解决了由相图获得热力学性质，由热力学性质构建相图的问题。但受当时计算技术的限制，无法构建完整的相图计算框架。直到 1970 年 Kaufman[64]提出 CALPHAD(Calculation of Phase Diagram)才真正实现了传统相图与热力学的统一，推动了相图计算工作的发展。

相图热力学计算(CALPHAD)是目前世界上发展最成熟、应用最为广泛的相图计算技术[65]。目前它已成为材料科学中相图领域的一个重要分支。它与相图理论、相图测定一起成为相图研究的三种基本途径。它们相对独立，又相辅相成。CALPHAD 技术从本质上就是根据实验数据(包括实测相图数据、热力学数据、晶体结构数据以及亚稳相实验数据等)构建恰当的热力学模型，描述系统内各相的热力学函数，即用合适数量的待定参数写出吉布斯自由能以温度、压力和成分等为变量的函数表达式，最后计算出相图。而吉布斯自由能函数表达式中的一系列未知参数需要通过热力学软件结合文献报道的热力学数据和相图数据来优化获得。其中低元系的热力学优化和计算是多元系相图计算的基础。合理的低元系热力学参数是得到可靠的高元系外推结果的保证。直接外推或用可调参数优化计算多元系后，计算结果如果与实验数据相差较大，则有必要重新思考所用模型的合理性，或利用多元系的实验数据对相关低元系进行重新优化。CALPHAD 方法计算相图的具体流程如图 1-3 所示。

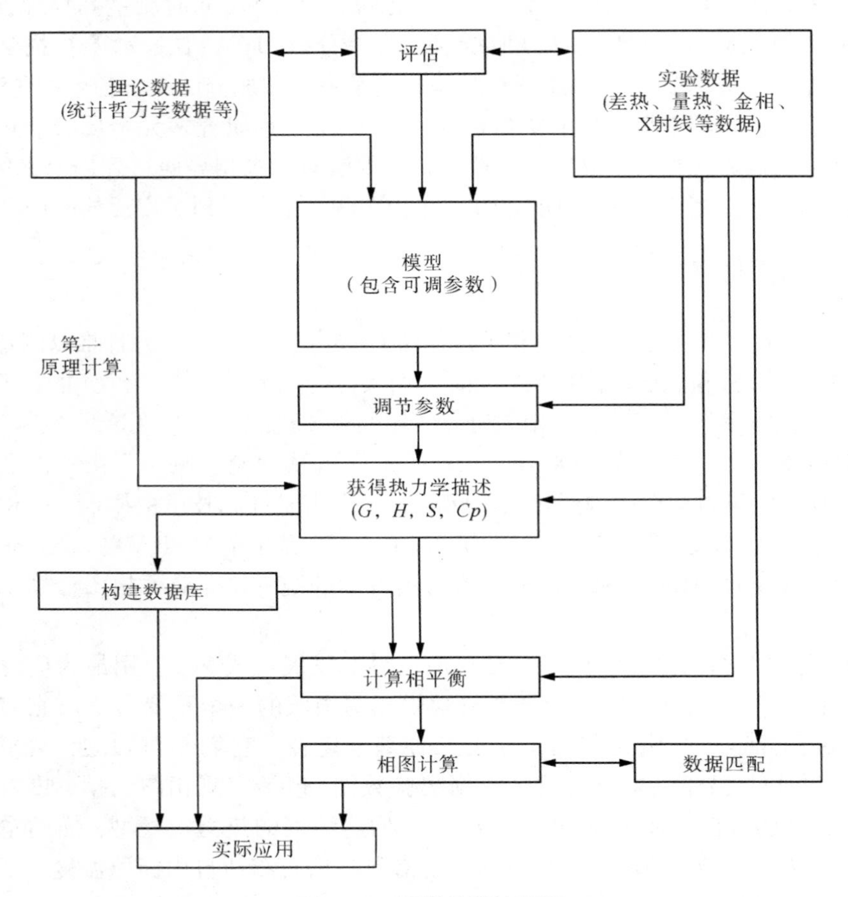

图 1-3 相图计算流程图

Fig. 1-3 Schematic drawing of calculation of phase diagram

1.5 铝基非晶合金

1.5.1 非晶材料的发展历史

人类社会的发展与材料科学的发展密切相关，在经过了“石器”、“青铜器”、“铁器”时代后，进入了科学技术日新月异的今天。在以往的历史中，人们所使用的金属大多是晶态材料。历史上第一次报道制备出非晶合金的是 Kramer，1934 年他利用蒸发沉积法制备了非晶 Sb[66]。随后，Buckel 和 Hilsch[67] 在温度为 4 K 的甩带炉基底上蒸发凝结了 Bi、Ga 和 Sn 以及 Sn - Cu 合金，但当时他们认为所获得的薄膜具有超细晶粒结构。不久以后，人们认识到原先认为具有超细晶粒结构的薄膜实际上是一种非晶态的金属。1959 年，Cohen 和 Turnbull 根据自由体积模型作出预言，假如冷到足够程度，即使最简单结构的液体也可能进行玻璃化转变[68]。1960 年，Klement 等人[69]首先采用喷枪法在 Au - Si 合金中获得非晶合金，从而开创了材料研究的新领域。Klement 等人[69]的贡献主要有：一是提出并实现了比从前更快的冷却方法，这样就能使液态合金快速冷却，从而避开平衡相形成和生长的凝固程序；二是确认了快速凝固对合金的组成和显微组织的影响。此后几十年，大量非晶材料体系被发现。到目前为止，已经形成了 Pd 基[70-73]、Zr 基[74,75]、Mg 基[76-78]、Cu 基[79-82]、Ni 基[83-85]、Al 基[86-90]和稀土基[91-95]等十几类大块非晶材料。值得一提的还有，中科院物理所汪卫华课题组研制出了一种集聚合物塑料和金属特点于一身的新型 Ce 基非晶合金[96]，被命名为金属塑料，它具有迄今为止最低的玻璃态转变温度(60 ~ 120℃)，大大低于通常的金属材料，但却具有比普通塑料高得多的热稳定性，很宽的过冷液相区，这使得该金属材料在很低的温度和很宽的温度范围内表现出类似聚合物的超塑性。

1.5.2 铝基非晶材料

近年来，作为一种新型的非晶合金系列——铝基非晶合金引起了人们广泛的关注。自 1965 年 Predecki 和 Giessen 等人首次通过熔体急冷的方法得到了铝基(Al - Si)非晶合金以来[97]，人们又陆续在 Al - Ge、Al - M(M 为 Cu、Ni、Cr、Pd)[98-103]等系列合金体系中通过喷枪技术得到了非晶与晶体的共存体，即通过喷枪技术和熔体急冷技术并未能得到完全的非晶组织。直到 1981 年 Inoue 才在 Al - Fe - B 和 Al - Co - B等三元合金系[104]中得到了铝基完全的非晶相，但实验发现这些非晶相非常脆，因此未被重视。随后又在 Al - Fe - Si、Al - Fe - Ge 和 Al - Mn - Si 等[105]合金系中得到了非晶合金，但还是很脆，以至于人们认为脆性就是铝基非晶合金的一种特征。然而 1987 年 Inoue 在 Al - Ni - Si 和 Al - Ni - Ge 等[106]合金系中得到了具有良好韧性的非晶相，随后又在 Al - EM(early transition metal) - LM(late transition metal)系列三元合金中，如 Al - Zr - Cu、Al - Zr - Ni、Al - Nb - Ni 等[107]，也得到了具有良好韧性的非晶相(在这里 EM 是指 VI 族过渡元素，LM 是指 VII 和 VIII 族过渡元素)。接着，Inoue 又制备了 Al - RE(rare earth metal) - TM 等三元合金系的非晶[108,109]，在这里 EM 被 RE 取代。

1.5.3 Al - TM - RE 非晶合金

目前所得到的铝基非晶合金中，Al - TM - RE 合金系凭借其良好的非晶形成能力及较宽的非晶形成范围一直以来都是人们研究的热点。Al - TM - RE 非晶合金的 ΔT_x($\Delta T_x = T_x - T_g$，T_x 为合金晶化温度，T_g 为合金玻璃化温度)较大。如

Al－La－Ni合金[110]，部分合金的 ΔT_x 能达到 70 K，这将有利于获得大块非晶相。目前 Al－TM－RE 非晶合金系中主要包括 Al－Cu－RE、Al－Co－RE、Al－Ni－RE 和 Al－Fe－RE 四类合金。其中，Cu 为铝合金中主要的合金元素，因此在本工作中，Al－Cu－RE 体系被选为具有潜在的高性能非晶铝合金的研究对象。图 1－4给出了 Al－Cu－RE(RE＝Y、La 和 Ce)合金系的非晶形成范围[111]。目前，因缺乏对 Al－Cu－RE 合金系中非晶形成能力的系统研究，因而无法准确地指导稀土铝合金的工业生产。因此，对材料科学工作者来说如何在这些合金系中预测非晶的形成能力是一个新的热点课题。

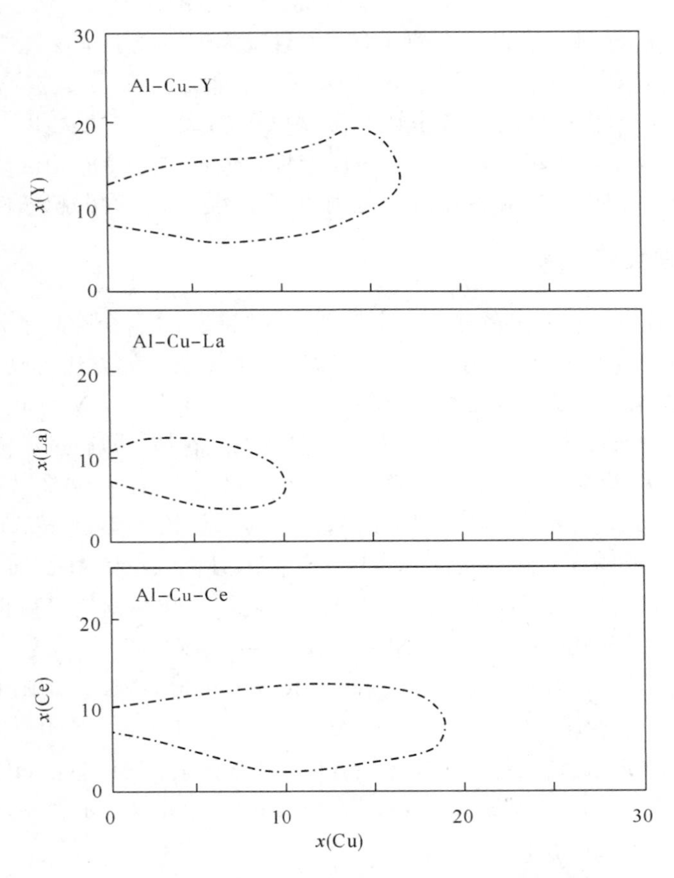

图 1－4　Al－Cu－RE(RE＝Y，La，Ce)合金系的非晶形成范围

Fig. 1－4　Compositional ranges for formation of amorphous phase in Al－Cu－RE system

1.6　非晶形成能力的预测

1.6.1　非晶形成能力的经验理论

(1)深共晶成分的合金具有强的玻璃态形成能力

Cohen 和 Turnbull[68] 指出，根据简单共晶平衡相图，成分在共晶点附近的合金，液相比较稳定，在较低的温度下仍能抑制竞争晶体相的形核和长大，因此共晶成分处合金的玻璃态形成能力最强。

(2)混淆原理[112, 113]

合金中包含的元素越多，合金选择合适晶体结构的机会就越少，形成玻璃态的机会便越大。产生混淆的元素是那些彼此之间原子尺寸差别大的元素，合金中包含许多原子尺寸差别大的元素，因为有更少的机会形成可以安置多种不同尺寸原子的晶体结构，因而稳定了溶体。

(3)Inoue 的三个经验规则[114, 115]

① 由三个或三个以上的组元构成的多元合金体系。

② 大的原子尺寸差，主要组元之间的原子尺寸比在 12% 以上。

③ 组元之间具有较大的负混合热。

满足这三个经验规则的多元合金体系的过冷液体具有更高程度的随机密堆集结构，从而增加了液固界面能有利于抑制晶体相的形核，同时增加了组元长距离重新分布的困难，抑制了晶体相的长大。

1.6.2　非晶形成能力的评价参数

理论上，只要温度足够高，冷却速度足够快，几乎所有的合金都能制备成非晶合金。然而，对于某些二元合金，如 Al－Si、Al－Sr 以及 Fe－C 等，即使在很高的冷却速度下也很难获得完全的非晶组织；而对于另外一些合金如Al－Ni－Ce 和 Zr－Cu 等则在较低的冷却速度下和较宽的温度范围内亦能形成非晶。这说明不同的合金系其非晶形成能力不同。表征不同合金非晶形成能力的一些常用参数[116]可简要概括如下。

(1)临界冷却速度 R_c

判定合金非晶形成能力的直接宏观度量指标是临界冷却速度 R_c[117]。其定义为：形成非晶所需的最小冷却速率。当冷却速度低于 R_c时，非平衡冷却过程中将发生结晶，不能形成非晶，因此 R_c越低，相应的合金非晶形成能力越好。由于 R_c很难通过实验精确测定，从而出现了各种利用易测的特征温度来表征 R_c的判据模型。

(2)约化玻璃态转变温度 T_{rg}

评价合金非晶形成能力常用的一个重要参数是约化玻璃态转变温度。该参数由 Turnbull[118, 119]在基于经典形核理论的基础上提出。约化玻璃态转变温度的定义是：$T_{rg} = T_g / T_m$，其中 T_m为合金的熔化温度；T_g为合金的玻璃态转变温度。实验结果证实，对于绝大多数合金体系，T_{rg}值越大，合金越容易形成非晶，反之 T_{rg}值越小的合金(如纯金属)则越不易制成非晶[120, 121]。判据 T_{rg}，这个被普遍承认的标志合金非晶形成能力的参量是从大量的实验结果中总结出来的经验判据，它的理论基础及其与非晶态金属结构和形成过程的本质联系尚不清楚，另外，对于 Ni、Ca 和 Sr 基等合金系列[122, 123]，其 T_{rg}值很大，但其临界冷却速度却很高，该现象是 T_{rg}参量所难以解释的。

(3)过冷液体温度区间 ΔT_x

判定合金非晶形成能力的另一个重要参数是过冷液体温度区间 ΔT_x。它的定义是：$\Delta T_x = T_x - T_g$，其中 T_x是晶化温度。这个参数是由 Inoue 等在大量的非晶合金实验基础上总结出来的经验规律[124]。它反映了合金在过冷液态抵抗晶化的热稳定性。当过冷温度区间越大时，对应的合金的非晶形成能力越强。大多数合金是符合这一规律的，但是也有不符合的情况。例如：从图 1 – 5 可以看出 ΔT_x和 R_c成反比的关系[124]。当 ΔT_x值越大 R_c值就越小，对应的合金的非晶形成能力越强。对于已经制备出来许多体系的合金这个规律总体上符合得很好，但是也有例外。例如，从图中 1 – 5 可以发现，合金 Zr – Al – Ni – Cu – Pd 和 Pd – Cu – Ni – P 的 R_c值很接近，但是 ΔT_x值相差很大。所以说只简单地从 ΔT_x来判断合金的玻璃态形成能力是不恰当的。

(4)γ 系数

影响合金非晶形成能力的因素很多，如图 1 – 6 所示[125]，Lu 和 Liu 根据这些影响非晶形成能力的因素提出了一个新的判据：γ 系数判据，其能很好地判断合金的非晶形成能力。

$$\gamma \propto T_x \left[\frac{1}{2(T_g + T_l)} \right] \propto \frac{T_x}{T_g + T_l} \qquad (1-1)$$

式中：T_g——合金的玻璃态转变温度；

T_X——晶化开始温度；

T_l——液相线温度；

$1/2\ (T_g + T_l)$——在一定程度上反映形成非晶合金溶体的稳定性。

根据 Lu 和 Liu 的工作，随着 γ 的增大，大块非晶能够形成的最大尺寸也随之增大。因此，γ 是一个有效判断合金的非晶形成能力判据。

非晶形成能力的经验理论对于指导选择具体合金体系很有帮助，但对于具体合金成分的预测其作用却有限。而非晶形成能力的评价参数都过于依靠实验，

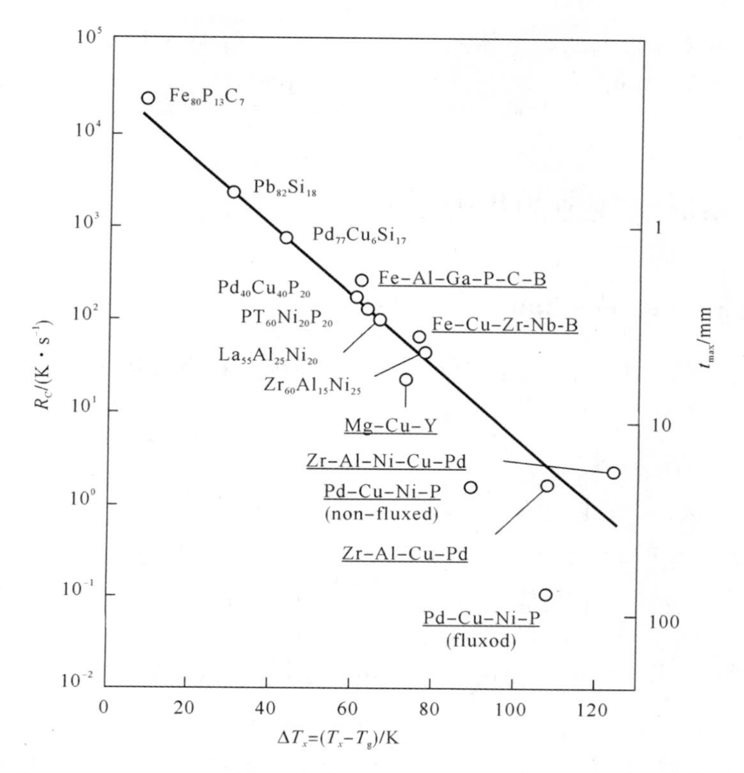

图1-5 多种体系的大块非晶的过冷液体温度区间和临界冷却速度以及最大厚度之间的关系

Fig. 1-5 Relationship between R_c, t_{max} and the temperature interval of the supercooled liquid region between T_g and T_x, ($\Delta T_x = T_x - T_g$) for bulk amorphous alloys

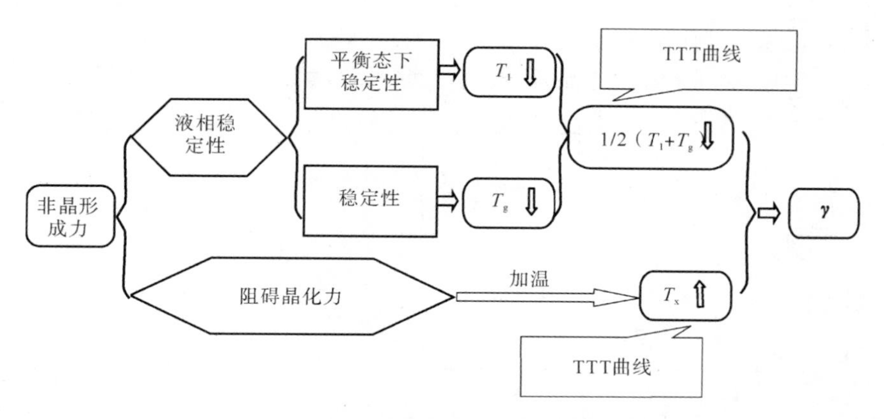

图1-6 影响非晶形成能力因素流程示意图[125]

Fig. 1-6 New approach for understanding GFA of amorphous materials

一旦出现没有实验数据的合金体系，这些参数就显得无能为力。因此，近些年，为预测合金非晶形成能力，发展了一系列的热力学模型，这些模型与相图及相图计算紧密相关。

1.7 非晶形成能力的热力学判据

1.7.1 Low－lying－liquidus surfaces 判据

在 CALPHAD 计算中，溶体相的吉布斯能通常用以下表达式来描述[126]：

$$G_{\mathrm{m}}^{\alpha} = \sum_{i} x_i {}^{0}G_i^{\alpha} + {}^{\mathrm{M}}G_{\mathrm{m}}^{\alpha} \quad (1-2)$$

式中：α——溶体相；

x_i——该相中 i 组元的摩尔分数；

${}^{0}G_i^{\alpha}$——α 相中 i 组元的吉布斯能；

${}^{\mathrm{M}}G_{\mathrm{m}}^{\alpha}$——混合吉布斯能。混合吉布斯能由两部分组成：一部分是理想情况下原子混合所引起的体系吉布斯能变化，称为理想混合吉布斯能；另一部分则是非理想情况时，体系相对理想情况时自由能的变化，称为超额吉布斯能：

$$^{\mathrm{M}}G^{\varphi} = x_{\mathrm{a}} x_{\mathrm{b}} L_{\mathrm{a,\,b}}^{\varphi} \quad (1-3)$$

式中：$L_{\mathrm{a,\,b}}^{\varphi}$——固溶体相的相互作用参数，可以发现相图中的相关系与液相以及固相的相互作用参数密切相关。当液相的相互作用参数为负值，固相的参数为正且其数值大于一定值时，就会发生共晶反应[127]。因此负的液相混合焓会导致深共晶，这也和 Inoue 的经验规则相吻合。

结合热力学计算，可发现合金成分接近 low－lying－liquidus surfaces 的合金容易形成非晶。这个判据在一系列的 Zr－Ti－Cu－Ni[129]，Cu－Ti－Zr[130]等合金系统中得到了应用。实际上很多非晶合金成分远离体系共晶点[131－133]。从图 1－7 中可

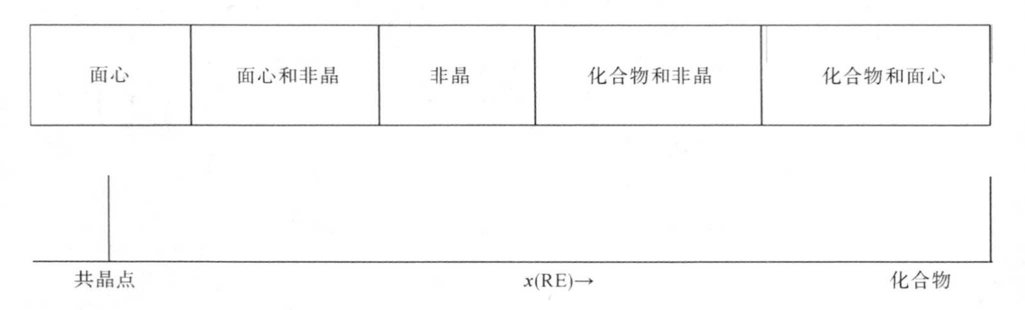

图 1－7 快速凝固 Al－RE 合金的组织与成分的关系

Fig. 1－7 Typical products in melt－spun Al－RE alloys with various concentrations of RE

以发现，Al－RE二元系中，共晶点处无法形成非晶，在共晶点附近可以形成部分非晶，而在远离共晶点成分处可形成完全非晶[128]。因此，low－lying－liquidus surfaces判据在许多体系中并不适用。

1.7.2 Miedema理论及Toop模型

热力学上认为合金是否形成非晶取决于该合金的非晶过剩吉布斯自由能：

$$\Delta G^{am} = \Delta H^{am} - T\Delta S^{am} \tag{1-4}$$

式中：ΔH^{am}——合金形成焓；

ΔS^{am}——合金混合熵。

对于非晶合金，其ΔS^{am}一般很小，因此非晶的过剩吉布斯自由能与合金形成焓接近，因此通过计算形成焓就能在一定程度上预测合金的非晶形成能力。

对于多元体系，固溶体的形成焓可以表示为：

$$\Delta H^{am} = \Delta H_{chem} + \Delta H_{elast} + \Delta H_{struct} \tag{1-5}$$

式中：ΔH_{chem}——化学焓变；

ΔH_{elast}和ΔH_{struct}——弹性焓变和结构焓变。由于结构焓变一般很小，其在计算中往往被忽略。

化学焓变和弹性焓变可以通过Miedema理论[134]进行计算，得到的结果结合Toop模型[135]可外推到多元体系，计算的合金形成焓负得越大，说明该合金的非晶形成能力越强。

这个判据的准确程度很大程度上依赖于Miedema理论的准确性。但Miedema理论在计算形成焓时误差较大，导致该判据在许多情况中出现误差。

1.7.3 Excess specific heat判据

在CALPHAD计算中，式(1－2)中的$L^{\varphi}_{a,b}$可以表达为：

$$L^{\varphi}_{a,b} = A + B \cdot T \tag{1-6}$$

式中：A、B——热力学计算中所需优化的参数。

Bormann等人[136－138]认为热力学描述液相需要在原有液相能量的基础上添加一项比热对吉布斯自由能的贡献。那么式(1－6)就可以修改为：

$$L^{liq}_{a,b} = A^{liq} + B^{liq} \cdot T + C^{liq} \cdot T^{-1} \tag{1-7}$$

式中：$C^{liq} \cdot T^{-1}$——比热对吉布斯自由能的贡献。

而假设非晶相的吉布斯自由能中不存在比热的贡献。所以非晶相可以描述为：

$$L^{am}_{a,b} = A^{am} + B^{am} \cdot T \tag{1-8}$$

假设合金玻璃化过程是一个二级相变过程，那么在玻璃化温度(T_g)时，合金的吉布斯自由能变化量、焓变及熵变均应为零。因此，在T_g处结合式(1－7)和式(1－8)，可以得到下面的关系式：

$$A^{am} = A^{liq} + 2 \cdot C^{liq} \cdot T_g^{-1} \tag{1-9}$$

$$B^{am} = B^{liq} - C^{liq} \cdot T_g^{-2} \tag{1-10}$$

也就是液相和非晶的参数可以用一个相的参数来描述，当温度在 T_g 以上时，CALPHAD 计算采用式(1－7)，当在 T_g 以下时，采用式(1－8)计算。

这个判据的优点是可以用一个相参数来描述两种不同的状态，其采用计算的参数少，意义明确[139]。但最大的缺陷在于过于依赖 T_g。当缺乏实验的玻璃化温度数据时，这个判据就无法应用。

1.7.4 Second order phase transformation 判据

合金玻璃化过程中，在玻璃化温度时，合金的很多热力学性质(如焓值、熵值)都是连续变化的，而热容在玻璃化温度处会发生突变。这种现象是典型的二级相变过程。基于这点，Shao[140]提出 Second order phase transformation 判据。

在 CALPHAD 计算中，对于二级相变过程处理已经积累了很多经验，一个常用的方法就是热力学描述磁性转变过程[141]。Shao[140]借用了这种方法来处理非晶态的吉布斯自由能。根据磁性能的表达式，非晶转变能可以描述为：

$$\Delta G^{L \to Am} = -RT\ln(1+\alpha)f(\tau) \tag{1-11}$$

式中：τ——T/T_g；

α——玻璃化过程中的影响因子。

根据 Hillert 和 Jarl[142]的工作，$f(\tau)$ 可以用多项式形式表示：

当 $\tau < 1$ 时，

$$f(\tau) = 1 - \left\{ \frac{79\tau^{-1}}{140p} + \frac{474}{497}\left(\frac{1}{p} - 1\right)\left(\frac{\tau^3}{6} + \frac{\tau^9}{135} + \frac{\tau^{15}}{600}\right) \right\} / A \tag{1-12}$$

当 $\tau > 1$ 时，

$$f(\tau) = -\left(\frac{\tau^5}{10} + \frac{\tau^{-15}}{315} + \frac{\tau^{-25}}{1500}\right) / A \tag{1-13}$$

其中，

$$A = \frac{518}{1125} + \frac{11692}{15975}\left(\frac{1}{p} - 1\right) \tag{1-14}$$

这里 p 代表结构因子。当合金为体心立方结构(Bcc)时，$p = 0.4$，为其他结构时，$p = 0.28$。

结合式(1－11)、式(1－12)、式(1－13)和式(1－14)，可以获得玻璃化稳定时最大的焓变和熵变值：

$$\Delta H_{max} = -RT_g \ln(1+\alpha) \tag{1-15}$$

$$\Delta S_{max} = -R\ln(1+\alpha) \tag{1-16}$$

对于一个具体的二元体系 a－b，T_g 和 α 可以表示为：

$$T_g = x_a T_g^a + x_b T_g^b + x_a x_b L_{a,b} \tag{1-17}$$

$$\alpha = x_a \alpha^a + x_b \alpha^b + x_a x_b \alpha_{a,b} \tag{1-18}$$

式中：T_g^a，T_g^b——纯组元(a 和 b)的玻璃化转变温度；

α^a，α^b——可以从式(1－16)获得。

$L_{a,b}$和 $\alpha_{a,b}$——相互作用参数，可以通过 CALPHAD 方法优化获得。

从式(1－17)可以看出，合金系完整的成分范围内的玻璃化转变温度的变化规律都可以通过该判据计算获得[140, 143]，这点是其他判据所不能比拟的。不过在 CALPHAD 计算中，为了获得 $L_{a,b}$和 $\alpha_{a,b}$的值，其所需的实验数据(尤其是非晶态的热力学数据)较其他判据更为苛刻。到目前，非晶态的实验数据特别是热力学数据仍然十分匮乏，从而大大地限制了该判据的广泛应用。

1.7.5 Driving forces 判据

在液体合金冷却过程中，如果能抑制稳定晶体相的形核和长大，则有利于非晶相的形成。根据经典形核理论，合金中晶体相的形核率可以表示为[144]：

$$I = AD\exp\left(-\frac{\Delta G^*}{kT}\right) \tag{1-19}$$

式中：A——常数；

k—— Boltzmann 常数；

T——温度；

D——扩散因子；

ΔG^*——形核功(即形核所需要的激活能)。形核功(ΔG^*)又可以进一步表示为：

$$\Delta G^* = 16\pi\sigma^3/3\ (\Delta G_{l-s})^2 \tag{1-20}$$

式中：σ——界面能；

ΔG_{l-s}——形核驱动力。

结合式(1－19)和(1－20)可知，形核率与界面能及形核驱动力密切相关。而液相和晶体相之间的界面能远远小于表面能和晶界能(其值约为表面能的1/10，为晶界能的1/3或 1/4[145])。因此，在缺乏液相－固相界面能数据的前提下，可以把整个成分范围内的界面能近似相等，则形核驱动力可近似为过冷液体中影响晶体相形核的主要因素，即：

$$I \propto \Delta G_{l-s} \tag{1-21}$$

式(1－21)表明驱动力大的晶体相首先析出的可能性最大，这个判据称为驱动力判据[146]，现在这个判据被广泛地运用于无铅焊料与基材之前的界面反应过程[147－149]，其预测的结果与实验结果十分吻合[150－159]。

在非晶形成过程中，晶体相的形核驱动力越小的成分的非晶形成能力越强，在形核驱动力的局部最小值处，非晶的形成能力最强，这个判据称为 Driving forces 判据，该判据已经成功地应用于 Cu－Ti－Zr、Mg－Cu－Y 和 Ca－Mg－Zn 等[160－163]体系中的非晶预测，预测结果很好地再现了实验结果。

从基体中析出少量新相的驱动力为该新相析出前后体系的摩尔吉布斯自由能的降低值，如图 1－8 所示[128]，称为该新相的形核驱动力 ΔG。

$$\Delta G = G^{\text{after}} - G^{\text{before}} \tag{1-22}$$

式中：G^{before} 和 G^{after}——少量新相析出前后的合金中的摩尔吉布斯自由能。

在热力学计算中，一般定义新相形核驱动力为 D_G。

$$D_G = -\Delta G/RT = (G^{\text{before}} - G^{\text{after}})/RT \tag{1-23}$$

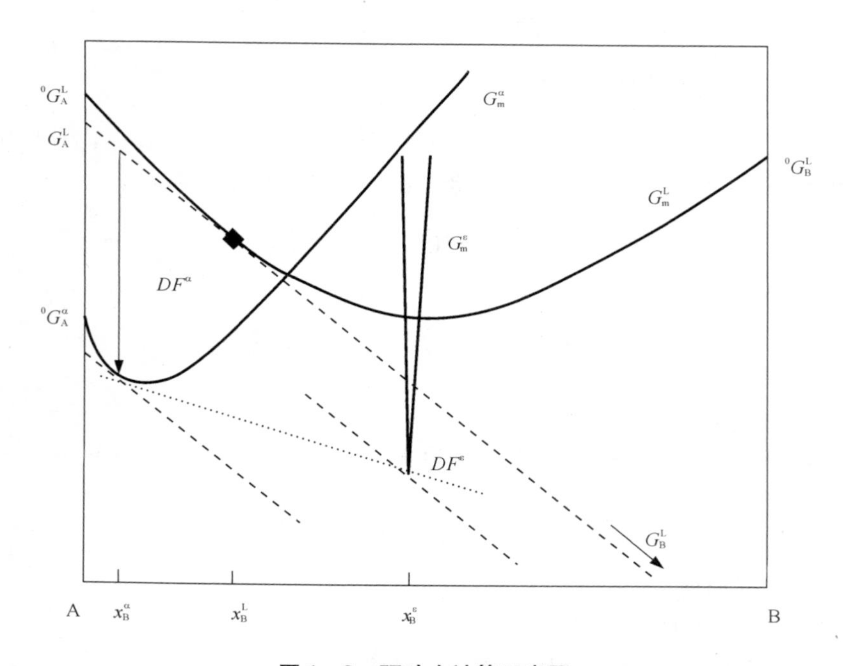

图 1－8 驱动力计算示意图

Fig. 1－8 Schematic driving force of A－B undercooled liquid

D_G 在热力学计算上是一个无量纲。对于一定液态合金，如果热力学计算的某一个晶体相形核驱动力 D_G 明显较高，则该相从液体中析出的可能性较大，相反，该合金成分中非晶相析出的可能性就较低。如果所有的晶体相在某个合金成分处的形核驱动力都较低，该处被称为局部驱动力最低点，该成分处的所有晶体相的形核能力较小，相应地在局部驱动力最低处的合金其非晶形成能力就较大。

Driving forces 判据预测非晶形成能力时避开了非晶相复杂的热力学模型，直接采用晶体相的形成能力来模拟非晶相的形成能力，且同时考虑液相和晶体相的稳定性，从而能够预测完整成分范围内的非晶形成能力。该判据能够很好的外推到高组元体系，对于实际非晶材料的生产和研究有较好的指导作用。本书中所有的非晶形成能力计算均采用的是 Driving forces 判据。

1.8 本书阐述的重点思路及内容

高性能 Al－Cu 基稀土铝合金的设计主要依赖于合金中析出的弥散强化相（Al_3RE），但在传统的合金制备中无法获得理想的结果。目前，热门的方法是从非晶铝合金基体中，通过一定的热加工过程弥散析出 Al_3RE 相，从而使铝合金具有优异的高温性能。目前，有关 Al－Cu－RE 体系的相图数据仍然缺乏，而有关这些体系的热力学描述更加匮乏，无法反映出相关体系相变规律的全貌。因此，建立合理的 Al－Cu－RE 体系的热力学数据库，研究 Al－Cu－RE 体系中非晶形成能力与成分的关系，进而预测和控制高性能 Al－Cu 基稀土铝合金的制备具有重要的理论意义和实际应用价值。

本书重点关注 Al－Cu－RE 体系中部分二元、三元相关系及凝固时合金组织演化过程，并理论预测了它们的非晶形成能力及随后的晶化倾向（序列），初步构建一种 Al－Cu－RE 合金设计的方法：

首先，结合文献报道的实验数据和本工作所得数据，采用 CALPHAD 方法，优化计算 Al－Cu－RE（RE＝Y、Nd、Gd、Dy、Er、Yb 和 Ti）和 Al－Sb－Y 体系中二元、三元体系，获得准确、合理的三元体系热力学数据库，并外推到多元体系，进一步完善 Al－Cu 基稀土铝合金的相图及热力学数据库。

其次，基于建立的热力学数据库，分别采用平衡凝固和非平衡凝固模拟了 Al－Cu－RE（RE＝Y、Nd、Gd、Dy、Er 和 Ti）体系中三元合金凝固过程，合理地解释了合金的微观组织。

最后，采用 Driving forces 判据，计算 Al－Cu－RE（RE＝Y、Nd、Gd、Dy、Er、Yb 和 Ti）体系中晶体相驱动力与成分的关系，并在此基础上采用该方法分析并应用到实际例子。

第 2 章　Al - Cu - Y 体系热力学计算及凝固分析

2.1　引言

Al - Cu 系合金为常见的铝合金系列，具有强度高、塑性和韧性好等特性。铝合金中加入稀土 Y 可细化晶粒，提高合金强度，抑制再结晶过程、细化再结晶晶粒[164-167]并且可改善合金的非晶形成能力。Al - Cu - Y 三元体系的热力学性质和相图数据能为稀土铝合金、铝基非晶合金的设计提供丰富的信息。如：各相在各种状态下是否存在或稳定；具体成分合金的各个相变温度和具体温度下的相分数。在热力学参数的基础上可以采用 Driving forces 判据来确定具体合金的非晶形成能力，从而大大宿短了实际材料开发的周期。因此，研究 Al - Cu - Y 体系的相图，建立 Al - Cu - Y 体系的热力学数据库，可以为铝合金的合金成分设计、优化热处理工艺以及评估合金的非晶形成能力提供理论指导。

在 Al - Cu - Y 三元体系中有三个边际二元系：Al - Cu、Al - Y 和 Cu - Y。Saunders 等人[168]优化了 Al - Cu 二元系，但 $\gamma D8_3$ 相在低温时发生不合理的扩展。随后，Witusiewicz 等人采用最新的热力学数据，修正了 Saunders 等人的工作，他们的优化结果和文献报道的实验数据吻合很好。根据 Witusiewicz 等人[169]的优化结果计算的 Al - Cu 二元相图如图 2 - 1 所示。2006 年 Shakhshir 和 Medraj[170]评估优化了 Al - Y 二元体系。最近，Liu 等人[171]重新测定了 Al - Y 二元相图，并对该二元系进行重新评估优化计算，计算结果很好地拟合了实测的相图和热力学性质。Liu 等人计算的 Al - Y 二元相图见图 2 - 2 所示[171]。1994 年 Fires 等人[172]对 Cu - Y 二元系进行了评估计算，优化计算结果显示富 Cu 角化合物相为 Cu_7Y。随后，Abend 等人[173]重新评估优化了该二元系，其中富 Cu 角化合物相处理为 Cu_6Y，因此 Cu - Y 体系仍存在争议，富 Cu 角的相仍需要实验进一步测定。

本章首先选择合理的边际二元数据库，然后 Al - Cu - Y 三元系的热力学和相平衡实验数据基础上，对该三元系进行评估优化计算；最后采用构建的热力学数据库模拟了富 Al 角三元合金的凝固通道。

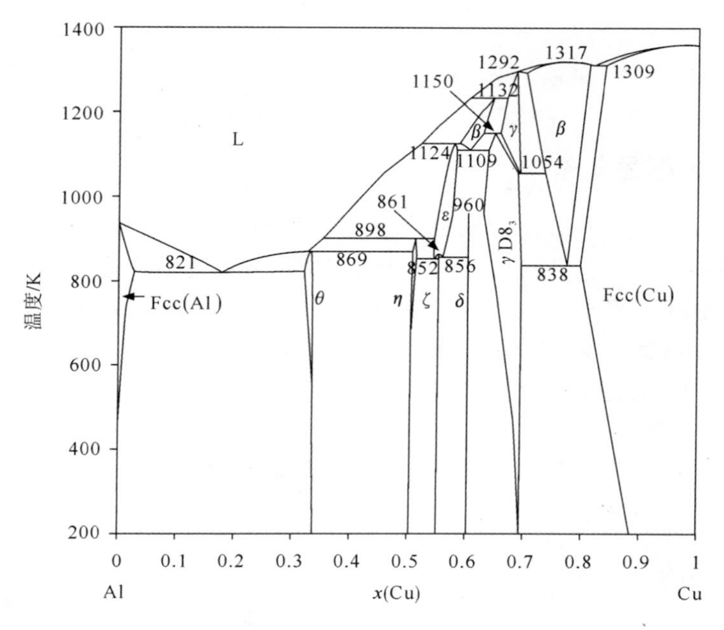

图 2 – 1　计算的 Al – Cu 二元相图

Fig. 2 – 1　The calculated Al – Cu phase diagram

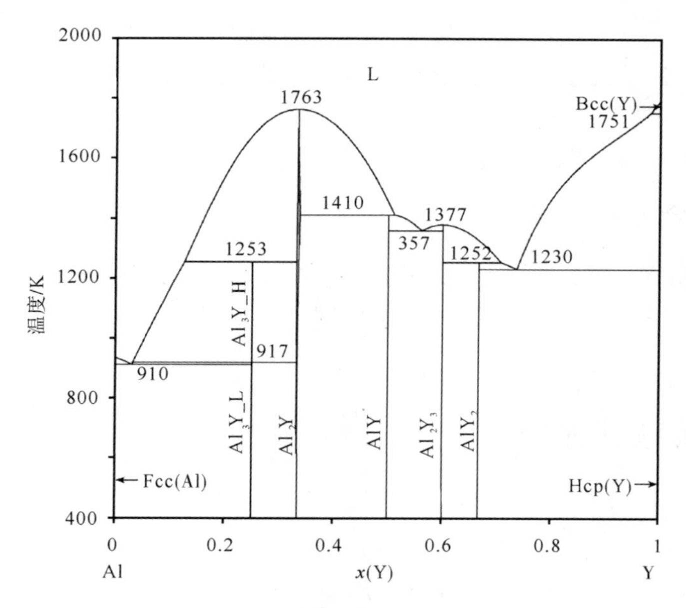

图 2 – 2　计算的 Al – Y 二元相图

Fig. 2 – 2　The calculated Al – Y phase diagram

2.2 实验

2.2.1 合金样品制备

选取块状纯 Cu[w(Cu)＝99.99%]、纯 Al[w(Al)＝99.9%]和纯 Y[w(Y)＝99.9%]，将其去氧化皮处理后，分别按给定的成分(表 2－1 所示)配制成 3～5 g 的合金(精确到 0.001g)。然后将配制好的二元、三元合金在真空非自耗电弧炉中熔炼，反复熔炼至少 3 次后得到成分均匀的合金铸锭，最后采用水冷铜模冷却合金样品。将三元铸态合金直接用于实验分析。

表 2－1 Al－Cu－Y 合金成分及相组成

Table 2－1 Constituent phases and compositions of alloys

合金	名义成分/%			热处理方式	相分析
	Al	Cu	Y		
A_5#	97	2	1	熔炼	Fcc(Al)＋τ_6－(Al, Cu)$_{11}$$Y_3$＋$\tau_1$－$Al_8Cu_4Y$
A_6#	94	4	2	熔炼	τ_6－(Al, Cu)$_{11}$$Y_3$＋Fcc(Al)＋$\tau_1$－$Al_8Cu_4Y$＋$\theta$
A_7#	94	2	4	熔炼	Fcc(Al)＋τ_6－(Al, Cu)$_{11}$$Y_3$＋$Al_3Y$
A_8#	90	5	5	熔炼	τ_6－(Al, Cu)$_{11}$$Y_3$＋Fcc(Al)＋$\tau_1$－$Al_8Cu_4Y$

把所有样品进行镶样，制成金相样品。

2.2.2 合金样品检测

合金金相样品首先采用 SEM 背散射电子成像模式观测合金样品中各相的形貌和分布，并以能谱分析各相成分，然后利用 X 射线衍射分析进一步验证样品中的存在相。

2.3 实验数据评估

2.3.1 Cu－Y 二元系

本书中 Cu－Y 的热力学参数采用 Fires 等人的参数。其计算相图如图 2－3 所示[172]。

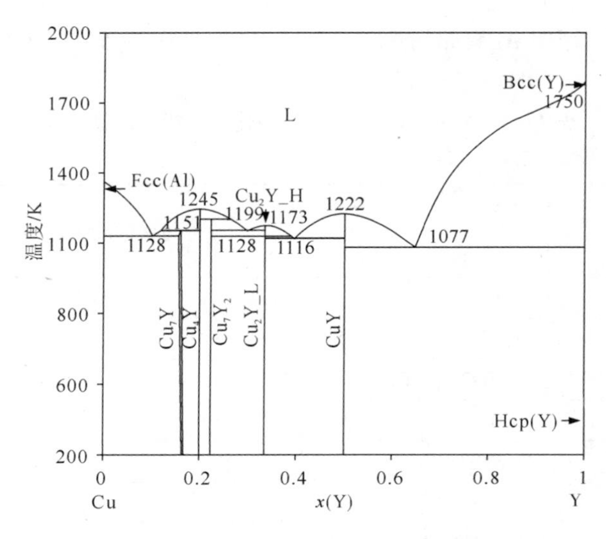

图 2-3　计算的 Cu - Y 二元相图

Fig. 2-3　The calculated Cu - Y phase diagram[172]

2.3.2　Al - Cu - Y 三元系

Zarechnyuk 和 Kolobnev[174]采用 X 射线衍射法最先研究 Al - Cu - Y 三元系相关系。Zarechnyuk 和 Kolobnev[174]报道了 673 K 富 Al 角的相关系，发现了 3 个三元化合物：Al_8Cu_4Y、Al_4Cu_5Y 和 Al_3CuY，并且 Al_3CuY 具有很大的溶解度。另外，发现 Al 在 Cu_5Y 中有 45%（原子分数）的溶解度。随后 Drits 等人[175]也研究了 Al - Cu - Y三元系在 523 K 和 813 K 富 Al 角的相关系。在他们的工作中发现了三元化合物，但未报道三元化合物的晶体结构。

Yunusov 和 Ganiev[176, 177]报道了 Al - Cu - Y 富 Al 角的垂直截面和液相线投影面。不过他们的工作相对粗糙，忽略了 Al - Cu - Y 三元化合物。

Krachan 等人[178]通过 X 射线、扫描电镜和电子探针成分分析，系统地测定了该三元系 820 K 时的等温截面 [(Y) = 0% ~ 33.3%]，如图 2-4 所示。他们的实验结果显示：该温度下组元 Cu 可以在 Al_2Y 和 Al_3Y 中各溶解 12.5% 和 3%，组元 Al 在 Cu_2Y 中溶解度为 7.5%；此外，还发现了 8 个三元化合物：τ_1 - Al_8Cu_4Y、τ_2 - $Al_{45}Cu_{65}Y_{10}$、τ_3 - $Al_{42}Cu_{68}Y_{10}$、τ_4 - $(Al, Cu)_{17}Y_2$、τ_5 - $(Al, Cu)_5Y$、τ_6 - $(Al, Cu)_{11}Y_3$、τ_7 - $Al_7Cu_2Y_3$ 和 τ_8 - AlCuY。其中 τ_4 - $(Al, Cu)_{17}Y_2$、τ_5 - $(Al, Cu)_5Y$ 和 τ_6 - $(Al, Cu)_{11}Y_3$ 相为半化学计量比化合物（化合物中稀土 Y 含量固定，Al 和 Cu 可彼此替代），其他三元相为严格化学计量比化合物。它们的晶体结构如表 2-2 所列。实验结果表明 τ_4 - $(Al, Cu)_{17}Y_2$、τ_5 - $(Al, Cu)_5Y$ 和

$\tau_6-(Al, Cu)_{11}Y_3$相中 Al 含量分别为 27%～32%、5%～50%、63%～67%。

表 2－2 Al－Cu－Y 三元系中化合物相的晶体结构

Table 2－2 Crystallographic Data of Intermetallic Phases

相	点阵参数			晶体结构，皮尔逊符号，空间群
	a/nm	*b*/nm	*c*/nm	
θ	0.6067		0.4877	Al_2Cu, tI12, I4/mcm
η	1.2066	0.4105	0.6913	AlCu, mC20, C2/m
ζ	0.40972	0.71313	0.99793	$Al_9Cu_{11.5}$, oI24, Imm2
ε	0.4146		0.5063	In Ni_2, hP6, P63/mmc
γD83	0.87023			Al_4Cu_9, cP52, $P\bar{4}3m$
γ				Cu_5Zn_8, cI52, $I\bar{4}3m$
β	0.2946			W, cI2, $Im\bar{3}m$
Al_3Y_L	0.6276		0.4582	Ni_3Sn, hp8, P63/mmc
Al3Y_H	0.0.6204		2.1184	$BaPb_3$, hR12, $R\bar{3}m$
Al_2Y	0.78611			Cu_2Mg, cF24, $Fd\bar{3}m$
AlY	0.5893	1.159	0.5695	BCr, oC8, Cmcm
Al_2Y_3	0.8222		0.7620	Al_2Gd_3, tP20, P42nm
AlY_2	0.659	0.512	0.930	Co_2Si, oP12, Pnma
Cu_7Y	0.4940		0.4157	Cu_7Tb, hP8, P6/nmm
Cu_4Y	0.7060			$AuBe_5$, cF24, $F\bar{4}3m$
Cu_7Y_2				
Cu_2Y_H				hP*
Cu_2Y_L	0.4320	0.6860	0.7330	$CeCu_2$, oI12, Imma
CuY	0.3477			ClCs, cP2, $Pm\bar{3}m$
$\tau_1-Al_8Cu_4Y$	0.8748		0.5146	$Mn_{12}Th$, tI26, I4/mmm
$\tau_2-Al_{45}Cu_{65}Y_{10}$	1.0277		0.65838	$BaCd_{11}$, tI48, I41/amd
$\tau_3-Al_{42}Cu_{68}Y_{10}$	1.42755	1.48587	0.65654	$(Al_{0.42}Cu_{0.58})_{11}Tb$, oF*, Fddd
$\tau_4-(Al, Cu)_{17}Y_2$	0.86958		1.24378	Th_2Zn_{17}, hR57, $R\bar{3}m$
$\tau_5-(Al, Cu)_5Y$	0.5246		0.4100	$CaCu_5$, hP6, P6/mmm
$\tau_6-(Al, Cu)_{11}Y_3$	0.4192	1.2423	0.9812	$Al_{11}La_3$, oI12, Immm
$\tau_7-Al_{2.1}Cu_{0.9}Gd$	0.54877		2.54016	Ni_3Pu, hR36, $R\bar{3}m$
$\tau_8-AlCuY$	0.70361		0.40304	Fe_2P, hP9, P62m

2.4　热力学模型

2.4.1　溶体相

在 Al - Cu - Y 体系中，液相、fcc、bcc、hcp 相等溶体相的摩尔吉布斯自由能采用替换溶液模型[126]来描述，其表达式为：

$$G_m^{\varphi} = \sum x_i {}^0G_i^{\varphi} + RT\sum x_i \ln(x_i) + {}^E G_m^{\varphi} \qquad (2-1)$$

式中：${}^0G_i^{\varphi}$——纯组元 i (i = Al, Cu 和 Y)的摩尔吉布斯自由能；

${}^{ex}G_m^{\varphi}$——过剩吉布斯自由能，其用 Redlich - Kister - Muggianu 多项式[179]表示为：

$$\begin{aligned}{}^{ex}G_m^{\varphi} = {} & x_{Al}x_{Cu}\sum_{i,=0,1\cdots}{}^{(i)}L_{Al,Cu}^{\varphi}(x_{Al}-x_{Cu})^i + x_{Al}x_Y\sum_{k,=0,1\cdots}{}^{(k)}L_{Al,Y}^{\varphi}(x_{Al}-x_Y)^k + \\ & x_{Cu}x_Y\sum_{m,=0,1\cdots}{}^{(m)}L_{Cu,Y}^{\varphi}(x_{Cu}-x_Y)^m + \\ & x_{Al}x_{Cu}x_Y(x_{Al}{}^{(0)}L_{Al,Cu,Y}^{\varphi} + x_{Cu}{}^{(1)}L_{Al,Cu,Y}^{\varphi} + x_{Gd}{}^{(2)}L_{Al,Cu,Y}^{\varphi}) \end{aligned} \qquad (2-2)$$

式中：边际二元系相互作用参数${}^{(i)}L_{Al,Cu}^{\varphi}$、${}^{(k)}L_{Al,Y}^{\varphi}$和${}^{(m)}L_{Cu,Y}^{\varphi}$均取自文献[169, 171, 173]报道的优化结果。由于没有 Al - Cu - Y 三元系的溶体相热力学和相图数据，三元相互作用参数在本文中直接设定为零。

2.4.2　化合物相

Krachan 等人[178]的结果显示 Cu_2Y、Al_2Y 和 Al_3Y 三个相在三元体系中都有一定的溶解度。其中，Cu_2Y 和 Al_3Y 的吉布斯自由能表达式为：

$$\begin{aligned} G_x^{Al,Cu}Y_y = {} & Y_{Al}^{I}G_{Al:Y} + Y_{Cu}^{I}G_{Cu:Y} + \frac{x}{x+y}RT(Y_{Al}^{I}\ln Y_{Al}^{I} + Y_{Cu}^{I}\ln Y_{Cu}^{I}) + \\ & Y_{Al}^{I}Y_{Cu}^{I}(\sum_{j=0,1\cdots})L_{Al,Cu:Y}(Y_{Al}-Y_{Cu})^j) \end{aligned} \qquad (2-3)$$

Al_2Y 具有 Laves_C15 结构，采用化合物能量模型描述其吉布斯自由能，该相的亚点阵为：$(Al, Cu, Y)_2(Al, Cu, Y)$，其吉布斯自由能表达式为：

$$\begin{aligned} G^{(Al,Cu,Y)_2(Al,Cu,Y)_1} = {} & \sum_i\sum_j Y_i^{I}Y_j^{II}G_{i:j} + 2RT(Y_{Al}^{I}\ln Y_{Al}^{I} + Y_{Cu}^{I}\ln Y_{Cu}^{I} + Y_{Y}^{I}\ln Y_{Y}^{I}) + \\ RT(Y_{Al}^{II}\ln Y_{Al}^{II} + Y_{Cu}^{II}\ln Y_{Cu}^{II} + Y_{Y}^{II}\ln Y_{Y}^{II}) & + \sum_i\sum_j\sum_k Y_i^{I}Y_j^{I}Y_k^{II}\sum_{v=0,1\cdots}{}^{v}L_{i,j:k}(Y_i^{I}-Y_j^{I})^v \\ & + \sum_i\sum_j\sum_k Y_k^{I}Y_i^{I}Y_j^{II}\sum_{v=0,1\cdots}{}^{v}L_{k,i:j}(Y_i^{II}-Y_j^{II})^v \end{aligned} \qquad (2-4)$$

式中：i、j 和 k—— Al、Cu 和 Y。$G_{Al:Y}$、$G_{Al:Y}$、$G_{Y:Al}$和 $G_{Y:Y}$来自 Al - Y 二元体系[171]。

Al - Cu - Y 三元系中 τ_1 - Al_8Cu_4Y、τ_2 - $Al_{45}Cu_{65}Y_{10}$、τ_3 - $Al_{42}Cu_{68}Y_{10}$、τ_7 - $Al_7Cu_2Y_3$和 τ_8 - AlCuY 均为化学计量比相，这些相的热力学模型为：$Al_xCu_yY_z$。其吉布斯自由能依据 Neumann - Kopp 规则[180]给出，表达式如下：

$$G_{Al_xCu_yY_z}=\frac{x}{x+y+z}{}^0G_{Al}^{Fcc}+\frac{y}{x+y+z}{}^0G_{Cu}^{Fcc}+\frac{z}{x+y+z}{}^0G_{Y}^{Hcp}+A+BT \quad (2-5)$$

式中：x、y、z——点阵中的化学计量比例；

A、B——待定系数。

$\tau_4-(Al, Cu)_{17}Y_2$、$\tau_5-(Al, Cu)_5Y$ 和 $\tau_6-(Al, Cu)_{11}Y_3$为半化学计量比化合物，其吉布斯自由能采用亚点阵$(Al, Cu)_xY_y$来描述：

$$G^{(Al, Cu)_xY_y}=Y_{Al}^{I}G_{Al:Y}+Y_{Cu}^{I}G_{Cu:Y}+\frac{x}{x+y}RT(Y_{Al}^{I}\ln Y_{Al}^{I}+Y_{Cu}^{I}\ln Y_{Cu}^{I})+Y_{Al}^{I}Y_{Cu}^{I}L_{Al, Cu:Y} \quad (2-6)$$

其中，

$$G_{Al:Y}=\frac{x}{x+y}{}^0G_{Al}^{Fcc}+\frac{y}{x+y}{}^0G_{Y}^{Hcp}+A+BT \quad (2-7)$$

$$G_{Cu:Y}=\frac{x}{x+y}{}^0G_{Cu}^{Fcc}+\frac{y}{x+y}{}^0G_{Y}^{Hcp}+A+BT \quad (2-8)$$

式中：${}^0G_{Al}^{Fcc}$、${}^0G_{Cu}^{Fcc}$、${}^0G_{Y}^{Hcp}$——纯元素 Al、Cu、Y 的摩尔吉布斯自由能；

Y_{Al}^{I}、Y_{Cu}^{I}——点阵分数，即 Al、Cu 分别在第一个亚点阵中的摩尔分数；

A、B——待定系数，即本文中所有优化获得的参数。

2.5 计算结果与讨论

采用 SGTE 数据库中元素 Al、Cu 和 Y 的晶格稳定性参数[181]，运用 Pandat 软件[182]，根据实验误差给予实验数据不同的权重来进行优化[183]。优化过程中，通过试错法，可对权重作出适当调整，直到计算结果能够重现实验数据为止。所有计算结果与实验数据吻合较好。

2.5.1 Al－Cu－Y 三元系的热力学计算

采用优化得到的热力学参数，计算了 673 K、820 K 的等温截面，如图 2－4、图 2－5所示。对比计算结果与实验相图可以发现，在三元系中三个边际二元的计算相与实测相存在一定的差异。根据实测相图 2－6[178]，首先 ζ 和 δ 没有出现在 Al－Cu 边际二元中，而 820 K 下不稳定的 β 相出现在实测相图中；其次，在 Cu－Y边际二元中，Cu_6Y 应该是 Cu_7Y 相。排除边际二元的差异，计算的相关系与实验测定的吻合较好。

在 820 K 时，计算的 Cu_2Y、Al_2Y 和 Al_3Y 中可以分别溶解 9.8% Al、5.4% Cu 和1.8% Cu，而 $\tau_4-(Al, Cu)_{17}Y_2$、$\tau_5-(Al, Cu)_5Y$ 和 $\tau_6-(Al, Cu)_{11}Y_3$相中 Al 含量的计算值分别为 19% ~30%、3% ~46%、60% ~69%。计算结果与实验结果基本吻合。

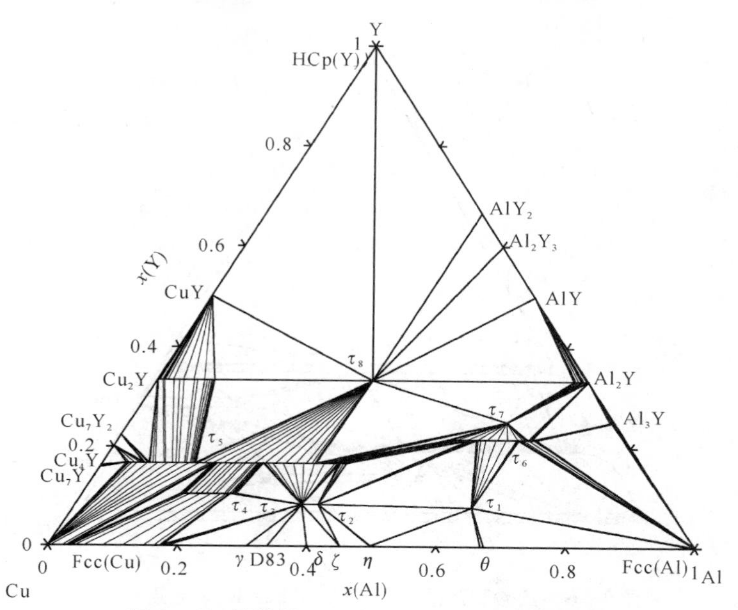

图 2－4　计算的 Al－Cu－Y 673 K 等温截面

Fig. 2－4　Calculated isothermal section of Al－Cu－Y system at 673 K

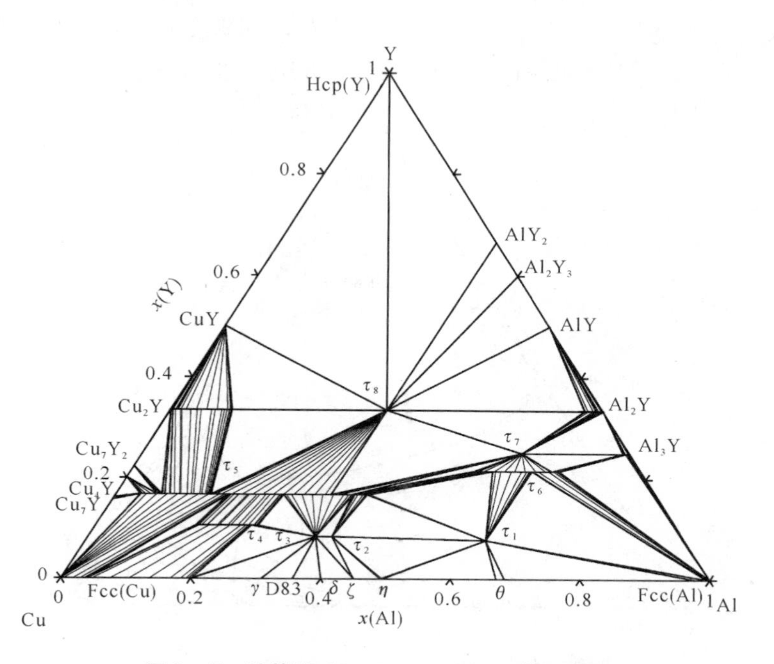

图 2－5　计算的 Al－Cu－Y 820 K 等温截面

Fig. 2－5　Calculated isothermal section of Al－Cu－Y system at 820 K

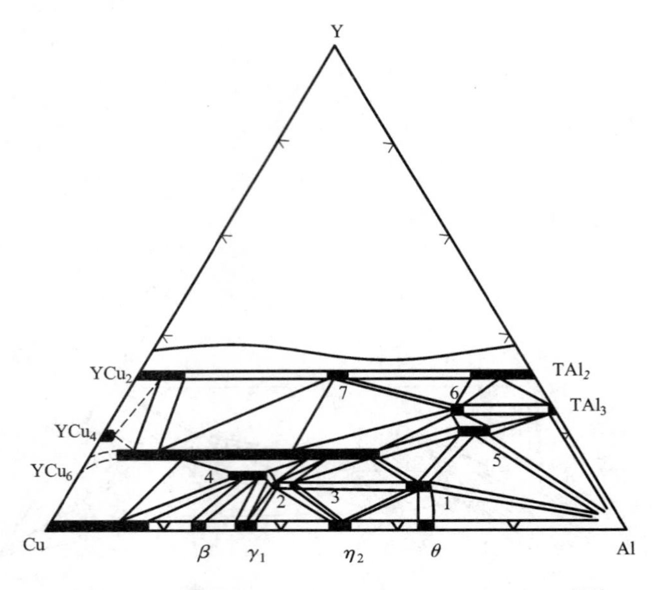

图 2－6　实验测定的 Al－Cu－Y 820 K 等温截面[178]

Fig. 2－6　Mearsured isothermal section of Al－Cu－Y system at 820 K

计算的 Al－Cu－Y 液相面投影图如图 2－7 所示，从图 2－7 可以获得所有与液相有关的零变量反应。表 2－3 列出了计算获得的零变量反应。但这些零变量反应的反应类型、反应温度和成分还需要实验的进一步验证。

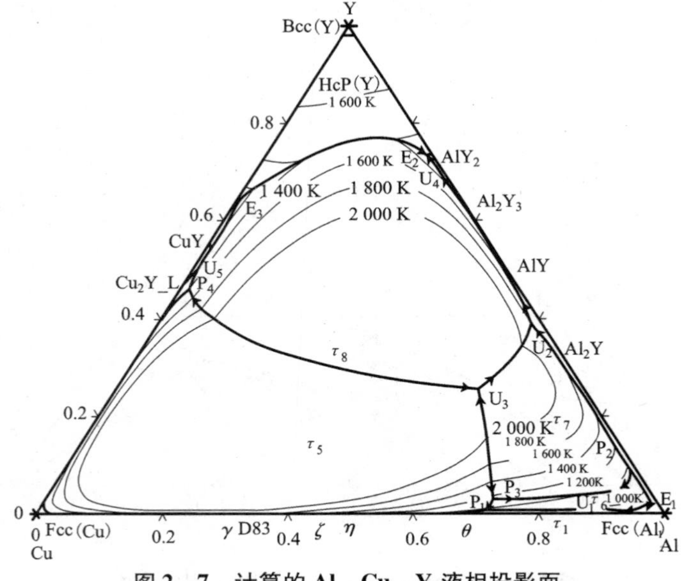

图 2－7　计算的 Al－Cu－Y 液相投影面

Fig. 2－7　Calculated liquidus projection of Al－Cu－Y system

表 2－3　Al－Cu－Y 三元系与液相相关的零变量反应列表

Table 2－3　Calculated invariant reactions and temperatures of Al－Cu－Y ternary system

反应类型	反应式	T/K	备注
E_1	$L \rightleftharpoons \tau_6 + Al_3Y\_L + Fcc(Al)$	907.79	本工作
		898	[177]
E_2	$L \rightleftharpoons \tau_8 + AlY_2 + Hcp(Y)$	1223.43	本工作
E_3	$L \rightleftharpoons \tau_8 + CuY + Hcp(Y)$	1071.56	本工作
E_4	$L \rightleftharpoons \tau_8 + AlY + Al_2Y_3$	1355.07	本工作
E_5	$L \rightleftharpoons Fcc(Cu) + \tau_4 + \beta$	1309.25	本工作
E_6	$L \rightleftharpoons \tau_5 + Cu_7Y_2 + Cu_2Y\_H$	1151.17	本工作
E_7	$L \rightleftharpoons \tau_1 + \theta + Fcc(Al)$	820.6	本工作
		813	[177]
U_1	$L + \tau_6 \rightleftharpoons Fcc(Al) + \tau_1$	884.39	本工作
U_2	$L + \tau_7 \rightleftharpoons Al_2Y + \tau_8$	1762.85	本工作
U_3	$L + \tau_5 \rightleftharpoons \tau_7 + \tau_8$	2138.71	本工作
U_4	$L + Al_2Y_3 \rightleftharpoons AlY_2 + \tau_8$	1248.27	本工作
U_5	$L + Cu_2Y\_L \rightleftharpoons CuY + \tau_8$	1215.35	本工作
U_6	$L + Al_2Y \rightleftharpoons \tau_8 + AlY$	1401.82	本工作
U_7	$L + \tau_5 \rightleftharpoons \tau_4 + Fcc(Cu)$	1351.93	本工作
U_8	$L + \beta \rightleftharpoons \tau_4 + \gamma$	1292.13	本工作
U_9	$L + \tau_4 \rightleftharpoons \tau_3 + \gamma$	1252.8	本工作
U_{10}	$L + Al_2Y \rightleftharpoons AlY_3\_L + AlY_3\_H$	1251.72	本工作
U_{11}	$L + \gamma \rightleftharpoons \tau_3 + \beta$	1232.21	本工作
U_{12}	$L + Cu_4Y \rightleftharpoons \tau_5 + Cu_7Y_2$	1199.13	本工作
U_{13}	$L + \tau_5 \rightleftharpoons Cu_2Y\_L + Cu_2Y\_H$	1169.86	本工作
U_{14}	$L + \tau_5 \rightleftharpoons Cu_7Y + Fcc(Cu)$	1128.18	本工作
U_{15}	$L + \beta \rightleftharpoons \tau_3 + \varepsilon$	1124.23	本工作
U_{16}	$L + \tau_5 \rightleftharpoons \tau_1 + \tau_2$	1029.93	本工作
U_{17}	$L + \tau_3 \rightleftharpoons \tau_2 + \varepsilon$	1014.21	本工作
U_{18}	$L + \tau_2 \rightleftharpoons \tau_1 + \varepsilon$	918.5	本工作

续表 2 - 3

反应类型	反应式	T/K	备注
U_{19}	$L + \varepsilon \rightleftharpoons \tau_1 + \eta$	898.11	本工作
U_{20}	$L + \eta \rightleftharpoons \tau_1 + \theta$	868.85	本工作
P_1	$L + \tau_5 + \tau_6 \rightleftharpoons \tau_1$	1066.47	本工作
P_2	$L + \tau_7 + Al_3Y\_L \rightleftharpoons \tau_6$	1175.42	本工作
P_3	$L + \tau_5 + \tau_7 \rightleftharpoons \tau_6$	1350.24	本工作
P_4	$L + \tau_8 + \tau_5 \rightleftharpoons Cu_2Y\_L$	1351.29	本工作
P_5	$L + \tau_5 + \tau_4 \rightleftharpoons \tau_3$	1280.49	本工作
P_6	$L + \tau_4 + Al_2Y \rightleftharpoons Al_3Y\_L$	1275.73	本工作
P_7	$L + \tau_5 + Cu_4Y \rightleftharpoons Cu_7Y$	1150.69	本工作
P_8	$L + \tau_5 + \tau_3 \rightleftharpoons \tau_2$	1127.22	本工作

在 Al - Cu - Y 三元系中，计算的垂直截面如图 2 - 8、图 2 - 9 和图 2 - 10 所示，计算的结果与实验吻合较好。

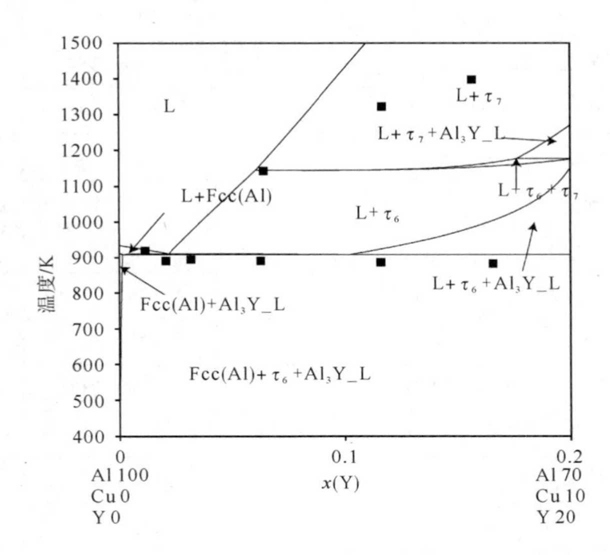

图 2 - 8　计算的 Al — $Al_{70}Cu_{10}Y_{20}$ 垂直截面与实验值[176]的比较

Fig. 2 - 8　Calculated vertical section along Al — $Al_{70}Cu_{10}Y_{20}$ (atomic fraction) compared with experimental data

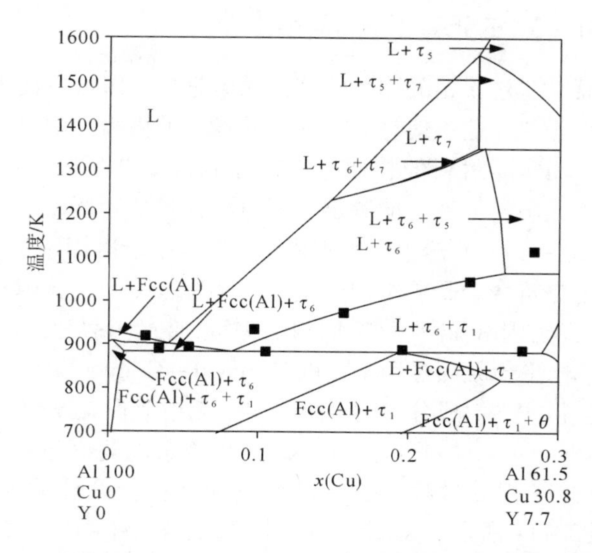

图 2－9　计算的 Al — $Al_{61.5}Cu_{30.8}Y_{7.7}$ 垂直截面与实验值[176]的比较

Fig. 2－9　Calculated vertical section along Al — $Al_{61.5}Cu_{30.8}Y_{7.7}$ (atomic fraction) compared with experimental data

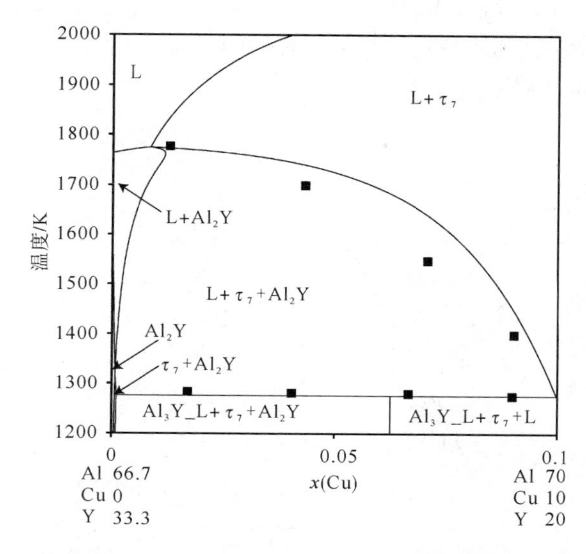

图 2－10　计算的 $Al_{66.7}Y_{33.3}$— $Al_{70}Cu_{10}Y_{20}$ 垂直截面与实验值[176]的比较

Fig. 2－10　Calculated vertical section along $Al_{66.7}Y_{33.3}$— $Al_{70}Cu_{10}Y_{20}$ (atomic fraction) compared with experimental data

2.5.2 Al－Cu－Y 三元系的凝固模拟

通过热力学优化，建立相关体系的热力学数据库，即可方便地计算出需要的相图和相关热力学特性，这些信息对材料的研发帮助极大。但是这些计算通常考虑的是平衡状态，而实际材料的相变过程往往非常复杂，非平衡相变时常发生。因此，单纯的平衡状态相关系不能满足实际材料开发的需要。

根据建立的 Al－Cu－Y 热力学数据库，对合金平衡凝固过程和非平衡凝固过程进行模拟，定量分析合金凝固组织的偏析，可为后续均匀化退火工艺的制定提供依据。合金平衡凝固和非平衡凝固过程均能通过 CALPHAD 技术能进行模拟[184－186]，其中，非平衡凝固过程采用的是 Scheil－Gullive 模型[187]，该模型假设在凝固时，液相扩散很快，成分均匀，而固相中无扩散现象发生。

本节将采用 Pandat 软件对部分 Al－Cu－Y 合金的凝固过程进行模拟，以期能够解释和预测材料相变过程，指导材料设计。实验设计的四个合金（A_5#—A_8#）的成分如图 2－11 所示。从图 2－11 中可知，在 Al－Cu－Y 三元系富 Al 角存在一个合金凝固临界点（图中表示为 Max），若合金成分与 Al 的连线在该点以上（如合金 A_7#），合金在凝固过程中将发生 $L \rightarrow \tau_6-(Al, Cu)_{11}Y_3+Al_3Y+$ Fcc(Al)，若合金成分与 Al 的连线在该点以下（如合金 A_6#），合金将发生 $L+\tau_6-(Al, Cu)_{11}Y_3 \rightarrow$ Fcc(Al) $+\tau_1-Al_8Cu_4Y$。由此可见，微小的成分变化（如图 2－12 中的合金 A_6#和 A_7#）会使合金的凝固通道及合金显微组织发生重要变化。具体合金凝固过程分析如下。

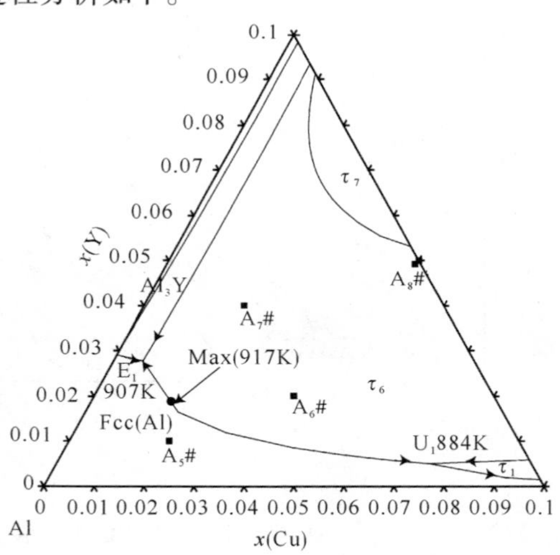

图 2－11 计算的 Al－Cu－Y 液相投影面和合金成分

Fig. 2－11 Calculated liquidus projection of Al－Cu－Y system and alloys

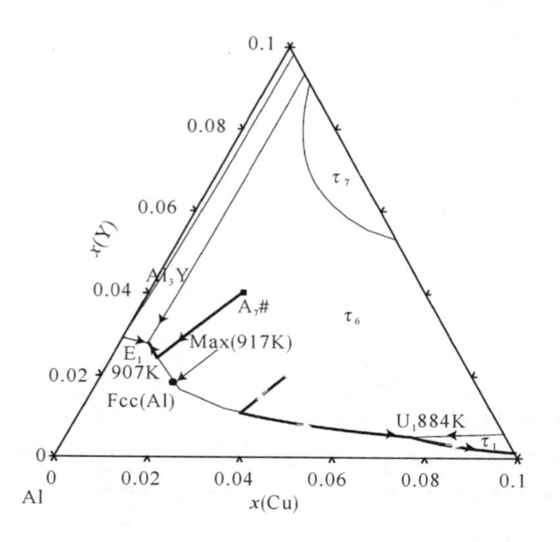

图 2－12　计算的 Al－Cu－Y 三元合金(A_6#、A_7#)的非平衡凝固通道(scheil 凝固)

Fig. 2－12　Calculated solidification paths of Al－Cu－Y alloys (A_6#、A_7#) with scheil condition

(1)A_5# 合金

图 2－13 为 A_5#合金铸态 SEM 背散射电子像，结合 XRD 衍射分析(图 2－14)，合金中存在三个相，分别为：Fcc(Al)、$\tau_1-Al_8Cu_4Y$ 和 $\tau_6-(Al,\ Cu)_{11}Y_3$。根据建立的热力学数据库，分别对合金 A_5#进行平衡和非平衡凝固模拟，图 2－15 为该合金分别在平衡凝固和 Scheil 凝固条件下的凝固过程，图 2－16 为非平衡凝固过程中各相的摩尔分数随温度的变化曲线。

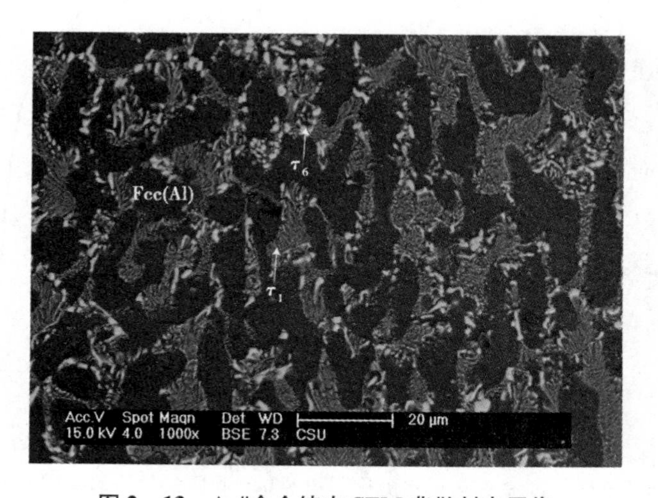

图 2－13　A_5#合金铸态 SEM 背散射电子像

Fig. 2－13　The BSE image of Al－Cu－Y alloys (A_5#)

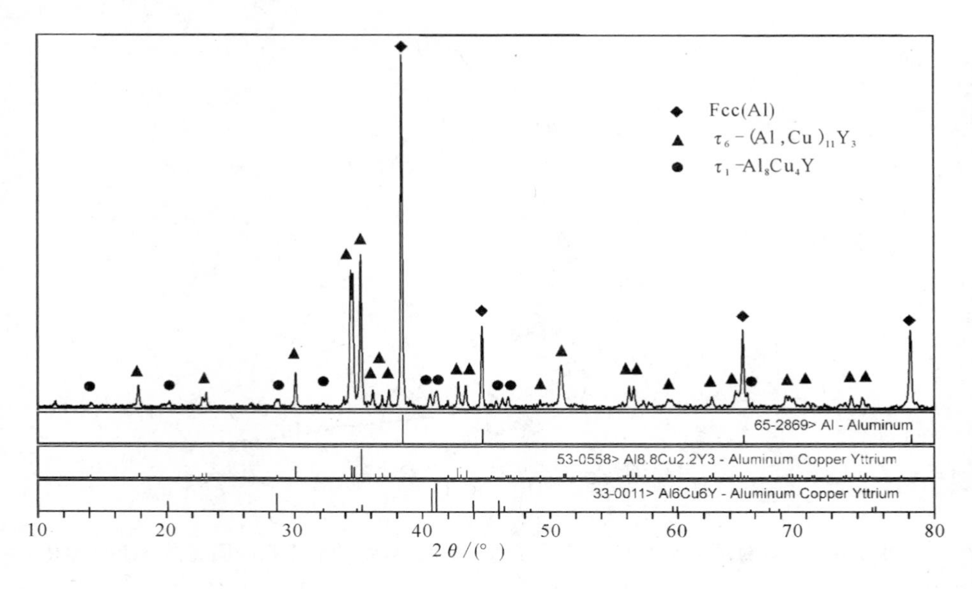

图 2 – 14　A_5#合金 XRD 分析结果

Fig. 2 – 14　The XRD result of Al – Cu – Y alloys（A_5#）

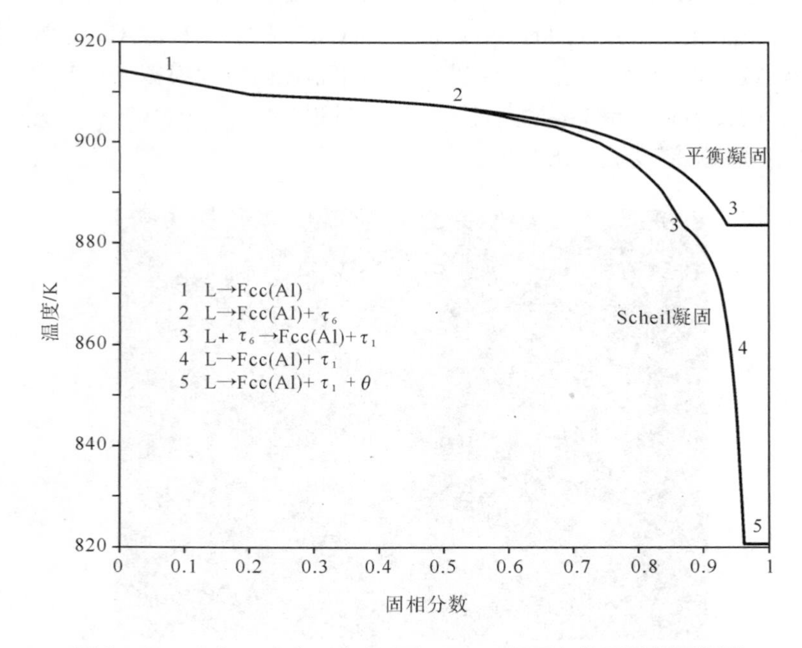

图 2 – 15　合金 A_5# 在平衡凝固和 Scheil 凝固条件下的凝固通道

Fig. 2 – 15　Simulated solidification paths for alloy A_5# under the equilibrium and Scheil conditions

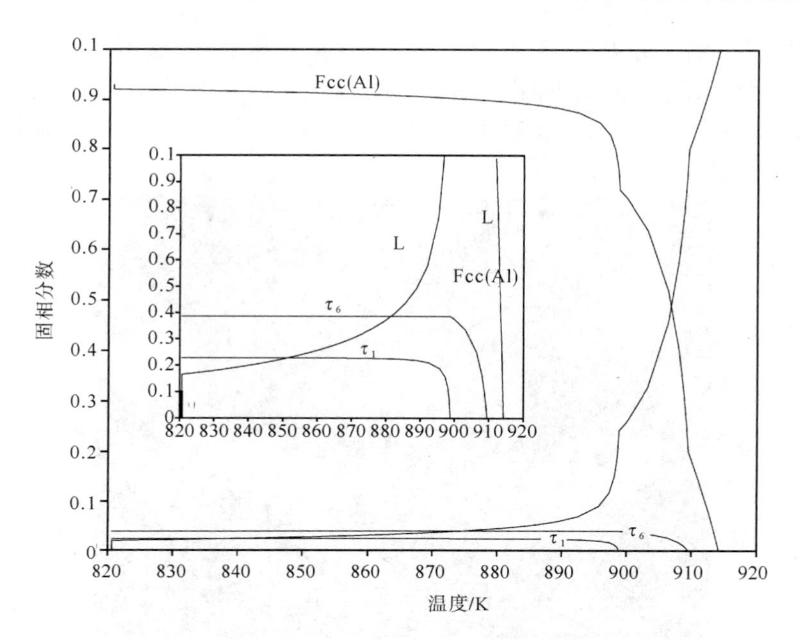

图 2－16　合金 A_5# Scheil 凝固过程中各相的摩尔分数

Fig. 2－16　Mole fractions of phases of alloy A_5# under scheil condition

在平衡凝固条件下，合金首先析出初晶相 Fcc(Al)，随着温度降低，共晶反应发生：L→Fcc(Al)＋τ_6－(Al, Cu)$_{11}$Y$_3$，该反应生成的 τ_6－(Al, Cu)$_{11}$Y$_3$ 相随后又与液相发生包共晶反应生成 Fcc(Al)和 τ_1－Al$_8$Cu$_4$Y 相。至此，液相已经反应完全。

在 Scheil 凝固条件下，凝固初期的析出顺序与平衡凝固条件下相同，首先析出 Fcc(Al)，然后出现共晶产物 Fcc(Cu)＋τ_6－(Al, Cu)$_{11}$Y$_3$，但是随后的包共晶反应 L＋τ_6－(Al, Cu)$_{11}$Y$_3$→Fcc(Al)＋τ_1－Al$_8$Cu$_4$Y 在 Scheil 凝固条件下受到抑制，液相随后将直接生成 Fcc(Al)＋τ_1－Al$_8$Cu$_4$Y 共晶，接下来合金发生三元共晶反应生成 Fcc(Al)＋τ_1－Al$_8$Cu$_4$Y＋θ，至此合金凝固完成。

图 2－17 中可以发现，合金的初晶相为黑色的 Fcc(Al)相，其中亮色的为 τ_6－(Al, Cu)$_{11}$Y$_3$相，并可以发现存在灰色区域，经 SEM 分析可以得到该组织为 Fcc(Al)＋τ_1－Al$_8$Cu$_4$Y。从图 2－13 中可以发现，Scheil 凝固条件计算结果与实验合金的微观组织吻合较好。计算的相分数显示最终的 θ 相的相分数不到 1%(见图 2－16)，θ 相的含量太少，导致实验仪器无法检测，因此样品中没有发现 θ 相。

(2) A_6# 合金

图 2－17 为 A_6#合金铸态 SEM 背散射电子像，结合 XRD 衍射分析(图 2－18)，

合金中存在四个相，分别为：Fcc(Al)、$\tau_1-Al_8Cu_4Y$、θ 和 $\tau_6-(Al, Cu)_{11}Y_3$。利用建立的热力学数据库，采用平衡凝固和 Scheil 凝固条件模拟了合金 A_6#的凝固过程（图 2－19 为该合金分别在平衡凝固和非平衡凝固时固相随温度的变化曲线）。

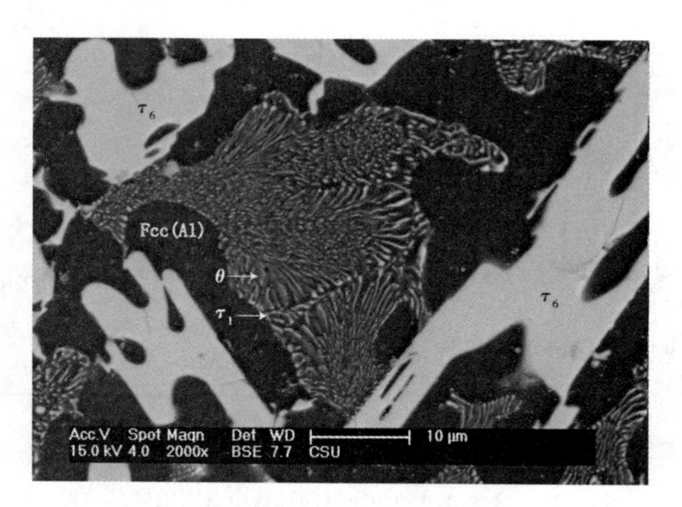

图 2－17 A_6#合金铸态 SEM 背散射电子像

Fig. 2－17 The BSE image of Al－Cu－Y alloys (A_6#)

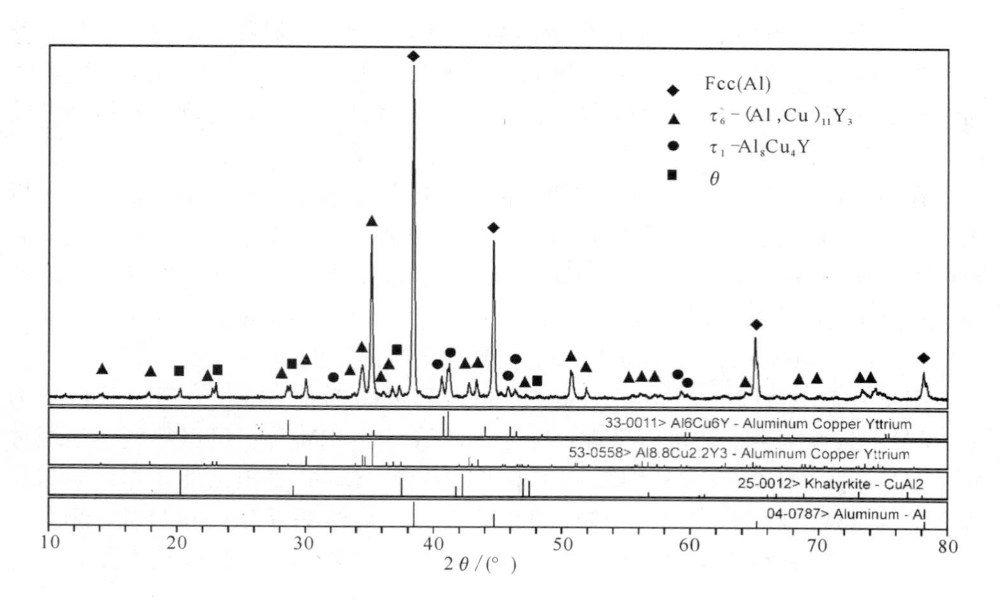

图 2－18 A_6#合金 XRD 分析结果

Fig. 2－18 The XRD result of Al－Cu－Y alloys (A_6#)

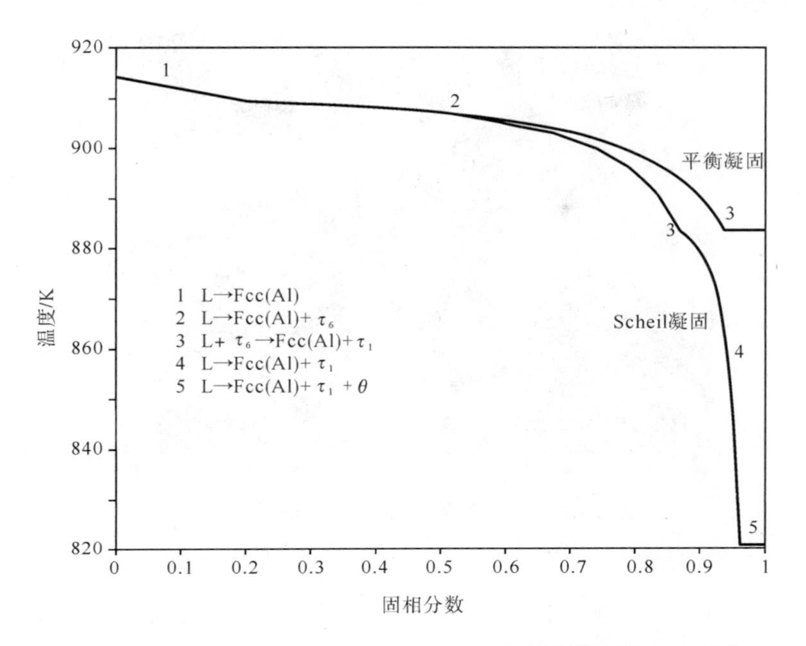

图2-19 合金 A_6# 在平衡凝固和 Scheil 凝固条件下的凝固通道

Fig. 2-19 Simulated solidification paths for alloy A_6# under the equilibrium and Scheil conditions

在平衡凝固条件下，合金首先析出初晶相 $\tau_6-(Al, Cu)_{11}Y_3$，随着温度降低，发生共晶反应：$L \rightarrow Fcc(Al)+\tau_6-(Al, Cu)_{11}Y_3$，随后初晶相 $\tau_6-(Al, Cu)_{11}Y_3$ 又与液相发生包共晶反应生成 Fcc(Al)和 $\tau_1-Al_8Cu_4Y$ 相。至此，液相已经反应完全。

在 Scheil 凝固条件下，凝固初期的析出顺序与平衡凝固条件下相同，首先析出 $\tau_6-(Al, Cu)_{11}Y_3$，然后出现共晶产物 Fcc(Cu) + $\tau_6-(Al, Cu)_{11}Y_3$，但是随后的包共晶反应 $L+\tau_6-(Al, Cu)_{11}Y_3 \rightarrow Fcc(Al)+\tau_1-Al_8Cu_4Y$ 在 Scheil 凝固条件下受到抑制，液相随后将直接生成 $Fcc(Al)+\tau_1-Al_8Cu_4Y$ 共晶，接下来合金发生三元共晶反应生成 $Fcc(Al)+\tau_1-Al_8Cu_4Y+\theta$，至此合金凝固完成。

图2-17 中可以发现，黑色区为合金的初晶相 Fcc(Al)，亮色区为 $\tau_6-(Al, Cu)_{11}Y_3$相，并可以发现存在灰色区域，经 SEM 分析可知其为 $Fcc(Al)+\tau_1-Al_8Cu_4Y+\theta$ 的共晶组织。因此，Scheil 凝固条件计算结果与实验吻合较好。

(3) A_7# 合金

图2-20 为 A_7#合金铸态 SEM 背散射电子像，结合 XRD 衍射分析(图2-21)，合金中存在三个相，分别为：Fcc(Al)，Al_3Y 和 $\tau_6-(Al, Cu)_{11}Y_3$。根据建立的热力学数据库对合金 A_7#进行凝固模拟，图2-22 为该合金的凝固过程计算图。

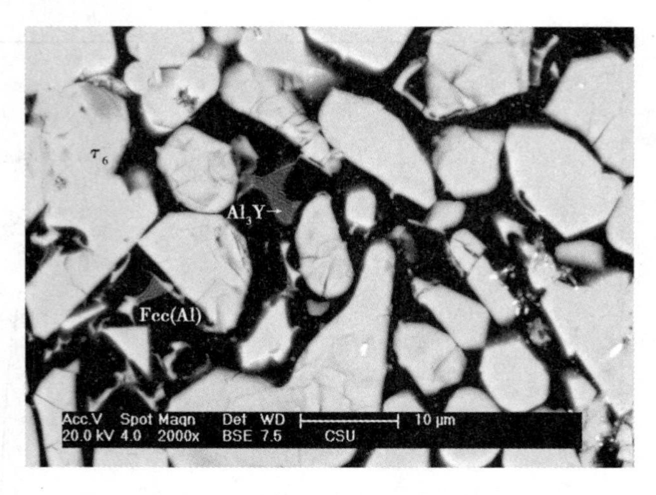

图 2 - 20　A_7#合金铸态 SEM 背散射电子像

Fig. 2 - 20The BSE image of Al - Cu - Y alloys (A_7#)

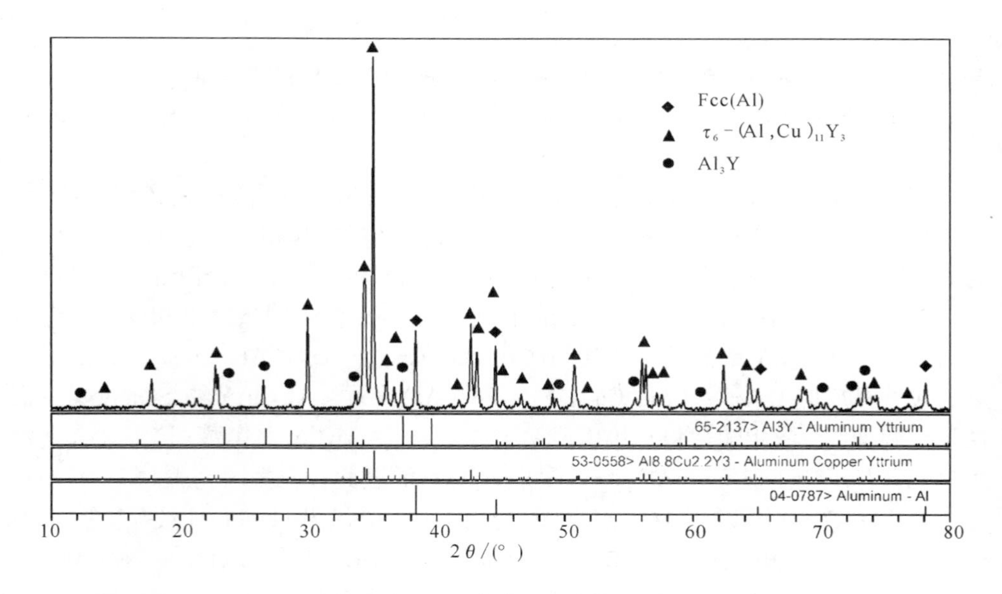

图 2 - 21　A_7#合金 XRD 分析结果

Fig. 2 - 21　The XRD result of Al - Cu - Y alloys (A_7#)

在平衡凝固条件下，合金首先析出初晶相 τ_6 - (Al, Cu) $_{11}$ Y_3，随着温度降低发生共晶反应：L → τ_6 - (Al, Cu) $_{11}$ Y_3 + Al_3Y，随后发生共晶反应生成 Fcc(Al)、τ_1 - Al_8Cu_4Y 和 Al_3Y相。至此，液相已经反应完全。

在 Scheil 凝固条件下，凝固过程中析出顺序与平衡凝固条件下相同，相对于

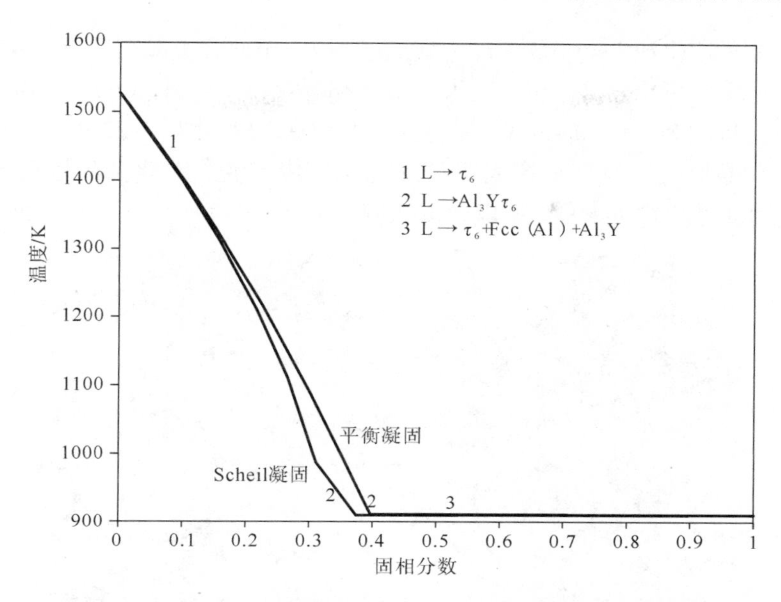

图 2－22　合金 A_7# 在平衡凝固和 Scheil 凝固条件下的凝固通道

Fig. 2－22　Simulated solidification paths for alloy A_7# under the equilibrium and Scheil conditions

平衡凝固，Scheil 凝固条件共晶反应 $L \rightarrow \tau_6-(Al, Cu)_{11}Y_3+Al_3Y$ 的温度区间较大(见图 2－22 中第二阶段)。

图 2－20 中可以发现，黑色区域为合金的初晶相 Fcc(Al)，亮色区为 $\tau_6-(Al, Cu)_{11}Y_3$ 相，并可以发现存在灰色区域，经 SEM 分析可知其为 Fcc(Al)＋$\tau_6-(Al, Cu)_{11}Y_3+Al_3Y$ 的共晶组织。因此，计算的平衡及非平衡凝固结果(图 2－22)均与实验合金的微观形貌吻合较好。

(4) A_8# 合金

图 2－23 为 A_8# 合金铸态 SEM 背散射电子像，结合 XRD 衍射分析(图 2－24)，合金中存在三个相，分别为：Fcc(Al)和 $\tau_6-(Al, Cu)_{11}Y_3$。根据建立的热力学数据库对合金 A_8# 进行凝固模拟，图 2－25 为该合金平衡凝固和 Scheil 条件下的凝固过程。

在平衡凝固条件下，合金首先析出初晶相 $\tau_6-(Al, Cu)_{11}Y_3$，随着温度降低发生共晶反应：$L \rightarrow \tau_6-(Al, Cu)_{11}Y_3+Fcc(Al)$，随后发生包共晶反应生成 Fcc(Al)、$\tau_1-Al_8Cu_4Y$ 相。至此，液相已经反应完全。

在 Scheil 凝固条件下，凝固初期的析出顺序与平衡凝固条件下相同，首先析出 $\tau_6-(Al, Cu)_{11}Y_3$，然后出现共晶产物 Fcc(Cu)＋$\tau_6-(Al, Cu)_{11}Y_3$，但是随后的包共晶反应 $L+\tau_6-(Al, Cu)_{11}Y_3 \rightarrow Fcc(Al)+\tau_1-Al_8Cu_4Y$ 在 Scheil 凝固条件下受到抑制，液相随后将直接生成 Fcc(Al)＋$\tau_1-Al_8Cu_4Y$ 共晶，接下来合金发

生三元共晶反应生成 Fcc(Al) + τ_1 - Al_8Cu_4Y + θ，至此合金凝固完成。

图 2 - 23 中可以发现，亮色区为合金的初晶相 τ_6 - $(Al, Cu)_{11}Y_3$相，与初晶相颜色较接近的为 τ_1 - Al_8Cu_4Y，黑色区为 Fcc(Al)相。图 2 - 22 中 Fcc(Al)相中有微量的共晶形貌。但没有形成明显的包晶反应形貌，因此凝固接近 Scheil 凝固，其中因为 θ 相含量太低，所以无法检测。

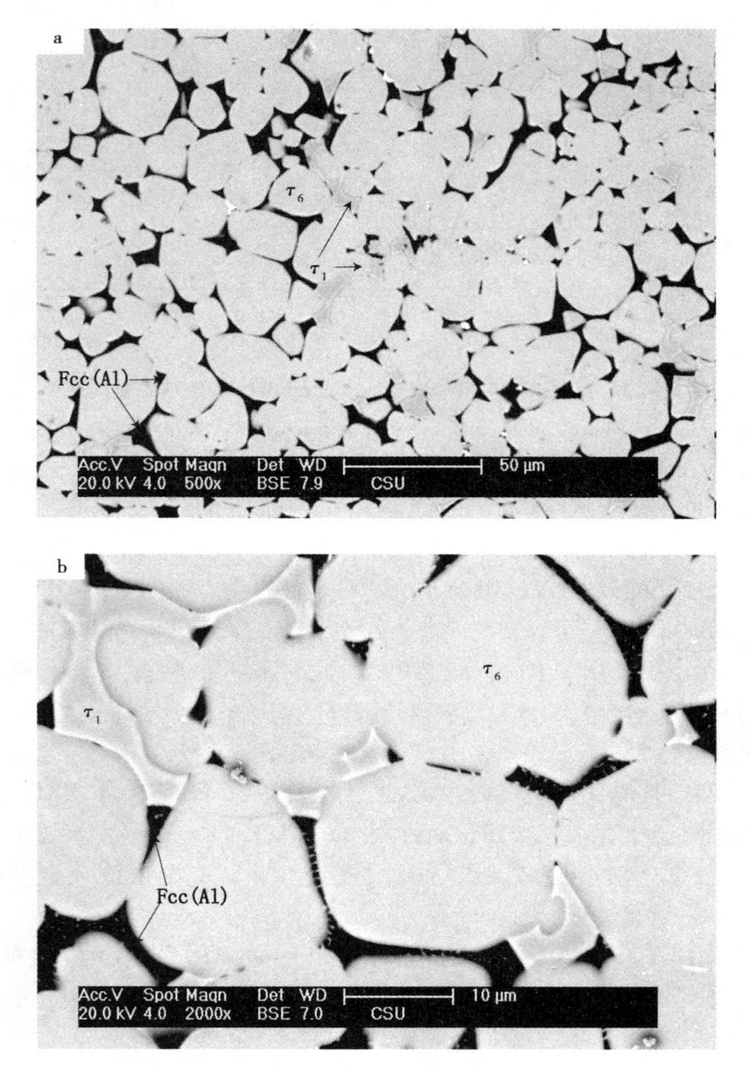

图 2 - 23　A_8#合金铸态 SEM 背散射电子像

(a)500 × (b) 2000 ×

Fig. 2 - 23　The BSE image of Al - Cu - Y alloys (A_8#)

(a)500 × (b) 2000 ×

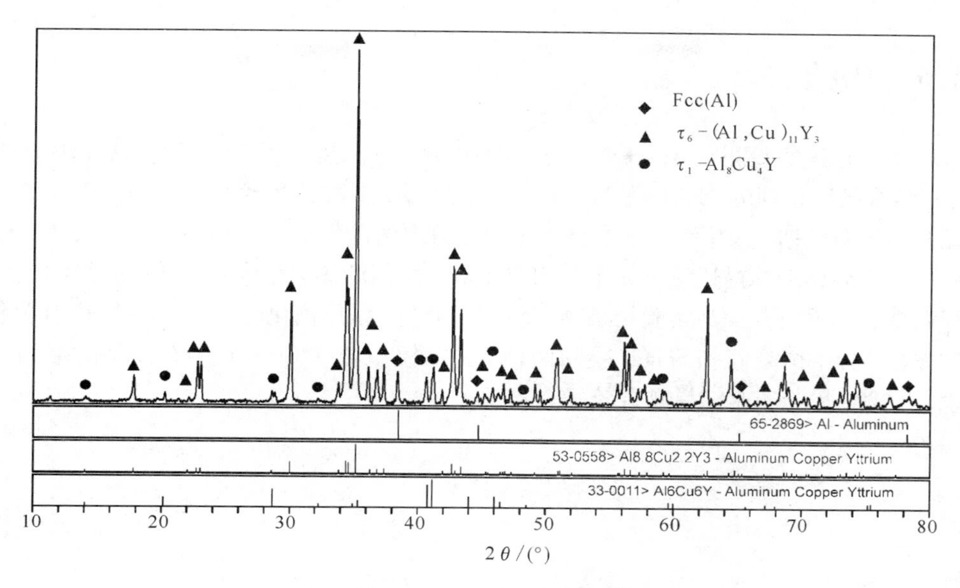

图 2－24　A_8#合金 XRD 分析结果

Fig. 2－24　The XRD result of Al－Cu－Y alloys（A_8#）

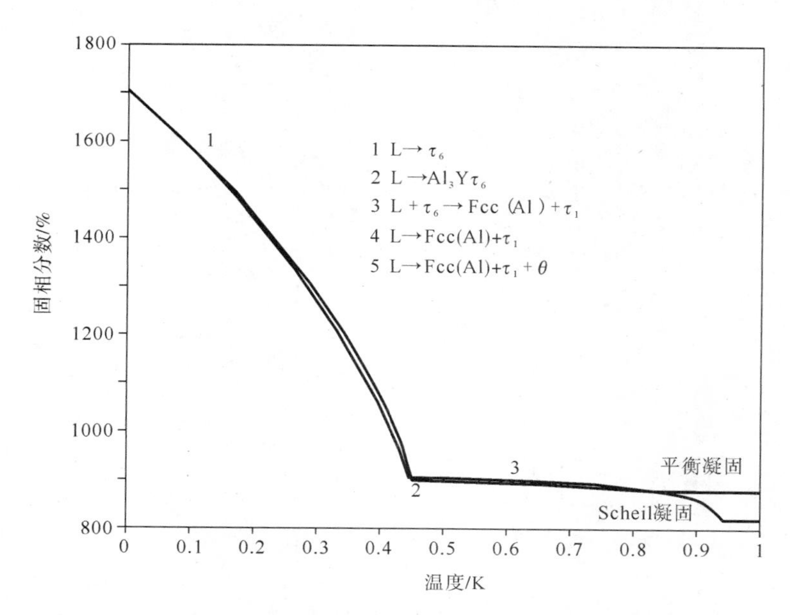

图 2－25　合金 A_8# 在平衡凝固和 Scheil 凝固条件下的凝固通道

Fig. 2－25　Simulated solidification paths for alloy A_8# under the equilibrium and Scheil conditions

2.6 小结

本章首先实验测定 Al - Cu - Y 三元系的部分相关系。其次，通过 CALPHAD 方法，结合已有合理的 Al - Cu、Al - Y 二元系热力学参数和文献报道的 Al - Cu - Y 三元系相平衡数据，采用统一的晶格稳定性参数评估优化了 Al - Cu - Y 三元体系，获得了一组能合理的描述该三元系各相吉布斯自由能的热力学参数，计算获得的三元等温截面和垂直截面与实验结果吻合较好。最后，采用优化的 Al - Cu - Y 热力学数据库，结合平衡凝固和 Scheil 凝固两种方式，模拟 Al - Cu - Y 铸态样品的凝固过程，模拟结果与实验结果吻合较好。

第 3 章　Al - Cu - Nd 体系热力学计算及凝固分析

3.1　引言

铝合金中添加稀土 Nd 可以改善合金的机械性能和非晶形成能力[188]，据报道，Al - Cu - Nd 体系具有很好的非晶形成能力[189]。Al - Cu - Nd 体系的热力学性质和相关系不仅可提供各温度下晶体相的稳定性和各相在具体温度下的相分数的相关信息，也为实际材料成分优化和性能的提高提供了大量可靠数据，同时也是预测非晶材料非晶形成能力的重要基础。因此，全面细致地研究 Al - Cu - Nd 三元体系相关系，可以为实际材料的开发提供理论依据。

Al - Cu - Nd 三元系中包括 Al - Cu、Al - Nd 和 Cu - Nd 三个二元系。Al - Cu 二元系采用的是 Witusiewicz 等人[169]的最新热力学数据。计算的 Al - Cu 相图见图 2 - 1。很多研究者[190 - 192]评估和优化了 Al - Nd 二元体系，其中 Cacciamani 和 Ferro[190]的优化结果外推性较好，故本文采用了 Cacciamani 和 Ferro 的热力学数据库，计算所得相图见图 3 - 1[190]。Zhuang 等人[193]和 Du 等人[194, 195]分别评估优化

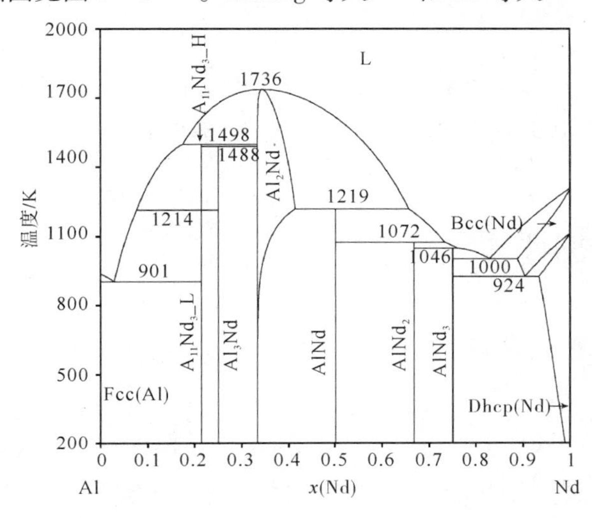

图 3 - 1　计算的 Al - Nd 二元相图[190]

Fig. 3 - 1　The calculated Al - Nd phase diagram

了 Cu－Nd 体系，与 Cu－Y 二元系一样，Cu－Nd 二元系富 Cu 角的相关系仍需要进一步验证。

因此，本章采用 CALPHAD 方法对该三元系进行热力学优化计算，采用获得的热力学数据库模拟解释实验合金的凝固通道，指导实际合金的设计与开发。

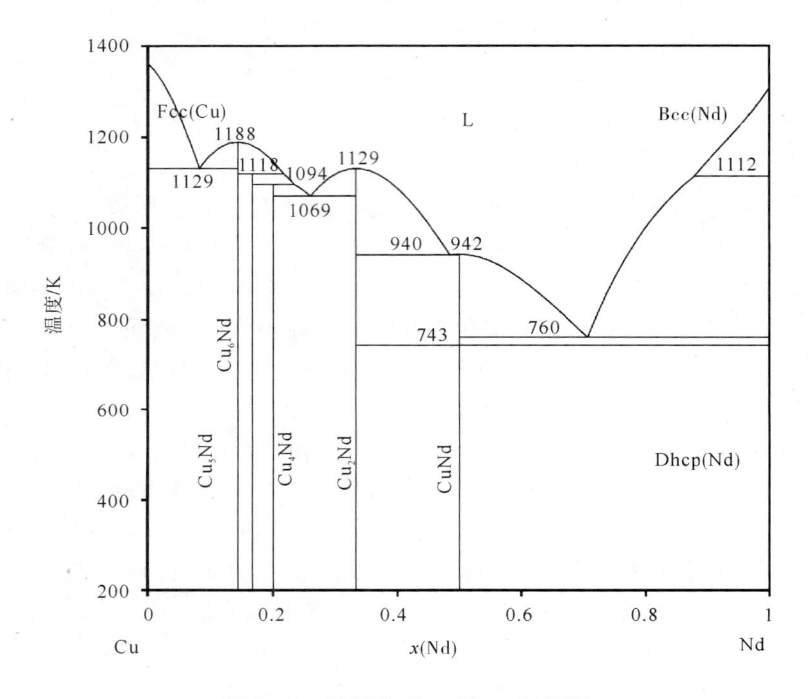

图 3－2 计算的 Cu－Nd 二元相图

Fig. 3－2 The calculated Cu－Nd phase diagram[195]

3.2 实验数据评估

3.2.1 Cu－Nd 二元系

由 SEM 能谱分析及 X 射线衍射分析结果可以发现，Cu－Nd 二元系中富 Cu 角的化合物相为 Cu_6Nd，而且 L→Cu_6Nd + Fcc(Cu)的液相中含 Nd 量(原子分数)为 9.12%。这些实验结果与 Du 的最新优化结果非常吻合，因此本文中采用 Du[195] 的热力学参数。计算的 Cu－Nd 相图如图 3－2 所示[195]。

3.2.2　Al - Cu - Nd 三元系

Zarechnyuk 等人[196]测定了 773 K 时，含稀土 Nd 低于 33.3% 的 Al - Cu - Nd 三元系的相关系，测定结果如表 3 - 1 所示。由实验结果可知：Al - Cu - Nd 三元系中存在 6 个三元化合物：τ_1 - Al_8Cu_4Nd、τ_2 - $Al_9Cu_8Nd_2$、τ_3 - Al_6Cu_7Nd、τ_4 - $Al_{2.4}Cu_{8.6}Nd$、τ_5 - Al_3CuNd 和 τ_6 - AlCuNd，它们均为化学计量比化合物，其晶体结构如表 3 - 1 所示；Al 在 Cu_5Nd 相中的溶解度为 50%，第三组元在其他二元化合物中无溶解度。

表 3 - 1　Al - Cu - Nd 三元系中化合物相的晶体结构

Table 3 - 1　Crystallographic Data of Intermetallic Phases

相	点阵参数			具体结构皮尔逊符号 空间群
	a/nm	*b*/nm	*c*/nm	
$Al_{11}Nd_3$_L	0.4359	1.2924	1.0017	$Al_{11}La_3$, oI28, Immm
$Al_{11}Nd_3$_H				
Al_3Nd	0.6470		0.4603	Ni_3Sn, hp8, P63/mmc
Al_2Nd	0.8000			Cu_2Mg, cF24, $Fd\bar{3}m$
AlNd	0.5940	1.1728	0.5729	AlDy, oP16, P6cm
$AlNd_2$	0.6716	0.5235	0.9650	Co_2Si, oP12, Pnma
$AlNd_3$	0.6968		0.5407	Ni_3Sn, hp8, P63/mmc
Cu_6Nd	0.8075	0.5070	1.0135	$CeCu_6$, oP28, Pnma
Cu_5Nd	0.5104		0.4107	$CaCu_5$, hP6, P6/mmm
Cu_4Nd	0.450	0.806	0.915	cF *
Cu_2Nd	0.4384	0.7096	0.7417	$CeCu_2$, oI12, Imma
CuNd	0.7302	0.4569	0.5578	BFe, oP12, Imma
τ_1 - Al_8Cu_4Nd	0.8789		0.5143	$Mn_{12}Th$, tI26, I4/mmm
τ_2 - $Al_9Cu_8Nd_2$	0.86958		1.24378	Th_2Zn_{17}, hR57, $R\bar{3}m$
τ_3 - Al_6Cu_7Nd				$NaZn_{13}$, cF112
τ_4 - $Al_{2.4}Cu_{8.6}Nd$	1.0277		0.65838	$BaCd_{11}$, tI48, I41/amd
τ_5 - Al_3CuNd	0.4192		0.9812	Al_3CuHo, tI10
τ_6 - AlCuNd	0.7169		0.41219	Fe_2P, hP9, P62m

Yunusov 和 Ganiev[177, 197]报道了 Al－Cu－Nd 富 Al 角的一系列垂直截面和液相线投影面。不过他们的工作相对粗糙，忽略了 Al－Cu－Nd 中的三元化合物。因此，他们的实验结果在本文书中仅用于对比。

3.3 热力学模型

3.3.1 溶体相

在 Al－Cu－Nd 体系中，液相、Fcc 相、Bcc 相、Hcp 相等溶体相的摩尔吉布斯自由能采用替换溶液模型[126]来描述，其表达式为：

$$G_{\mathrm{m}}^{\varphi} = \sum x_i {}^0G_i^{\varphi} + RT\sum x_i \ln(x_i) + {}^E G_{\mathrm{m}}^{\varphi} \tag{3-1}$$

式中：${}^0G_i^{\varphi}$——纯组元 $i(i=\mathrm{Al},\ \mathrm{Cu}$ 和 $\mathrm{Nd})$ 的摩尔吉布斯自由能；

${}^{\mathrm{ex}}G_{\mathrm{m}}^{\varphi}$——过剩吉布斯自由能。

${}^{\mathrm{ex}}G_{\mathrm{m}}^{\varphi}$ 用 Redlich－Kister－Muggianu 多项式[179]表示，则

$${}^{\mathrm{ex}}G_{\mathrm{m}}^{\varphi} = x_{\mathrm{Al}}x_{\mathrm{Cu}}\sum_{i,\ =0,\ 1\cdots}{}^{(i)}L_{\mathrm{Al,\ Cu}}^{\varphi}(x_{\mathrm{Al}}-x_{\mathrm{Cu}})^i + x_{\mathrm{Al}}x_{\mathrm{Nd}}\sum_{k,\ =0,\ 1\cdots}{}^{(k)}L_{\mathrm{Al,\ Nd}}^{\varphi}(x_{\mathrm{Al}}-x_{\mathrm{Nd}})^k + x_{\mathrm{Cu}}x_{\mathrm{Nd}}\sum_{m,\ =0,\ 1\cdots}{}^{(m)}L_{\mathrm{Cu,\ Nd}}^{\varphi}(x_{\mathrm{Cu}}-x_{\mathrm{Nd}})^m + x_{\mathrm{Al}}x_{\mathrm{Cu}}x_{\mathrm{Nd}}(x_{\mathrm{Al}}{}^{(0)}L_{\mathrm{Al,\ Cu,\ Nd}}^{\varphi} + x_{\mathrm{Cu}}{}^{(1)}L_{\mathrm{Al,\ Cu,\ Nd}}^{\varphi} + x_{\mathrm{Gd}}{}^{(2)}L_{\mathrm{Al,\ Cu,\ Nd}}^{\varphi}) \tag{3-2}$$

公式(3－2)中边际二元系相互作用参数${}^{(i)}L_{\mathrm{Al,\ Cu}}^{\varphi}$、${}^{(k)}L_{\mathrm{Al,\ Nd}}^{\varphi}$和${}^{(m)}L_{\mathrm{Cu,\ Nd}}^{\varphi}$采纳文献报道[169, 190, 195]的热力学参数。

3.3.2 化合物相

Al－Cu－Nd 三元系中 Al 在 Cu_5Nd 相中溶解度为 50%，因此 Cu_5Nd 相的吉布斯自由能表达为：

$$G_{0.8333}^{(\mathrm{Al,\ Cu})}\mathrm{Nd}_{0.1667} = Y_{\mathrm{Al}}^{\mathrm{I}}G_{\mathrm{Al:\ Nd}} + Y_{\mathrm{Cu}}^{\mathrm{I}}G_{\mathrm{Cu:\ Nd}} + 0.8333\mathrm{RT}(Y_{\mathrm{Al}}^{\mathrm{I}}lnY_{\mathrm{Al}}^{\mathrm{I}} + Y_{\mathrm{Cu}}^{\mathrm{I}}lnY_{\mathrm{Cu}}^{\mathrm{I}}) + Y_{\mathrm{Al}}^{\mathrm{I}}Y_{\mathrm{Cu}}^{\mathrm{I}}(\sum_{j=0,\ 1\cdots}{}^{j}L_{\mathrm{Al,\ Cu:\ Nd}}(\mathrm{Y_{Al}}-\mathrm{Y_{Cu}})^{\mathrm{j}}) \tag{3-3}$$

$G_{\mathrm{Cu:\ Nd}}$来自 Cu－Nd 二元系热力学数据库[195]，$G_{\mathrm{Al:\ Nd}}$可以表示为：

$$G_{\mathrm{Al:\ Gd}} = \frac{x}{x+y}{}^0G_{\mathrm{Al}}^{\mathrm{Fcc}} + \frac{y}{x+y}{}^0G_{\mathrm{Nd}}^{\mathrm{Dhcp}} + A + BT \tag{3-4}$$

$$G_{\mathrm{Al:\ Gd}} = \frac{x}{x+y}{}^0G_{\mathrm{Al}}^{\mathrm{Fcc}} + \frac{y}{x+y}{}^0G_{\mathrm{Gd}}^{\mathrm{Hcp}} + A + BT \tag{3-5}$$

式中：A、B、C 和 D——待定参数，由本文热力学优化所得。

Al－Cu－Nd 三元系中的所有三元化合物均满足化学计量比，故这些相的热力学模型被选定为：$Al_xCu_yNd_z$。其吉布斯自由能依据 Neumann－Kopp 规则[180]给

出，表达式如下：

$$G_{Al_xCu_yGd_z} = \frac{x}{x+y+z}{}^0G_{Al}^{Fcc} + \frac{y}{x+y+z}{}^0G_{Cu}^{Fcc} + \frac{z}{x+y+z}{}^0G_{Nd}^{Dhcp} + E + FT \quad (3-6)$$

式中：x、y、z——点阵的化学计量比例；

${}^0G_{Al}^{Fcc}$、${}^0G_{Cu}^{Fcc}$、${}^0G_{Nd}^{Dhcp}$——纯元素Al、Cu、Nd的摩尔吉布斯自由能；

E、F——待定系数，即本章中优化获得的参数。

3.4　计算结果与讨论

本章采用了SGTE数据库中元素Al、Cu和Nd的晶格稳定性参数[181]，选用Pandat软件[182]（该程序允许同时考虑多种热力学数据和相图数据）根据实验误差给予实验数据不同的权重而进行优化[183]。优化过程中，通过试错法，可对权重做适当调整，直到计算结果能够重现实验数据为止。所有计算结果与实验数据吻合较好。

采用优化获得的热力学参数计算的773 K等温截面如图3－3所示。对比计

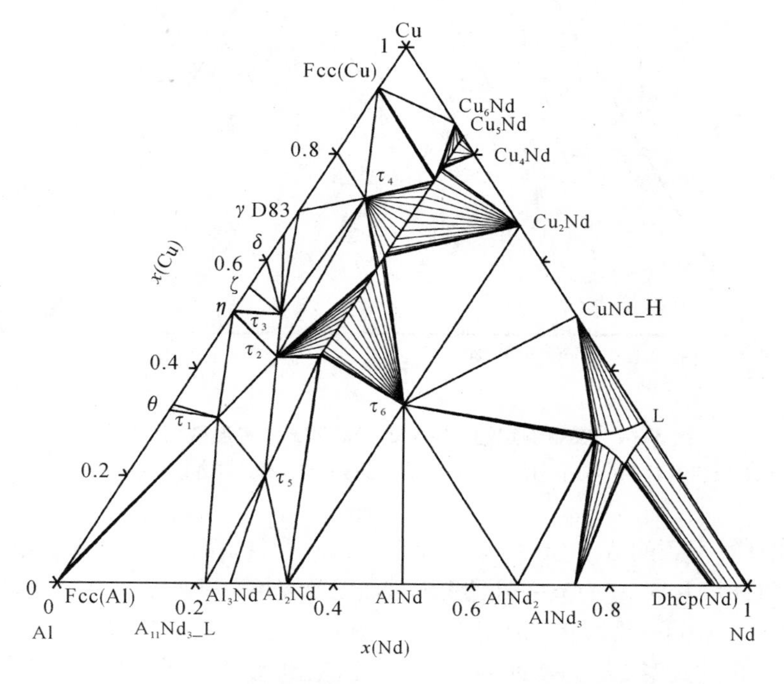

图3－3　计算的Al－Cu－Nd 773 K等温截面

Fig. 3－3　Calculated isothermal section of Al－Cu－Nd system at 773 K

算结果(图 3－3)与实验相图(图 3－4)可以发现，773 K 时 Al－Cu－Nd 三元系的相关系与实测的相关系基本吻合，但在三元系中三个边际二元处其计算相与实测相存在一定差异。由二元相图可知(图 2－1 和图 3－5)：在此温度使 ζ 和 δ 没有出现在 Al－Cu 边际二元中，故实测相图中不应出现 β；其次，在实测的 Cu－Nd 边际二元中，Cu_6Nd 和 Cu_4Nd 没有出现。Rini 等人在评估这个三元系时也提出了这些不合理处，并建议修改成与二元一致。本次计算修改了这些，并获得了与实际一致的三元等温截面，如图 3－3 所示。

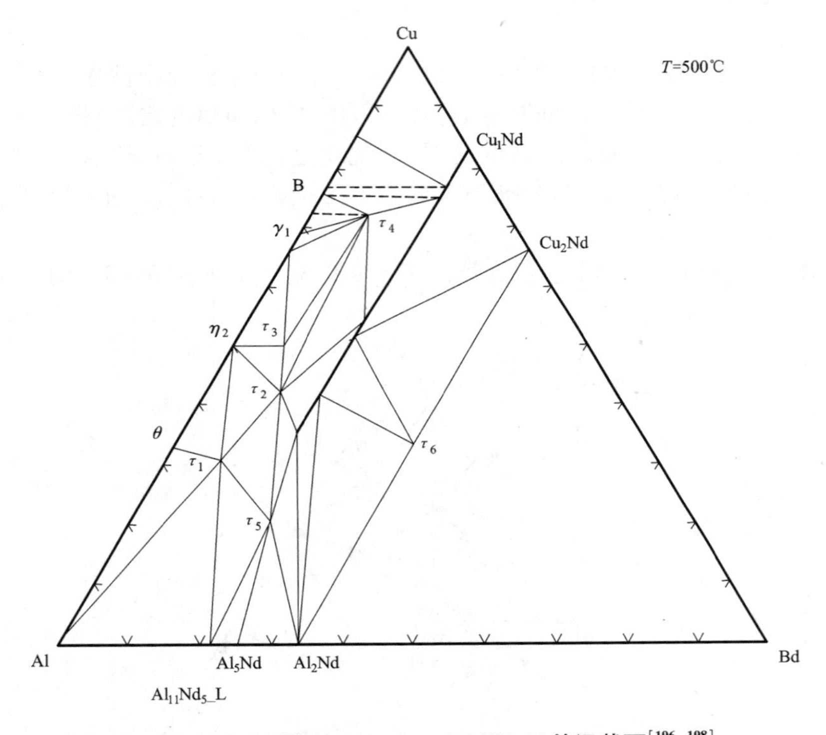

图 3－4 实验测定的 Al－Cu－Nd 773 K 等温截面[196, 198]

Fig. 3－4 Mearsured isothermal section of Al－Cu－Nd system at 773 K

优化计算得到的 Al－Cu－Nd 三元系 873 K 等温截面如图 3－5 所示。

计算的 873 K 时 Al－Cu－Nd 的等温截面以及液相面投影图如图 3－6 和 3－7 所示，从图 3－7 中可获得所有与液相有关的零变量反应。表 3－2 列出了计算所得的零变量反应。但这些零变量反应的反应类型、反应温度和成分还需要实验的准确测定。图 3－8 和图 3－9 为计算所得的 Al－Cu－Nd 三元系的垂直截面，计算结果与实验吻合较好。

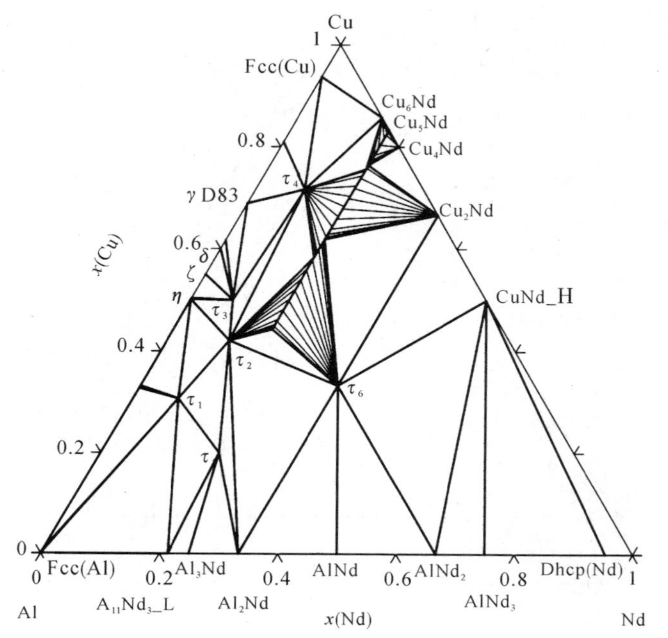

图3－5 Al－Cu－Nd体系673K的计算相图

Fig. 3－5 Calculated isothermal section of Al－Cu－Nd system at 673K

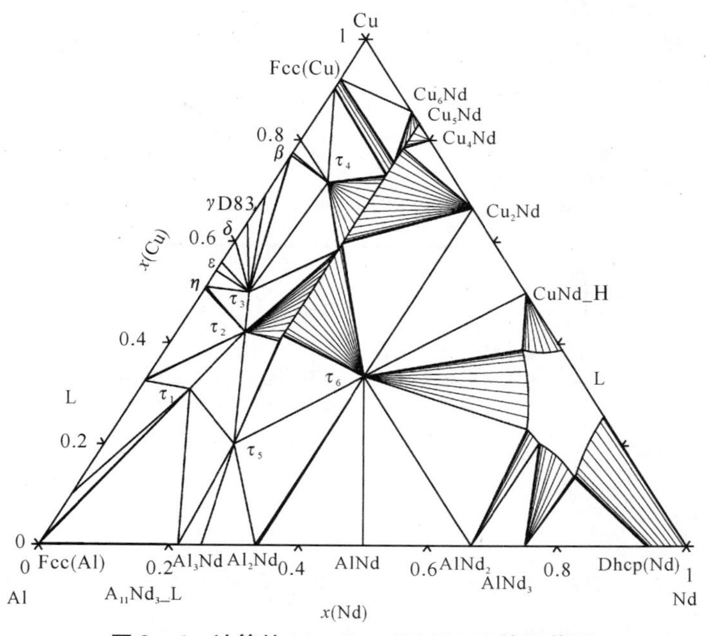

图3－6 计算的Al－Cu－Nd 873 K等温截面

Fig. 3－6 Calculated isothermal section of Al－Cu－Nd system at 873 K

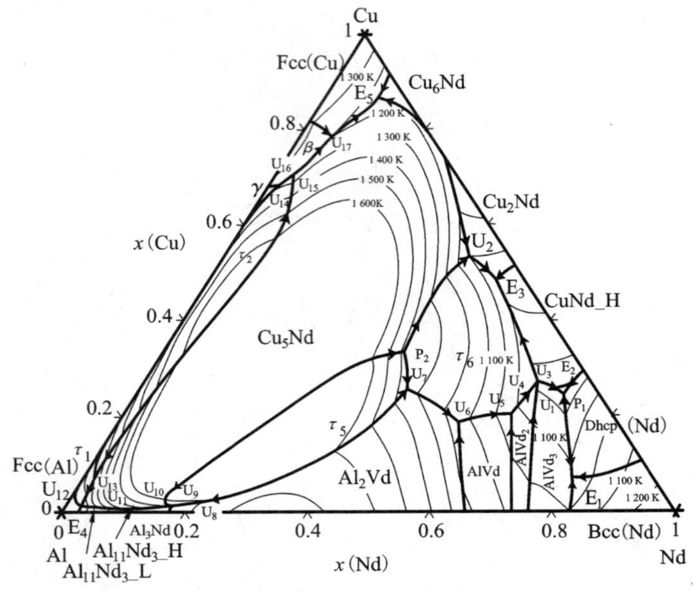

图 3 - 7　计算的 Al - Cu - Nd 液相投影面

Fig. 3 - 7　Calculated liquidus projection of Al - Cu - Nd system

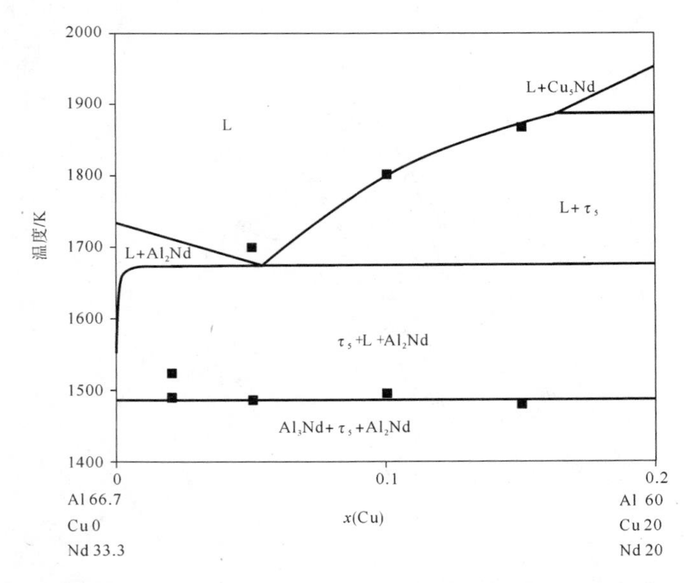

图 3 - 8　计算的 $Al_{66.7}Nd_{33.3}$ - $Al_{60}Cu_{20}Nd_{20}$ 垂直截面与实验值[197]的比较

Fig. 3 - 8　Calculated vertical section along $Al_{66.7}Nd_{33.3}$ - $Al_{60}Cu_{20}Y_{20}$ (atomic fraction) compared with experimental data

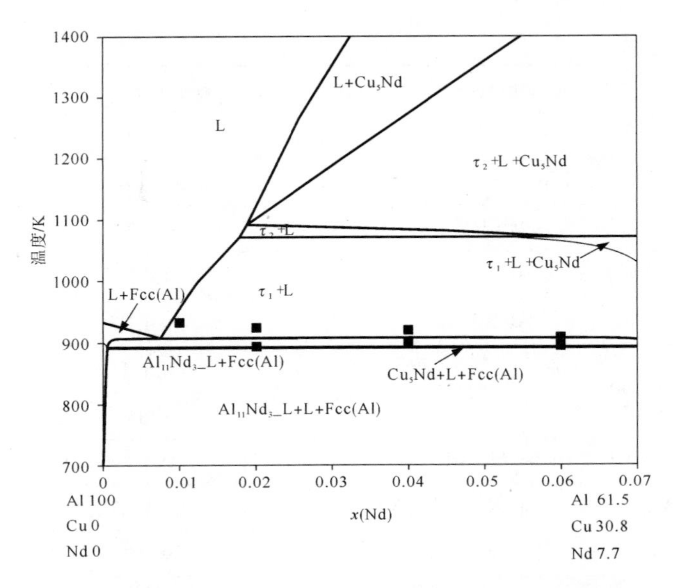

图 3-9 计算的 $Al-Al_{61.5}Cu_{30.8}Y_{7.7}$ 垂直截面与实验值[197]的比较

Fig. 3-9 Calculated vertical section along $Al-Al_{61.5}Cu_{30.8}Y_{7.7}$ (atomic fraction) compared with experimental data

表 3-5 Al-Cu-Nd 三元系与液相相关的零变量反应列表

Table 3-2 Calculated invariant reactions and temperatures of Al-Cu-Nd ternary system

反应类型	反应式	T/K	备注
E_1	$L \rightleftharpoons$ Bcc(Nd) + Dhcp(Nd) + $AlNd_3$	924.95	本工作
E_2	$L \rightleftharpoons$ CuNd_L + Dhcp(Nd) + $AlNd_3$	734.99	本工作
E_3	$L \rightleftharpoons \tau_6$ + CuNd_H + Cu_2Nd	909.52	本工作
E_4	$L \rightleftharpoons$ Fcc(Al) + Cu5Nd + $Al_{11}Nd_3$_L	889.29	本工作
		871	[177]
E_5	$L \rightleftharpoons$ Fcc(Cu) + Cu_5Nd + Cu_6Nd	1309.25	本工作
E_6	$L \rightleftharpoons Cu_2Nd + Cu_5Nd + Cu_4Nd$	1068.48	本工作
E_7	$L \rightleftharpoons \tau_1 + \theta$ + Fcc(Al)	820.61	本工作
		813	[177]
U_1	L + CuNd_H $\rightleftharpoons AlNd_3$ + CuNd_L	743	本工作
U_2	$L + Cu_5Nd \rightleftharpoons Cu_2Nd + \tau_6$	1000.27	本工作
U_3	L + $AlNd_2 \rightleftharpoons$ CuNd_H + $AlNd_3$	766.65	本工作

续表 3 - 2

反应类型	反应式	T/K	备注
U_4	$L + \tau_6 \rightleftharpoons AlNd_2 + CuNd\_H$	766.75	本工作
U_5	$L + AlNd \rightleftharpoons AlNd_2 + \tau_6$	925.54	本工作
U_6	$L + Al_2Nd \rightleftharpoons \tau_6 + AlNd$	1134.02	本工作
U_7	$L + \tau_5 \rightleftharpoons \tau_6 + Al_2Nd$	1329	本工作
U_8	$L + Al_2Nd \rightleftharpoons \tau_5 + Al_3Nd$	1486.77	本工作
U_9	$L + Al_3Nd \rightleftharpoons \tau_5 + Al_{11}Nd_3\_H$	1486.18	本工作
		1485	[177]
U_{10}	$L + \tau_5 \rightleftharpoons Cu_5Nd + Al_{11}Nd_3\_H$	1483.06	本工作
U_{11}	$L + Al_{11}Nd_3\_H \rightleftharpoons Cu_5Nd + Al_{11}Nd_3\_L$	1213.87	本工作
U_{12}	$L + \tau_1 \rightleftharpoons Fcc(Al) + Cu_5Nd$	894.49	本工作
U_{13}	$L + \tau_2 \rightleftharpoons \tau_1 + Cu_5Nd$	1072.57	本工作
U_{14}	$L + \gamma \rightleftharpoons \beta + \tau_3$	1273.48	本工作
U_{15}	$L + \tau_2 \rightleftharpoons \tau_3 + Cu_5Nd$	1255.24	本工作
U_{16}	$L + \tau_3 \rightleftharpoons \beta + Cu_5Nd$	1246.66	本工作
U_{17}	$L + \beta \rightleftharpoons Fcc(Cu) + Cu_5Nd$	1198.1	本工作
U_{18}	$L + \gamma \rightleftharpoons \tau_3 + \beta$	1231.41	本工作
U_{19}	$L + \beta \rightleftharpoons \tau_3 + \varepsilon$	1124.24	本工作
U_{20}	$L + \tau_3 \rightleftharpoons \tau_2 + \varepsilon$	969.78	本工作
U_{21}	$L + \tau_2 \rightleftharpoons \tau_1 + \eta$	871.2	本工作
		882	[177]
U_{22}	$L + \eta \rightleftharpoons \tau_1 + \theta$	861.85	本工作
		853	[177]
P_1	$L + Dhcp(Nd) + CuNd\_H \rightleftharpoons CuNd\_L$	743	本工作
P_2	$L + \tau_5 + Cu_5Nd \rightleftharpoons \tau_6$	1374.77	本工作
P_3	$L + \tau_2 + \varepsilon \rightleftharpoons \eta$	898.11	本工作

3.5　小结

采用 CALPHAD 方法，结合已有的合理的 Al－Cu、Al－Nd 二元系热力学参数和文献报道的 Al－Cu－Nd 三元系相平衡数据，应用统一的晶格稳定性参数评估优化了 Al－Cu－Nd 三元系的热力学参数，获得了一组合理自洽描述该三元系各相吉布斯自由能的热力学参数，计算获得的三元等温截面、液相投影面以及垂直截面与实验结果吻合较好。

第 4 章　Al - Cu - Gd 体系热力学计算及凝固分析

4.1　引言

稀土 Gd 是铝合金微合金化的重要元素之一，在合金中添加 Gd 能细化晶粒，大大减少合金中的杂质，进一步减缓再结晶过程[199]。Gd 是铝基非晶合金中的重要元素[200-203]，在铝基非晶合金中添加 Gd 不仅可以大大改善合金非晶形成能力[204-206]，而且能提高非晶材料的机械性能[201, 207, 208]。Al - Cu - Gd 三元系相图对于指导 Al - Cu - Gd 系合金的设计有重要意义，即可为优化合金成分提供可靠信息。因此，全面细致的研究 Al - Cu - Gd 三元体系的相关系，可以为实际材料的开发提供理论依据。

Al - Cu - Gd 三元系中包括 Al - Cu、Al - Gd 和 Cu - Gd 三个二元系。Al - Cu 二元系采用的是 Witusiewicz 等人[169]的最新热力学数据。很多研究者[209-211]评估和优化了 Al - Gd 二元体系，其中 Cacciamani 等人[211]的优化结果外推性较好，本文采用了他们的热力学数据库，计算的相图见图 4 - 1。目前，仅有 Subramanian 和 Laughlin[212]详细评论了 Cu - Gd 二元系，而热力学评估优化仍未见报道。另外 Kuz′ma 等[213, 214]、Riani 等[198]和 Raghavan[215]对 Al - Cu - Gd 三元系的相平衡关系和热力学性质进行了详细的研究。

因此，本章首先评估 Cu - Gd 和 Al - Cu - Gd 体系的热力学和相平衡实验数据，然后对 Cu - Gd 及 Al - Cu - Gd 体系进行了评估优化；最后采用所构建的热力学数据库模拟了富 Al 角三元合金的凝固通道。

4.2　实验

4.2.1　合金样品制备

选取块状的纯 Cu（w（Cu）= 99.99%）、纯 Al（w（Al）= 99.9%）和纯 Gd（w（Cd）= 99.9%），并将其去氧化皮处理后，分别按给定的成分（表 4 - 1 所列）配料（精确到 0.001g）。然后将配制好的三元合金在真空非自耗电弧炉中熔

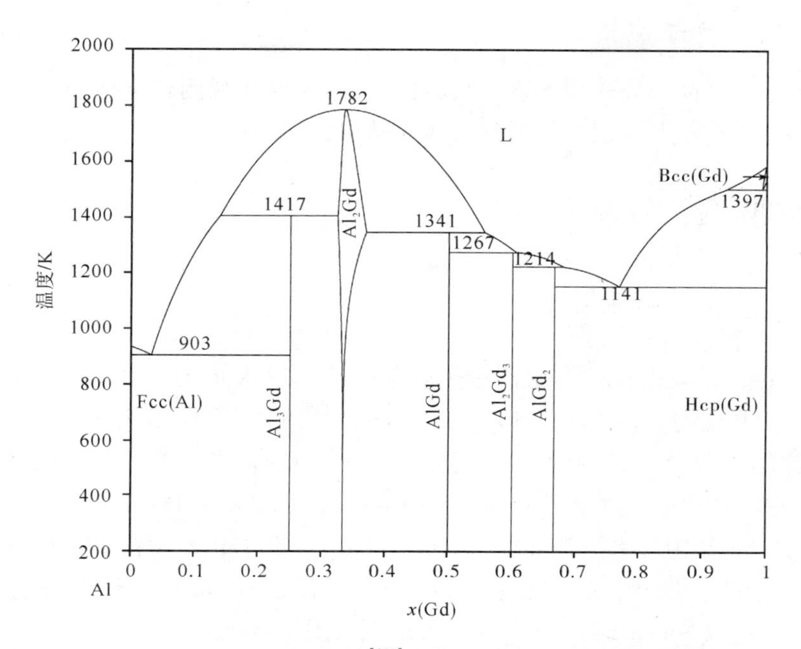

图 4 - 1 Cacciamani 等[211]计算的 Al - Gd 二元系相图

Fig. 4 - 1 The calculated phase diagram of Al - Gd system[211]

炼，反复熔炼至少3次后得到成分均匀的合金铸锭。

将部分合金用酒精清洗干净，密封于抽真空并充满氩气的石英管中，置于1073 K的退火炉中保温400 h。待设定退火时间到达后取出石英管，冷水淬火。

将所有样品进行镶样，制成金相样品。

表 4 - 1 Al - Cu - Gd 合金成分（原子分数）及相组成

Table 4 - 1 Constituent phases and compositions of alloys

合金	名义成分/%			热处理方式	相分析（SEM，X 射线）
	Al	Cu	Gd		
C_5#	94	5	1	熔炼	Fcc(Al) + τ_1 - Al_8Cu_4Gd + θ
C_6#	85	10	5	熔炼	Fcc(Al) + τ_5 - $Al_{8.9}Cu_{2.1}Gd_3$ + τ_1 - Al_8Cu_4Gd + θ
C_7#	87	8	5	熔炼	Fcc(Al) + τ_5 - $Al_{8.9}Cu_{2.1}Gd_3$ + τ_1 - Al_8Cu_4Gd + θ

4.2.2 合金样品检测

合金金相样品首先采用 SEM 背散射电子成像模式观测合金样品中各相的形貌和分布，然后利用 X 射线衍射分析各样品中的具体相。

4.3 实验数据评估

4.3.1 Cu－Gd 二元系

Witusiewicz 和 Ivanov[216]采用量热法测定了 1523 K 时 Cu－Gd 二元液相合金的混合焓。利用高温量热法，Fitzner 和 Kleppa[217]测定了 1473 K 下 Cu－Gd 液相合金的混合焓，同时也报道了 Cu_9Gd_2、Cu_2Gd 和 CuGd 相的标准形成焓。Chatain 等人[218]使用电动势法测定了 1500 K 时 Cu－Gd 液相合金中 Cu 的活度。Sommer 等人[219]用 Sn 作为参考态测定了 Cu_9Gd_2、Cu_2Gd 和 CuGd 相在 298 K 时的形成焓。前三位研究者的结果彼此能很好的相互拟合而 Sommer 等人[219]测定的值却明显偏正，所以 Sommer 等人[219]的实验结果只用于对比。

Copeland 和 Kato[220]测定了 Cu－Gd 二元系富 Gd 角的相关系，据他们的报道 Cu 在稀土中几乎没有溶解度(少于 0.5%)，并且在富 Gd 角处存在一个共晶反应(L→Gd + CuGd)。之后 Buschow 和 Goot[221]发现在富 Cu 角处存在一个 Cu_7Gd 相，不过未报道该相的晶体结构。Cheng 和 Zeng[222]及 Carnasciali 等人[223]分别系统地研究了 Cu－Gd 二元系的相关系。

Cheng 和 Zeng[222]通过 DTA、XRD 以及金相法，发现 Cu－Gd 体系中存在4 个化合物，其中 Cu_6Gd、Cu_2Gd 和 CuGd 通过包晶反应分别在 1157 K、1143 K 和 1032 K 生成，而 Cu_5Gd 是同成分熔化相，其熔点为 1205 K。并且在 Cu－Gd 二元系中发现了两个共晶反应：L→Cu + Cu_6Gd(1148 K，8% Gd)和 L→CuGd + Gd(941 K，68% Gd)。Cheng 和 Zeng[222]指出 Cu 与 Gd 之间无相互溶解现象发生。

Carnasciali 等人[223]发现该二元系中存在 6 个化合物：Cu_6Gd、Cu_5Gd、Cu_9Gd_2、Cu_7Gd_2、Cu_2Gd 以及 CuGd。其中 Cu_6Gd(1138 K)、Cu_5Gd(1198 K)和 Cu_7Gd_2(1143 K)是包晶反应生成的相，其他三个为同成分熔化相：Cu_9Gd_2(1203 K)、Cu_2Gd(1133 K)、CuGd(1103 K)，Cu_5Gd 具有同素异形转变($AuBe_5$型与 $CaCu_5$型)转变温度为 938 K。同时 Carnasciali 等人[223]发现了四个共晶反应和一个共析反应，其分别为：L→Fcc(Cu) + Cu_6Gd(1133 K，x(Gd) = 9.5%)、L→Cu_9Gd_2 + Cu_2Gd(1193 K，x(Gd) = 29%)、L→Cu_2Gd + CuGd(1043 K，x(Gd) = 44%)、L→CuGd + Bcc(Gd)(948 K，x(Gd) = 70%)和 Bcc(Gd)→CuGd

＋Hcp(Gd)(903 K)。Carnasciali 等人[223]证实了 Gd 在 Cu 中没溶解度，但是 Cu 在 Bcc(Gd)和 Hcp(Gd)中的溶解度可以分别达到15% 和 3% Cu。

在上述工作的基础上，Subramanian 和 Laughlin[212]详细评论了 Cu－Gd 二元体系。

4.3.2　Al－Cu－Gd 三元系

较多研究者[198, 213－215]实验研究了 Al－Cu－Gd 三元体系。通过综合评估，在该三元体系中存在7个三元相。它们的结构见表4－2。

利用X射线衍射分析和电子探针等分析手段，通过分析38个 Al－Cu－Gd 合金的相组成，Kuz′ma 等人[213, 214]获得了500℃和600℃的等温截面。实验结果表明，体系中存在7个三元化合物：τ_1－Al_8Cu_4Gd、τ_2－$Al_{3.2}Cu_{7.8}Gd$、τ_3－$Al_{4.4}Cu_{6.6}Gd$、τ_4－$(Al, Cu)_{17}Gd_2$、τ_5－$Al_{8.9}Cu_{2.1}Gd_3$、τ_6－$Al_{2.1}Cu_{0.9}G$ 和 τ_7－AlCuGd。其中 τ_4－$(Al, Cu)_{17}Gd_2$为半化学计量比化合物，其他均为化学计量比化合物。三元化合物 τ_4－$(Al, Cu)_{17}Gd_2$中 Al 的含量(原子分数)在500℃和600℃时分别为45%～51%和40%～51%。实验还发现，Al 在 Cu_5Gd 相中的溶解度可达45%，并且 Cu 在 Al_2Gd 相中也有一定的溶解度(5%)。

迄今为止，Al－Cu－Gd 三元体系仍旧缺乏三元热力学信息。本次优化计算仅采用了三元固态相关系[198, 213－215]。

表4－2　三元系中化合物相的晶体结构

Table 4－1　Crystallographic Data of Intermetallic Phases

相	点阵参数			具体结构皮尔逊符号 空间群
	a /nm	b /nm	c /nm	
θ	0.6067		0.4877	Al_2Cu, tI12, I4/mcm
η	1.2066	0.4105	0.6913	AlCu, mC20, C2/m
ζ	0.40972	0.71313	0.99793	$Al_9Cu_{11.5}$, oI24, Imm2
ε	0.4146		0.5063	In Ni_2, hP6, P63/mmc
γD83	0.87023			Al_4Cu_9, cP52, $P\bar{4}3m$
γ				Cu_5Zn_8, cI52, $I\bar{4}3m$
β	0.2946			W, cI2, $Im\bar{3}m$
Al_3Gd	0.6331		0.4600	Ni_3Sn, hp8, P63/mmc
Al_2Gd	0.7906			Cu_2Mg, cF24, $Fd\bar{3}m$

续表 4－2

相	点阵参数			具体结构皮尔逊符号 空间群
	a/nm	b/nm	c/nm	
AlGd	0.5893	1.159	0.5695	AlEr, oP16, Pmma
Al_2Gd_3	0.8320		0.7628	Al_2Zr_3, tP20, P42/mnm
$AlGd_2$	0.6742	0.5254	0.9756	Co_2Si, oP12, Pnma
Cu_6Gd	0.8030	0.5020	0.9995	$CeCu_6$, op28, Pnma
Cu_5Gd_L	0.7060			$AuBe_5$, cF24, $F\bar{4}3m$
Cu_5Gd_H	0.5020		0.4120	$CaCu_5$, hP6, P6/mmm
Cu_9Gd_2	0.5000		1.3900	
Cu_7Gd_2				
Cu_2Gd	0.4320	0.6860	0.7330	$CeCu_2$, oI12, Imma
CuGd	0.3501			ClCs, cP2, $Pm\bar{3}m$
$\tau_1-Al_8Cu_4Gd$	0.8748		0.5146	$Mn_{12}Th$, tI26, I4/mmm
$\tau_2-Al_{3.2}Cu_{7.8}Gd$	1.0269		0.66054	$BaCd_{11}$, tI48, I41/amd
$\tau_3-Al_{4.4}Cu_{6.6}Gd$	1.4303	1.4962	0.6572	$(Al_{0.42}Cu_{0.58})_{11}Tb$, oF *, Fddd
$\tau_4-(Al, Cu)_{17}Gd_2$	0.8830		1.2830	Th_2Zn_{17}, hR57, $R\bar{3}m$
$\tau_5-Al_{8.9}Cu_{2.1}Gd_3$	0.42398	1.2553	0.99393	$Al_{11}La_3$, oI12, Immm
$\tau_6-Al_{2.1}Cu_{0.9}Gd$	0.55153		2.5519	Ni_3Pu, hR36, $R\bar{3}m$
$\tau_7-AlCuGd$	0.7077		0.40649	AlNiZr, hP9, P62m

4.4 热力学模型

4.4.1 溶体相

在 Al－Cu－Gd 体系中，液相、Fcc、Bcc、Hcp 相等溶体相的摩尔吉布斯自由能采用替换溶液模型[126]来描述，其表达式为：

$$G_m^{\varphi} = \sum x_i {}^0G_i^{\varphi} + RT\sum x_i \ln(x_i) + {}^EG_m^{\varphi} \quad (4-1)$$

式中：${}^0G_i^{\varphi}$——纯组元 i(i = Al, Cu 和 Gd)的摩尔吉布斯自由能；

${}^{ex}G_m^{\varphi}$——过剩吉布斯自由能，其用 Redlich－Kister－Muggianu 多项式[179]表

示为：

$$^{ex}G^{\varphi} = x_{Al}x_{Cu}\sum_{i,\ =0,\ 1\cdots}{}^{(i)}L^{\varphi}_{Al,\ Cu}(x_{Al} - x_{Cu})^{i} + x_{Al}x_{Gd}\sum_{k,\ =0,\ 1\cdots}{}^{(k)}L^{\varphi}_{Al,\ Gd}(x_{Al} - x_{Gd})^{k} + x_{Cu}x_{Gd}\sum_{m,\ =0,\ 1\cdots}{}^{(m)}L^{\varphi}_{Cu,\ Gd}(x_{Cu} - x_{Gi})^{m} + x_{Al}x_{Cu}x_{Gd}(x_{Al}{}^{(0)}L^{\varphi}_{Al,\ Cu,\ Gd} + x_{Cu}{}^{(1)}L^{\varphi}_{Al,\ Cu,\ Gd} + x_{Gd}{}^{(2)}L^{\varphi}_{Al,\ Cu,\ Gd}) \tag{4-2}$$

式中：边际二元系相互作用参数 $^{(i)}L^{\varphi}_{Al,\ Cu}$、$^{(k)}L^{\varphi}_{Al,\ Gd}$ 均采用文献报道[169, 211]的优化结果；Cu – Gd 二元系溶体相的相互作用参数 $^{(m)}L^{\varphi}_{Cu,\ Gd}$ 由本文优化计算获得，其表达为：

$$^{(i)}L^{\varphi}_{Cu,\ Gd} = a_i + b_i T \tag{4-3}$$

式中：a_i 和 b_i——待优化的参数。

由于没有 Al – Cu – Gd 三元系的溶体相热力学和相图数据，本章中三元相互作用参数直接被设定为零。

4.4.2 化合物相

Cu – Gd 体系中存在一系列没有成分范围的化合物 Cu_pGd_q，在计算过程中将其处理为化学计量比相。化学计量比相的吉布斯自由能仅为温度的函数，一般用多项式[179]来表示：

$$G(T) = A_i + B_i \times T + C_i \times T\ln(T) + D_i \times T^2 + E_i \times T^3 \cdots\cdots \tag{4-4}$$

该式中各相系数通过拟合该项热容来确定。但在大多数的情况下，复杂化合物常常缺乏可靠的热容数据。其吉布斯自由能通常依据 Neumann – Kopp 规则[180]给出，表达式如下：

$$G_{Cu_pGd_q} = \frac{p}{p+q} \times {}^{0}G^{Fcc}_{Cu} + \frac{q}{p+q} \times {}^{0}G^{Hcp}_{Cu} + A_k + B_k \times T \tag{4-5}$$

式中：A_k、B_k——待定系数，它们的物理意义是形成 Cu_pGd_q 相时的生成焓和生成熵。

Al – Cu – Gd 三元系中 τ_1 – Al_8Cu_4Gd，τ_2 – $Al_{3.2}Cu_{7.8}Gd$，τ_3 – $Al_{4.4}Cu_{6.6}Gd$，τ_5 – $Al_{8.9}Cu_{2.1}Gd_3$，τ_6 – $Al_{2.1}Cu_{0.9}Gd$ 和 τ_7 – AlCuGd 均为化学计量比相，这些相的热力学模型被选定为：$Al_xCu_yGd_z$。其吉布斯自由能依据 Neumann – Kopp 规则[180]给出，表达式如下：

$$G_{Al_xCu_yGd_z} = \frac{x}{x+y+z}{}^{0}G^{Fcc}_{Al} + \frac{y}{x+y+z}{}^{0}G^{Fcc}_{Cu} + \frac{z}{x+y+z}{}^{0}G^{Hcp}_{Gd} + A + BT \tag{4-6}$$

式中：x、y、z——点阵的化学计量比例；

A、B——待定系数。

τ_4 – $(Al,\ Cu)_{17}Gd_2$ 为半化学计量比化合物，其吉布斯自由能采用亚点阵 $(Al,\ Cu)_xGd_y$ 来描述：

$$G^{(\mathrm{Al,\,Cu})_x\mathrm{Gd}_y} = Y_{\mathrm{Al}}^{\mathrm{I}} G_{\mathrm{Al:\,Gd}} + Y_{\mathrm{Cu}}^{\mathrm{I}} G_{\mathrm{Cu:\,Gd}} + \frac{x}{x+y}\mathrm{RT}(Y_{\mathrm{Al}}^{\mathrm{I}}\ln Y_{\mathrm{Al}}^{\mathrm{I}} + Y_{\mathrm{Cu}}^{\mathrm{I}}\ln Y_{\mathrm{Cu}}^{\mathrm{I}}) + Y_{\mathrm{Al}}^{\mathrm{I}} Y_{\mathrm{Cu}}^{\mathrm{I}} L_{\mathrm{Al,\,Cu:\,Gd}} \tag{4-7}$$

其中，

$$G_{\mathrm{Al:\,Gd}} = \frac{x}{x+y}\,{}^{0}G_{\mathrm{Al}}^{\mathrm{Fcc}} + \frac{y}{x+y}\,{}^{0}G_{\mathrm{Gd}}^{\mathrm{Hcp}} + A + BT \tag{4-8}$$

$$G_{\mathrm{Cu:\,Gd}} = \frac{x}{x+y}\,{}^{0}G_{\mathrm{Cu}}^{\mathrm{Fcc}} + \frac{y}{x+y}\,{}^{0}G_{\mathrm{Gd}}^{\mathrm{Hcp}} + A + BT \tag{4-9}$$

式中：${}^{0}G_{\mathrm{Al}}^{\mathrm{Fcc}}$、${}^{0}G_{\mathrm{Cu}}^{\mathrm{Fcc}}$、${}^{0}G_{\mathrm{Gd}}^{\mathrm{Hcp}}$——纯元素 Al、Cu、Gd 的摩尔吉布斯自由能；

$Y_{\mathrm{Al}}^{\mathrm{I}}$、$Y_{\mathrm{Cu}}^{\mathrm{I}}$——点阵分数，即 Al、Cu 分别在第一亚点阵中的摩尔分数；

A、B——待定系数，即本文中所优化获得的参数。

4.5 计算结果与讨论

本章采用了 SGTE 数据库中元素 Al、Cu 和 Gd 的晶格稳定性参数[181]，选用 Pandat 软件[182]（该程序允许同时考虑多种热力学数据和相图数据）根据实验误差给予实验数据不同的权重而进行优化[183]。优化过程中，通过试错法，可对权重作适当调整，直到计算结果能够重现实验数据为止。所有计算结果与实验数据吻合较好。表 4 - 3 列出了本文计算所得的热力学参数。

4.5.1 Cu - Gd 二元系

图 4 - 2 和图 4 - 3 是优化计算的二元相图与 Cheng 和 Zeng[222]、Carnasciali 等人[223]实测结果的对比，计算结果与 Carnasciali 等人[223]的结果能很好吻合。其中，计算结果表明在 Cu - Gd 二元系中富 Cu 角的化合物相为 Cu_6Gd，与实验结果吻合。计算的共晶反应：L→Fcc(Cu) + Cu_6Gd 的共晶点成分为 9.3% Gd，与本研究实测的共晶成分十分接近(9.15% Gd)。表 4 - 4 列出了 Cu - Gd 二元系中的零变量反应计算值与实验值的对比[216, 217]，从表 4 - 4 可以看出，计算的相平衡与实验测定结果十分吻合。

图 4 - 4 是 1500 K 时 Cu - Gd 液相合金的活度的计算值与实验值[218]的对比，图 4 - 5 是 1523 K 时 Cu - Gd 二元液相合金的混合焓与实验值之间的对比。同时图 4 - 6 显示了 Cu - Gd 二元合金在 298 K 时标准形成焓的计算值与实验值的对比。由图 4 - 4 至图 4 - 6[217, 219]可知，除了 Sommer 等人[219]测定的标准形成焓外，其他的热力学性质与本文的计算结果都比较吻合。考虑到 Sommer 等人[219]测定的标准形成焓是利用 Sn 作为参考态，误差积累很可能导致最终结果发生偏差。因此，优化获得的 Cu - Gd 二元热力学参数是合理的。

表4－4　Cu－Gd二元系中的零变量反应列表

Table 4－4　Invariant reactions in the Cu－Gd system

反应式	液相成分 x(Gd)	T/K	反应类型	备注
$L \rightleftharpoons Fcc(Cu) + Cu_6Gd$	9.3	1125	Eutectic	本工作
	9.15		Eutectic	实验
	9.5	1133	Eutectic	[223]
	9.0	1148	Eutectic	[222]
$L + Cu_5Gd\_H \rightleftharpoons Cu_6Gd$	10.3	1139	Peritectic	本工作
	10.0	1138	Peritectic	[223]
	9.5	1159	Peritectic	[222]
$L + Cu_9Gd_2 \rightleftharpoons Cu_5Gd\_H$	16.2	1196	Peritectic	本工作
	16.7	1198	Peritectic	[223]
$Cu_5Gd\_H \rightleftharpoons Cu_5Gd\_L$	—	935	Allotropic	本工作
	—	933	Allotropic	[223]
$L \rightleftharpoons Cu_9Gd_2$	—	1201	Congruent	本工作
	—	1203	Congruent	[223]
	—	1205	Congruent	[222]
$L + Cu_9Gd_2 \rightleftharpoons Cu_7Gd_2$	25.2	1147	Peritectic	本工作
	26.5	1143	Peritectic	[223]
$Cu_7Gd_2 \rightleftharpoons L + Cu_9Gd_2$	27.7	1105	Catatectic	本工作
		1098	Catatectic	[223]
$L \rightleftharpoons Cu_9Gd_2 + Cu_2Gd$	28.0	1098	Eutectic	本工作
	29.0	1093	Eutectic	[223]
	60.5	1143	Peritectic	[222]
$L \rightleftharpoons Cu_2Gd$	—	1129	Congruent	本工作
	—	1133	Congruent	[223]
$L \rightleftharpoons Cu_2Gd + CuGd$	42.5	1052	Eutectic	本工作
	44.0	1043	Eutectic	[26]
		1032	Peritectic	[25]

续表 4-4

反应式	液相成分 $x(\mathrm{Gd})$	T/K	反应类型	备注
L⇌CuGd	—	1106	Congruent	本工作
	—	1103	Congruent	[26]
L⇌CuGd + Bcc(Gd)	65.8	941	Eutectic	本工作
	70	948	Eutectic	[26]
	68.5	941	Eutectic	[25]
Bcc(Gd)⇌CuGd + Hcp(Gd)		912	Eutectoid	本工作
		903	Eutectoid	[26]

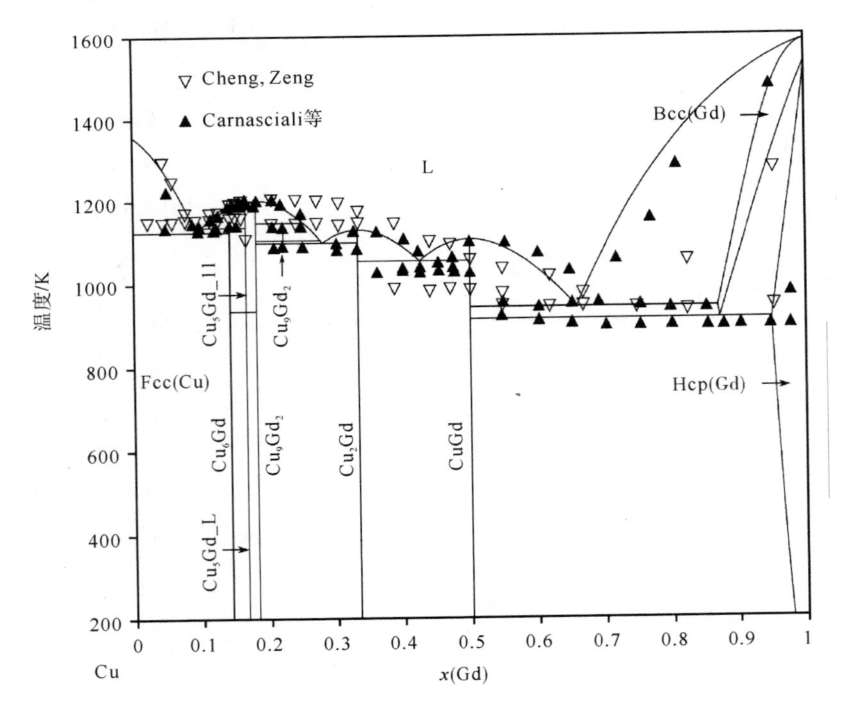

图 4-2 计算的 Cu-Gd 二元相图与实验值对比

Fig. 4-2 Calculated phase diagram of Cu-Gd binary system with experimental data

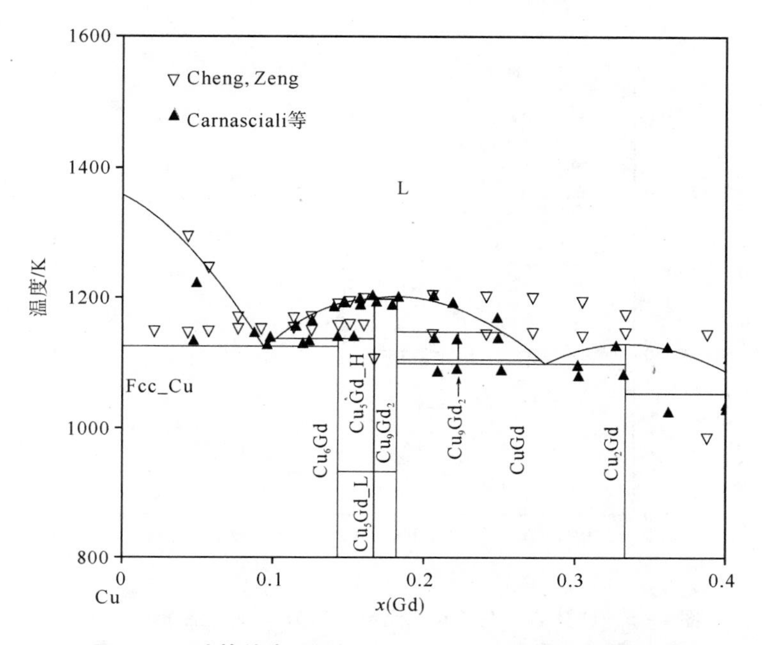

图 4 - 3　计算的富 Cu 角 Cu - Gd 二元相图与实验值对比

Fig. 4 - 3　Calculated phase diagram of Cu - rich region of Cu - Gd binary system with experimental data

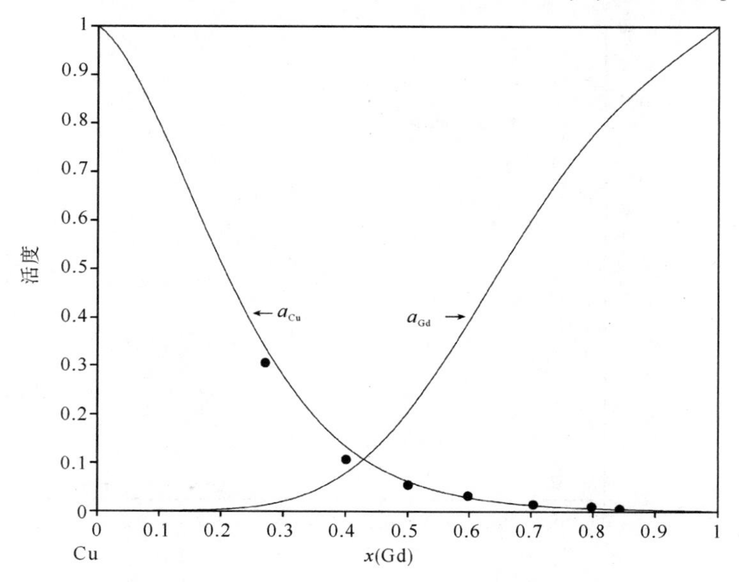

图 4 - 4　计算的 1500 K Cu - Gd 液相合金的活度

Fig. 4 - 4　The calculated thermodynamic activities of Cu - Gd liquid alloys at 1500 K with experimental data

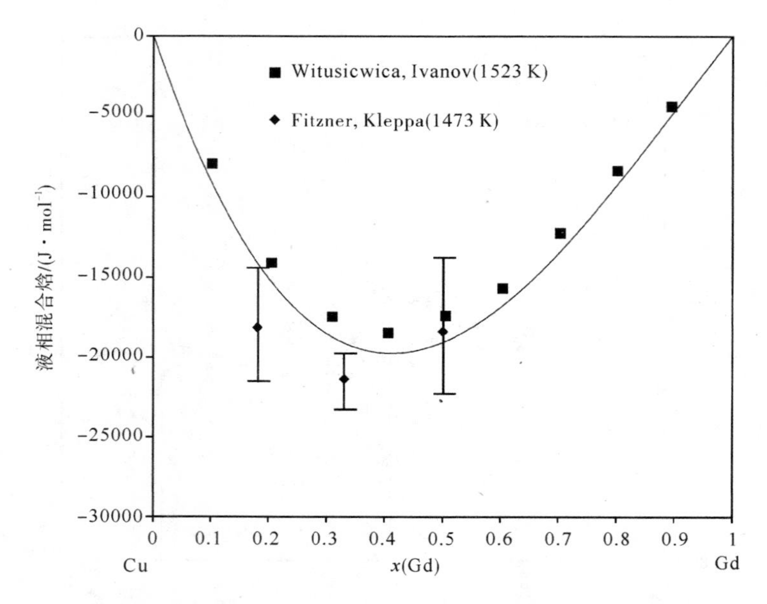

图 4－5 计算的 Cu－Gd 二元合金在 1523 K 的液相混合焓

Fig. 4－5 The calculated mixing enthalpies of of Cu－Gd liquid alloys at 1523 K with experimental data (referred to liquid state)

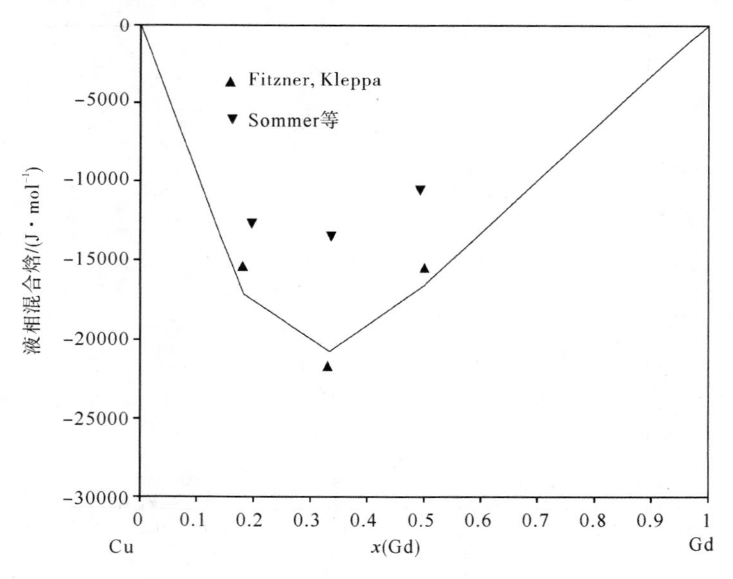

图 4－6 计算的 298 K 固相形成焓与实验值

Fig. 4－6 The calculated enthalpies of formation at 298 K with experimental data [reference: Fcc(Cu), Hcp(Gd)]

4.5.2 Al－Cu－Gd三元系

利用优化得到的热力学参数，计算了773 K、873 K时的等温截面。计算结果与实验结果如图4－3和图4－4所示[218]。从图4－2中可以发现，三元系中的三个边际二元的计算相与实测相之间存在一定差异。结合二元相图及实测三元相图4－7(a)可知：在实测三元体系的Al－Gd边际二元处测得有Al_4Gd和$AlGd_3$两个相，然而二元相图表明在773 K和873 K时该两相均不可能存在；其次，在Al－Cu系中，β和ε相应在773 K以下才存在，而θ相也在873 K时应该分解；最后，报道的Cu_4Gd相应为Cu_9Gd_2。Raghavan[215]在评估Al－Cu－Gd三元相图时也指出了这些问题，并且做了相应的修正，修正后的相图与计算相图十分吻合。

由图4－8可知，Cu_5Gd相在Cu－Gd二元系中存在两种不同的结构：$CaCu_5$结构(高温相)和$AuBe_5$结构(低温相)。本文中将其分别表示为Cu_5Gd_H及Cu_5Gd_L。由文献报道[213, 214]可知，Al在Cu_5Gd相中的溶解度可以达到45%，其X射线衍射分析结果亦指出即便低于773 KCu_5Gd相仍为Cu_5Gd_H。由于该三元相图被报道时，Cu_5Gd_L还未被发现，因此在实测相图中，在773 K和873 K时均只存在Cu_5Gd_H相。但实际上，在这两个温度时，边际二元Cu－Gd中应存在Cu_5Gd_L相。在本文计算的三元体系相图中，这一点被修正了，计算结果如图4－9所示。

在Al－Cu－Gd三元系中，计算的液相面投影图如图4－10所示，从图4－10可以获得所有与液相有关的零变量反应。图4－11是该体系富Al区域的液相投影图的局部放大。表4－4列出了计算获得的零变量反应。但这些零变量反应的反应类型、反应温度和成分有待实验进一步确定。

表4－4 Al－Cu－Gd三元系与液相相关的零变量反应列表

Table 4－4 Calculated invariant reactions and temperatures of Al－Cu－Gd ternary system

反应类型	反应式	温度/K
E_1	$L \rightleftharpoons \tau_1 + Al_3Gd + Fcc(Al)$	898.58
E_2	$L \rightleftharpoons \tau_1 + \tau_4 + \tau_5$	1301.84
E_3	$L \rightleftharpoons \tau_6 + \tau_7 + Cu_5Gd\_H$	1497.52
E_4	$L \rightleftharpoons CuGd + Hcp(Gd) + AlGd_2$	867.97
E_5	$L \rightleftharpoons Bcc(Gd) + Hcp(Gd) + CuGd$	911.05
E_6	$L \rightleftharpoons \tau_7 + CuGd + Cu_2Gd$	1001.28

续表 4－4

反应类型	反应式	温度/K
E_7	$L \rightleftharpoons Cu_9Gd_2 + Cu_5Gd\_H + Cu_2Gd$	1094.96
E_8	$L \rightleftharpoons Cu_5Gd\_H + \beta + \gamma$	1239.07
E_9	$L \rightleftharpoons Cu_5Gd\_H + \tau_4 + \gamma$	1241.73
E_{10}	$L \rightleftharpoons \theta + Fcc(Al) + \tau_1$	820.61
U_1	$L + \tau_5 \rightleftharpoons Fcc(Al) + \tau_1$	900.33
U_2	$L + Al_2Gd \rightleftharpoons Al_3Gd + \tau_5$	1391.83
U_3	$L + \tau_5 \rightleftharpoons Al_2Gd + \tau_6$	1601.44
U_4	$L + \tau_5 \rightleftharpoons Cu_5Gd\_H + \tau_6$	1631.15
U_5	$L + \tau_6 \rightleftharpoons Al_2Gd + \tau_7$	1481.64
U_6	$L + Al_2Gd \rightleftharpoons \tau_7 + AlGd$	1226.34
U_7	$L + AlGd \rightleftharpoons \tau_7 + Al_2Gd_3$	1182.76
U_8	$L + Al_2Gd_3 \rightleftharpoons \tau_7 + AlGd_2$	1036.40
U_9	$L + \tau_7 \rightleftharpoons CuGd + AlGd_2$	896.42
U_{10}	$L + Cu_5Gd\_H \rightleftharpoons Cu_2Gd + \tau_7$	1064.93
U_{11}	$L + Cu_5Gd\_H \rightleftharpoons Cu_6Gd + Fcc(Cu)$	1125.83
U_{12}	$L + \beta \rightleftharpoons Cu5Gd\_H + Fcc(Cu)$	1210.04
U_{13}	$L + \gamma \rightleftharpoons \beta + \tau_4$	1210.35
U_{14}	$L + \tau_4 \rightleftharpoons \tau_1 + \beta$	1137.71
U_{15}	$L + \beta \rightleftharpoons \tau_1 + \varepsilon$	1123.98
P_1	$L + \tau_5 + Cu5Gd\_H \rightleftharpoons \tau_4$	1549.75
P_2	$L + \tau_1 + \varepsilon \rightleftharpoons \eta$	898.11
P_3	$L + \tau_1 + \eta \rightleftharpoons \theta$	868.85

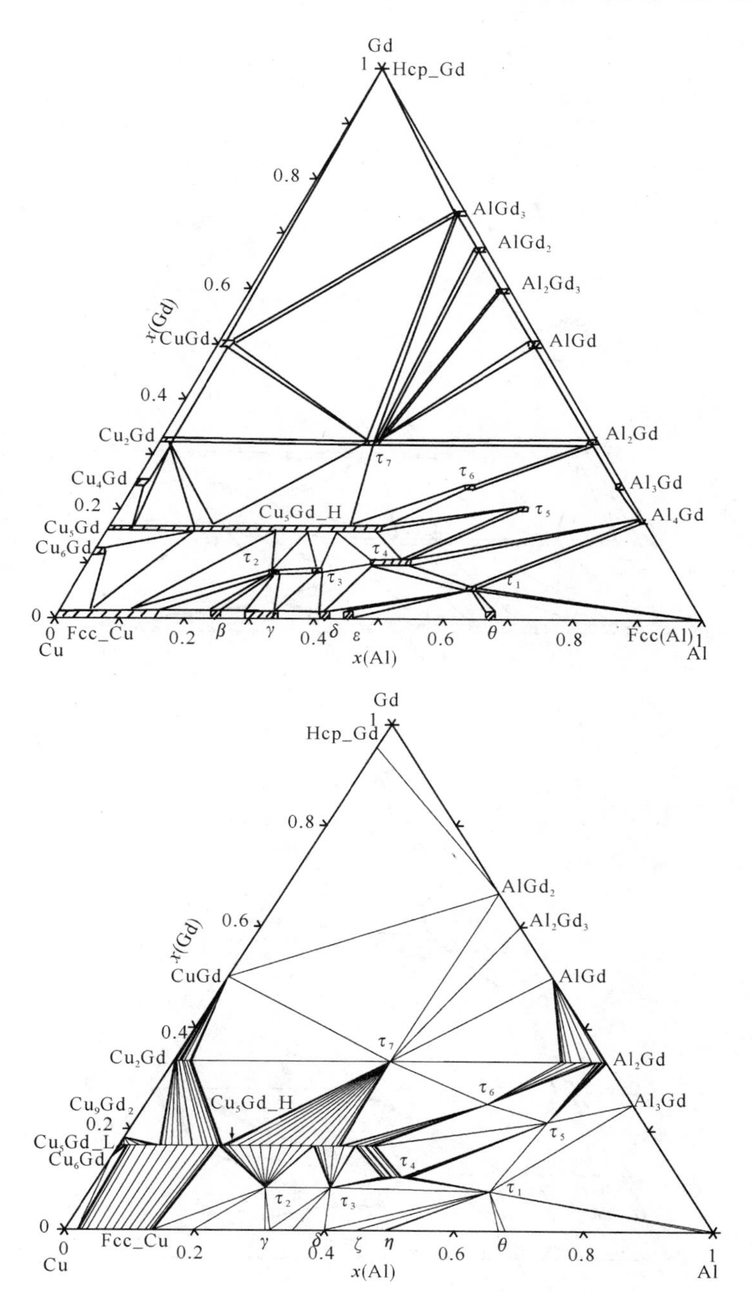

图 4－7　Al－Cu－Gd 三元系 773 K 等温截面，(a)实测等温截面(b)计算等温截面

Fig. 4－7　The isothermal section of Al－Cu－Gd system at 773 K

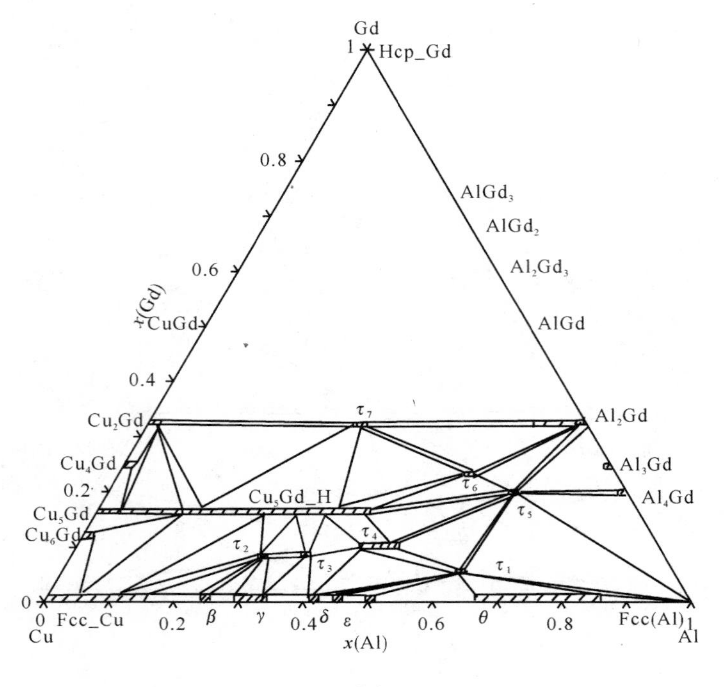

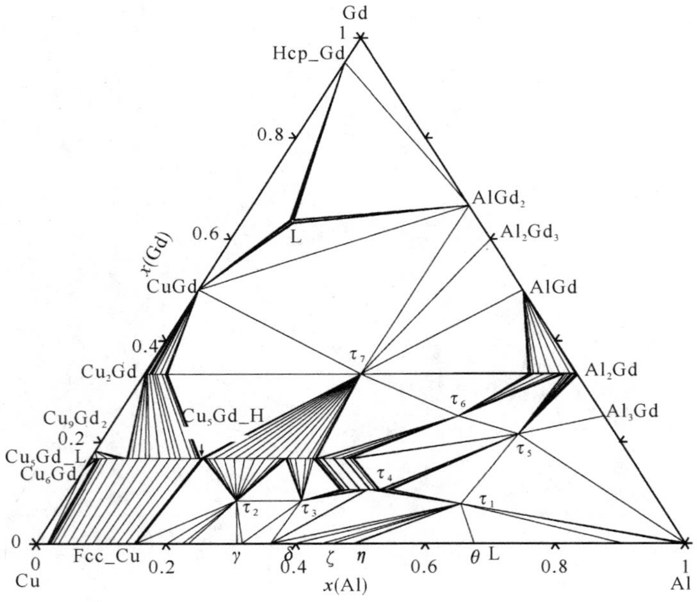

图 4-8 Al-Cu-Gd 三元系 873 K 等温截面，(a)实测等温截面(b)计算等温截面

Fig. 4-8 The isothermal section of Al-Cu-Gd system at 873 K

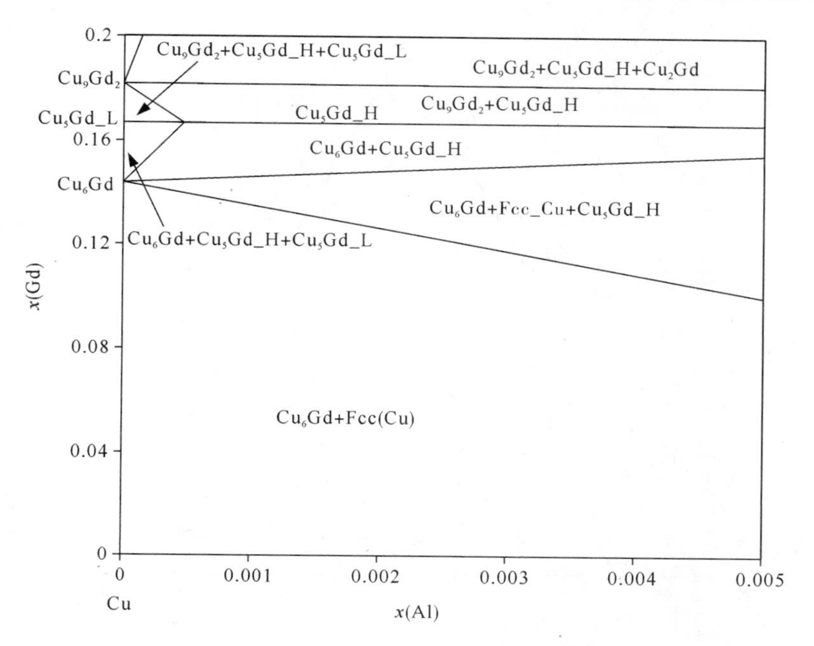

图 4-9 计算的 873 K 富 Cu 角的等温截面

Fig. 4-9 The calculated isothermal section of Cu-rich region at 873 K

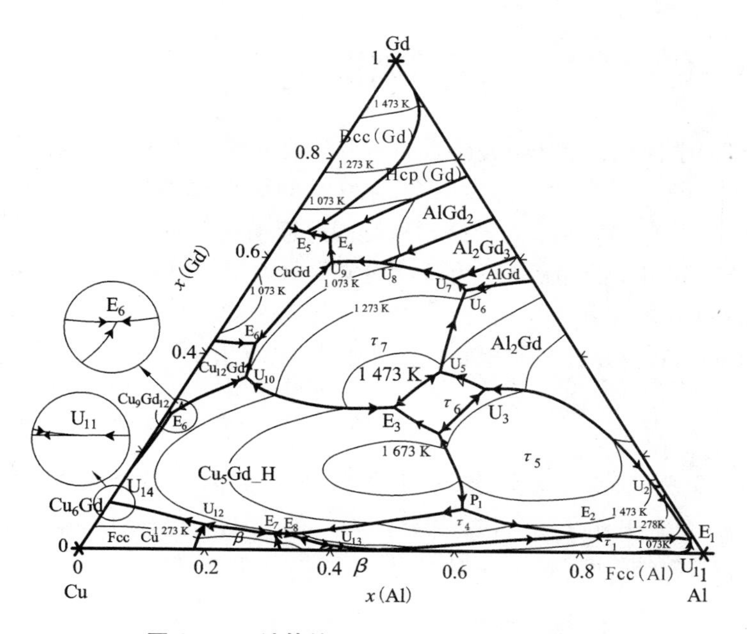

图 4-10 计算的 Al-Cu-Gd 液相投影面

Fig. 4-10 The calculated liquidus projection of Al-Cu-Gd system with isothermal temperature line

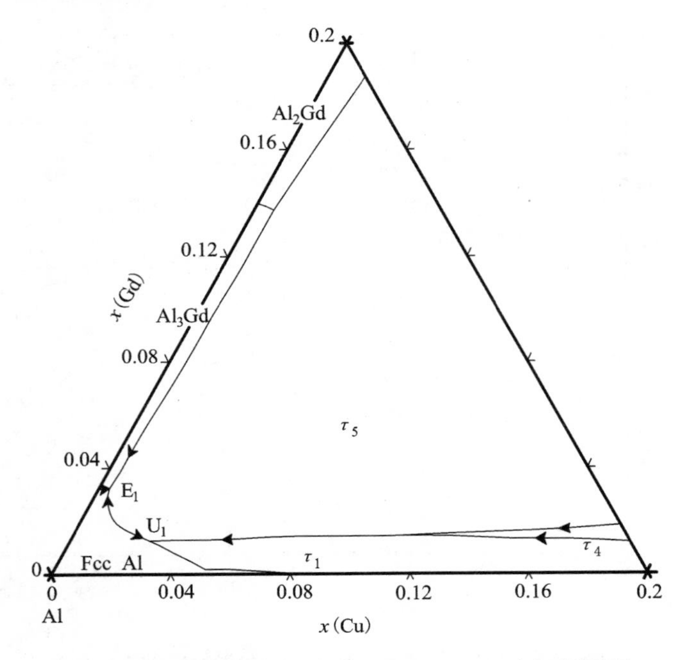

图 4－11　计算的富 Al 角的 Al－Cu－Gd 液相投影面

Fig. 4－11　The calculated liquidus projection of Al－rich region with isothermal temperature line

4.6　Al－Cu－Gd 三元系凝固模拟

通过热力学优化，建立相关体系的热力学数据库，就可方便地计算出需要的相图和有关的热力学特性，这些计算对材料的研发非常有用。利用所建立的 Al－Cu－Gd热力学数据库，对合金平衡凝固过程和非平衡凝固过程进行模拟，定量分析合金凝固组织的偏析，可为后续均匀化退火工艺的制定提供依据。本节将采用 Pandat 软件对部分 Al－Cu－Gd 合金的凝固过程进行模拟，以期能够解释和预测 Al－Cu－Gd 三元合金的相变过程。本节中采用的三个合金成分见图 4－12 所示。

(1) C_5# 合金

图 4－13 为 C_5#合金铸态 SEM 背散射电子像，结合 X 射线衍射分析（图 4－14），合金中存在三个相，其分别为：Fcc(Al)、τ_1－Al_8Cu_4Gd 和 θ。根据建立的热力学数据库，对 C_5#合金进行平衡和非平衡凝固过程进行了模拟（图 4－15）。

在平衡凝固条件下，合金首先析出初晶相 τ_1－Al_8Cu_4Gd，随着温度降低，发生共晶反应：L→Fcc(Al)＋τ_1－Al_8Cu_4Gd。至此，液相已经反应完全。

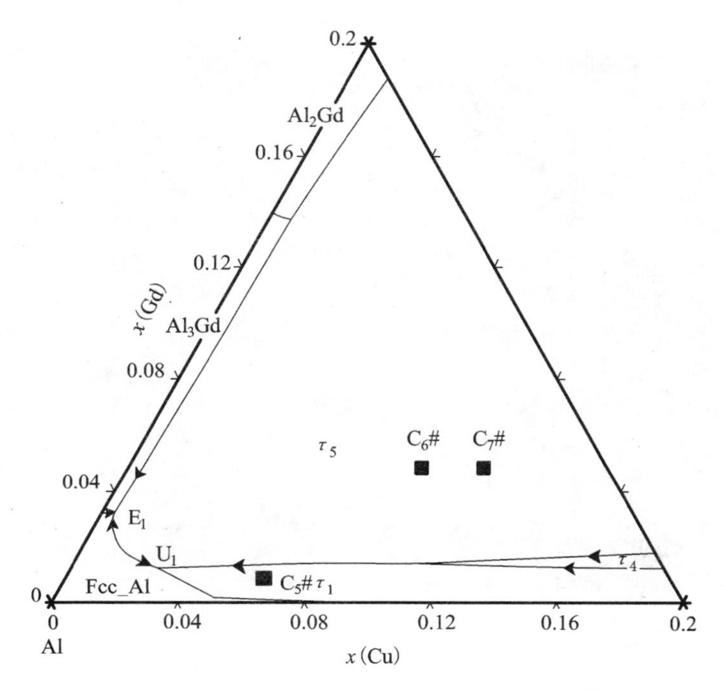

图 4 – 12　计算的 Al – Cu – Gd 液相投影面和合金成分

Fig. 4 – 12　Calculated liquidus projection of Al – Cu – Gd system and alloys

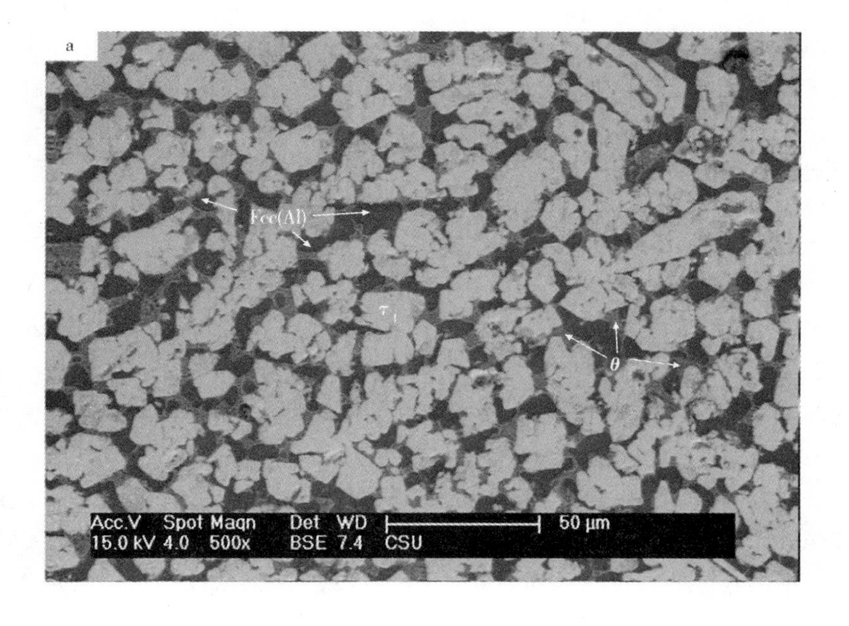

图 4 - 13 C_5#合金铸态 SEM 背散射电子像

(a)500 ×；(b)1000 ×

Fig. 4 - 13 The BSE image of Al - Cu - Gd alloys (C_5#) (a)500 ×；(b)1000 ×

在 Scheil 凝固条件下，凝固初期的析出顺序与平衡凝固条件下相同，首先析出 $\tau_1 - Al_8Cu_4Gd$，然后是共晶产物 Fcc(Al) + $\tau_1 - Al_8Cu_4Gd$，但是随后发生的包共晶反应 L + $\tau_1 - Al_8Cu_4Gd$→Fcc(Al) + θ，在 Scheil 凝固条件下受到抑制，液相随后将直接生成 Fcc(Al) + $\tau_1 - Al_8Cu_4Gd$ 共晶，至此合金凝固完成。

在图 4 - 13 中可发现，亮色区为合金的初晶相 $\tau_1 - Al_8Cu_4Gd$，黑色区为 Fcc(Al)相，并可以发现存在灰色区域，经 SEM 分析可知该区为 Fcc(Al) + θ 的共晶组织。因此，Scheil 凝固条件计算结果与实验吻合较好。

(2)C_6# 合金

图 4 - 16 为 C_6#合金铸态 SEM 背散射电子像，结合 X 射线衍射分析(图 4 - 17)可知，合金中存在四个相，其分别为：Fcc(Al)、$\tau_5 - Al_{8.9}Cu_{2.1}Gd_3$、$\tau_1 - Al_8Cu_4Gd$ 和 θ。根据建立的热力学数据库对 C_6#合金的凝固过程进行模拟，图 4 - 18 为该合金平衡和非平衡凝固过程中固相的摩尔分数随温度的变化曲线。

在平衡凝固条件下，合金首先析出初晶相 $\tau_5 - Al_{8.9}Cu_{2.1}Gd_3$，随着温度降低，发生共晶反应：L→$\tau_5 - Al_{8.9}Cu_{2.1}Gd_3$ + $\tau_1 - Al_8Cu_4Gd$，然后合金发生包共晶反应：L + $\tau_5 - Al_{8.9}Cu_{2.1}Gd_3$→$\tau_1 - Al_8Cu_4Gd$ + Fcc(Al)。至此，液相已经反应完全。

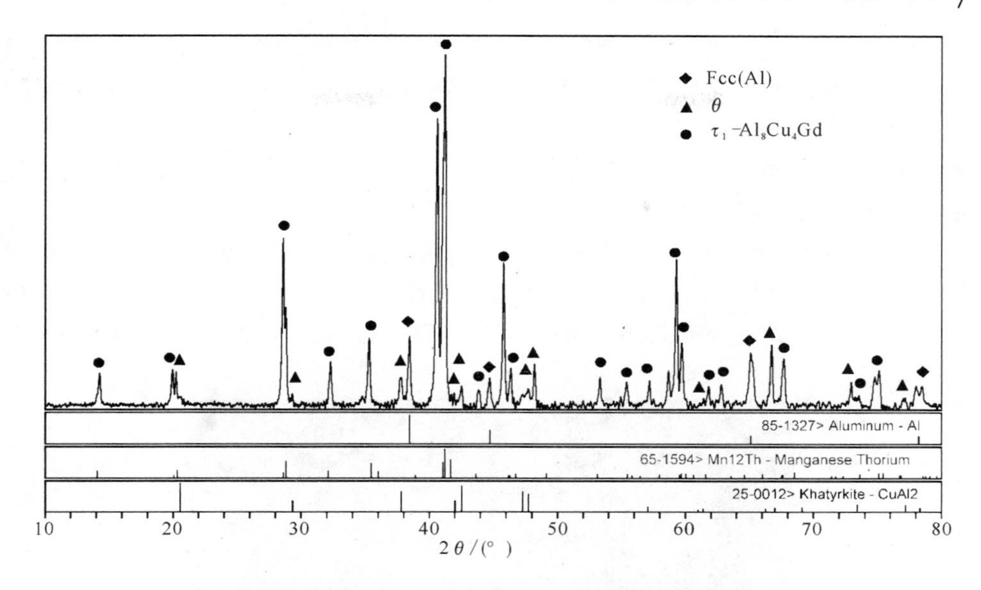

图4－14　Al－Cu－Gd合金 C_5#XRD结果

Fig. 4－14　XRD results of Al－Cu－Gd alloys(C_5#)

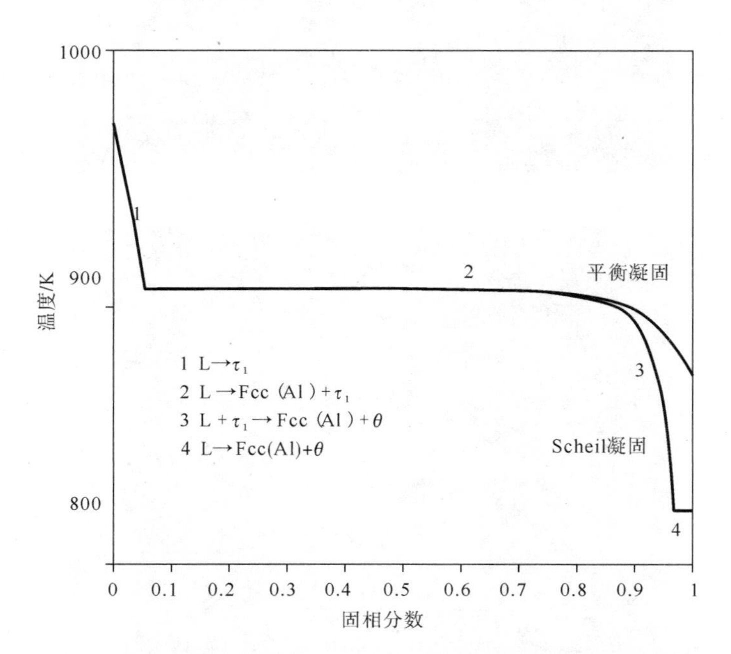

图4－15 合金 C_5# 在平衡凝固和Scheil凝固条件下的凝固通道

Fig. 4－15　Simulated solidification paths for alloy C_5# under the equilibrium and Scheil conditions

在 Scheil 凝固条件下，凝固初期的析出顺序与平衡凝固条件下相同，首先析出 $\tau_5-Al_{8.9}Cu_{2.1}Gd_3$，然后是共晶产物 $\tau_5-Al_{8.9}Cu_{2.1}Gd_3+\tau_1-Al_8Cu_4Gd$，但是随后发生的包共晶反应 $L+\tau_5-Al_{8.9}Cu_{2.1}Gd_3\rightarrow\tau_1-Al_8Cu_4Gd+Fcc(Al)$，在 Scheil 凝固条件下受到抑制，液相随后将直接生成 $Fcc(Al)+\tau_1-Al_8Cu_4Gd$ 的共晶，最后液相转变为 $Fcc(Al)+\tau_1-Al_8Cu_4Gd+\theta$ 的共晶组织。至此合金凝固完成。

在图 4 - 16 中可发现，合金中亮色的为初晶相 $\tau_5-Al_{8.9}Cu_{2.1}Gd_3$，黑色的为 Fcc(Al)相，灰色德为 $\tau_1-Al_8Cu_4Gd$，θ 相在扫描电镜下不明显，X 射线衍射分析显示存在 θ 相，此合金的共晶组织不明显。实验所得合金的微观形貌与 Scheil 凝固条件计算结果吻合较好。

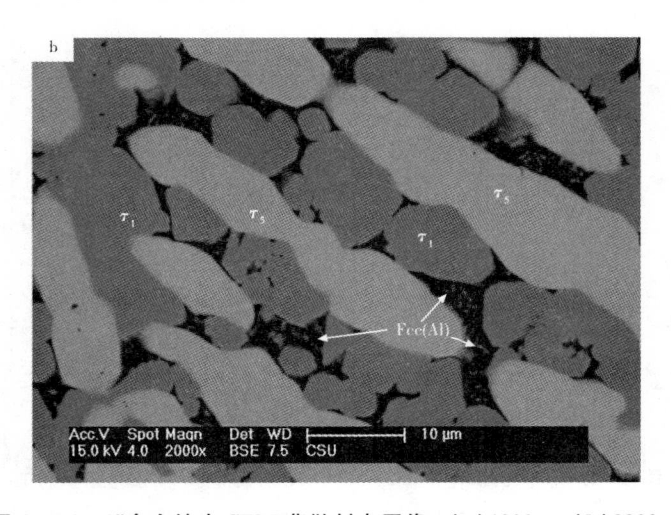

图 4 - 16　6#合金铸态 SEM 背散射电子像：(a)1000 ×；(b)2000 ×

Fig. 4 - 16　The BSE image of Al - Cu - Gd alloys (6#)：(a)1000 ×；(b)2000 ×

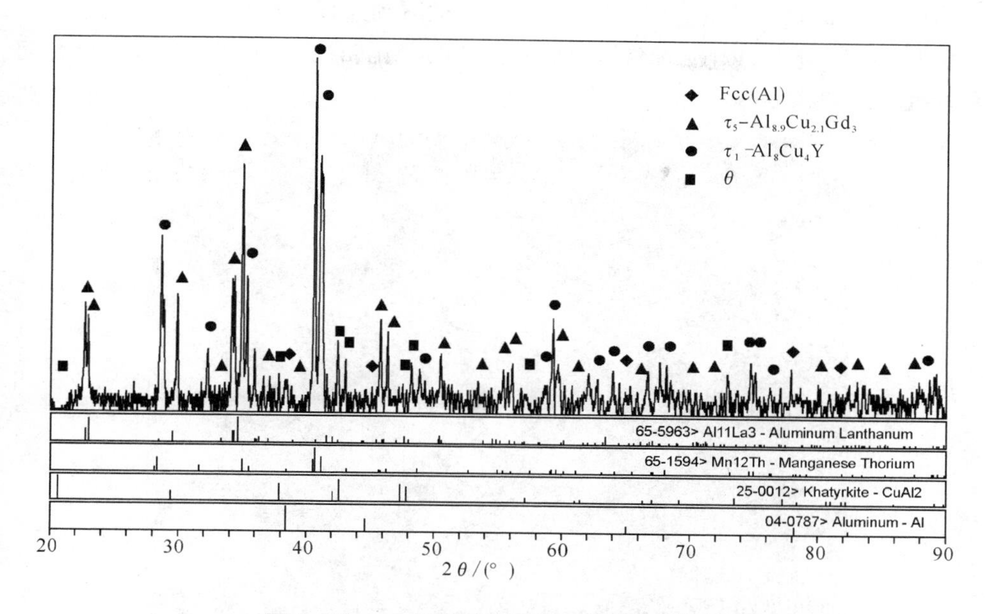

图4－17　Al－Cu－Gd 合金 C_6# XRD 结果

Fig. 4－17　XRD results of Al－Cu－Gd alloys (C_6#)

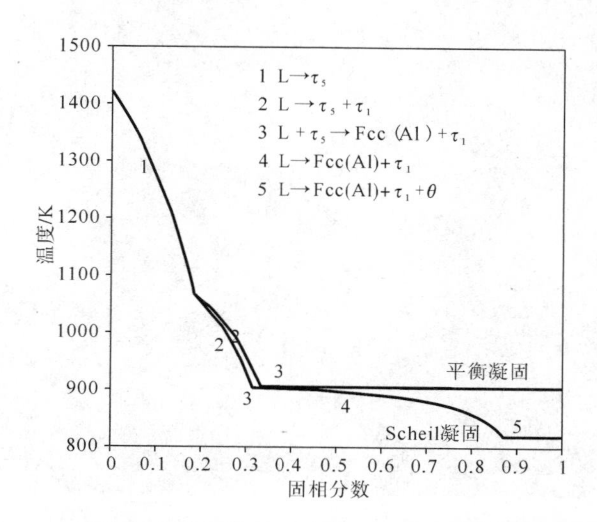

图4－18　合金 C_6# 在平衡凝固和 Scheil 凝固条件下的凝固通道

Fig. 4－18　Simulated solidification paths for alloy C_6# under the equilibrium and Scheil conditions

(2) C_7# 合金

图4－19为 C_7#合金铸态 SEM 背散射电子像，结合 X 射线衍射分析(图4－20)可知，合金中存在四个相，分别为：Fcc(Al)、$\tau_5-Al_{8.9}Cu_{2.1}Gd_3$、$\tau_1-Al_8Cu_4Gd$和

θ。根据建立的热力学数据库模拟了 C_7#合金的凝固过程，图 4－21 为该合金平衡和非平衡凝固过程中固相的摩尔分数随温度的变化曲线。可以发现，C_6#合金与 C_7#合金的模拟结果类似。

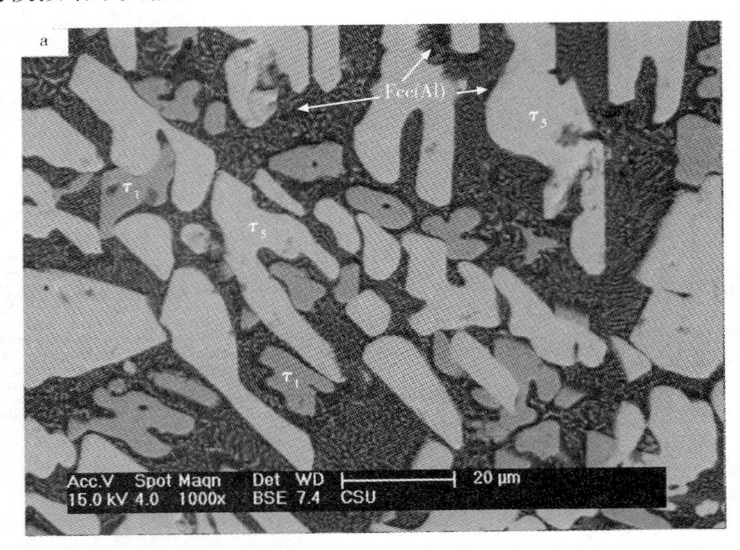

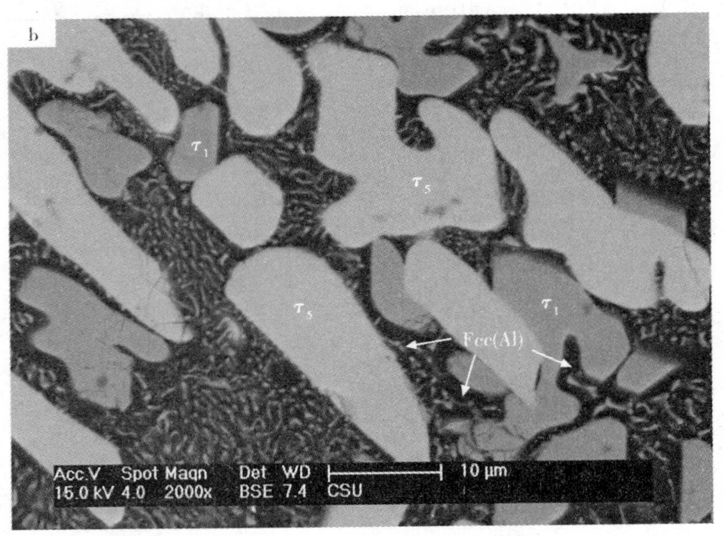

图 4－19 C_7#合金铸态 SEM 背散射电子像

(a)1000×；(b)2000×

Fig. 4－19 The BSE image of Al－Cu－Gd alloys (C_7#)

(a)1000×；(b)2000×

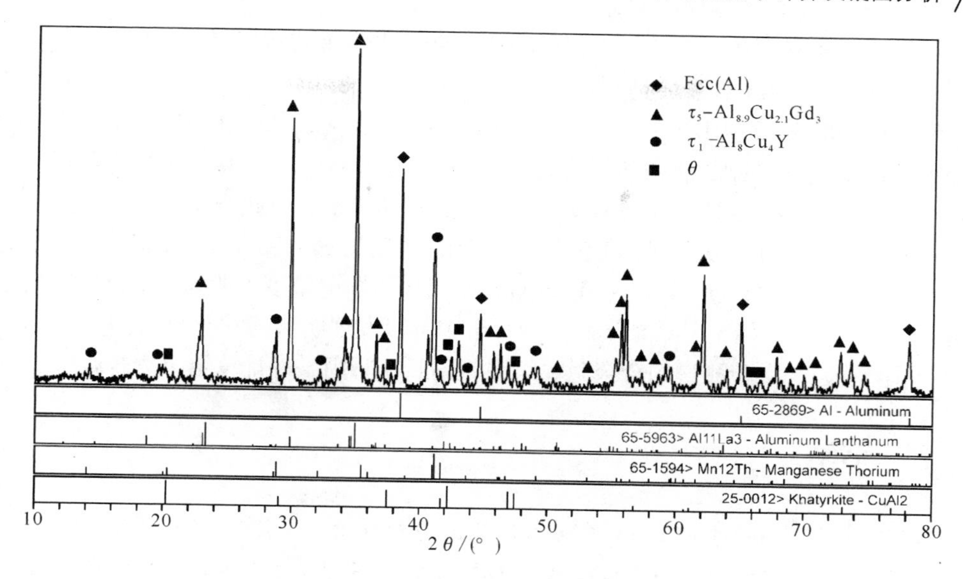

图4－20 Al－Cu－Gd合金C_7# XRD结果

Fig. 4－20 XRD results of Al－Cu－Gd alloys（C_7#）

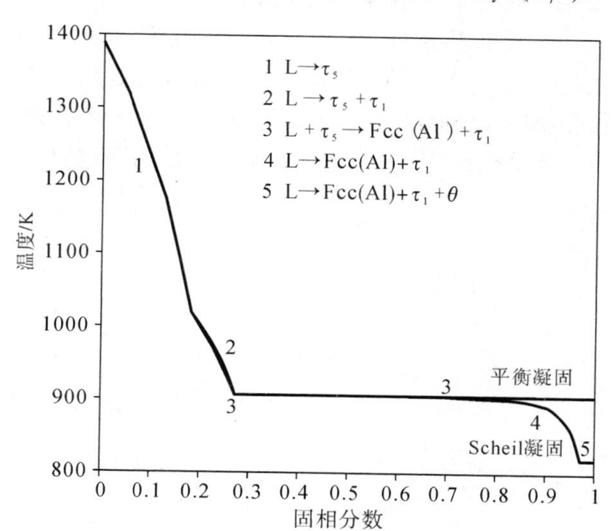

图4－21 合金C_7#在平衡凝固和Scheil凝固条件下的凝固通道

Fig. 4－21 Simulated solidification paths for alloy C_7# under the equilibrium and Scheil conditions

在平衡凝固条件下，合金首先析出初晶相$\tau_5-Al_{8.9}Cu_{2.1}Gd_3$，随着温度降低，发生共晶反应：$L \rightarrow \tau_5-Al_{8.9}Cu_{2.1}Gd_3+\tau_1-Al_8Cu_4Gd$。然后合金发生包共晶反应：$L+\tau_5-Al_{8.9}Cu_{2.1}Gd_3 \rightarrow \tau_1-Al_8Cu_4Gd+Fcc(Al)$。至此液相已经反应完全。

在 Scheil 凝固条件下，凝固初期的析出顺序与平衡凝固条件下相同，首先析出 $\tau_5-Al_{8.9}Cu_{2.1}Gd_3$，然后是共晶产物 $\tau_5-Al_{8.9}Cu_{2.1}Gd_3+\tau_1-Al_8Cu_4Gd$，但是随后发生的包共晶反应 $L+\tau_5-Al_{8.9}Cu_{2.1}Gd_3\rightarrow\tau_1-Al_8Cu_4Gd+Fcc(Al)$，在 Scheil 凝固条件下受到抑制，液相随后将直接生成 $Fcc(Al)+\tau_1-Al_8Cu_4Gd$ 的共晶，最后液相转变为 $Fcc(Al)+\tau_1-Al_8Cu_4Gd+\theta$ 的共晶组织，至此合金凝固完成。

从图 4－19 中可以发现，亮色的为合金的初晶相 $\tau_5-Al_{8.9}Cu_{2.1}Gd_3$，黑色德为 Fcc(Al)相，灰色的区域为 $\tau_1-Al_8Cu_4Gd$，θ 相在扫描电镜下不明显，X 射线衍射分析显示存在 θ 相，相比于 C_6#合金，C_7#合金中可以发现明显的共晶组织：$Fcc(Al)+\tau_1-Al_8Cu_4Gd$。实验测得的合金微观组织与 Scheil 凝固条件计算结果吻合较好。

4.7 小结

本章首先实验 Al－Cu－Gd 三元系的部分相关系。其次，通过 CALPHAD 方法，结合已有的合理的 Al－Cu、Al－Gd 二元系热力学参数和文献报道的 Al－Cu－Gd三元系相平衡数据，采用统一的晶格稳定性参数评估优化了 Al－Cu－Gd 三元系的热力学参数，获得了一组合理的描述该三元系各相吉布斯自由能的热力学参数，计算获得的三元等温截面、液相投影面以及垂直截面与实验结果吻合较好。最后，利用优化所得的 Al－Cu－Gd 热力学数据库，结合平衡凝固和 Scheil 凝固两种方式，模拟 Al－Cu－Gd 铸态样品的凝固过程。模拟结果能合理的解释实验结果，如合金 C_6#和 C_7#，成分微小的差异导致凝固通道以及显微组织完全不同。

第 5 章 Al－Cu－Dy 体系热力学计算及凝固分析

5.1 引言

铝合金中添加稀土元素可明显细化晶粒及缩小枝晶间距，并使铝中的有害杂质铁和硅由固溶态转变为析出态，在晶界处则以铝稀土和 Fe、Si 等多元金属间化合物相存在，从而降低了 Fe 和 Si 的有害作用，提高了铝合金的导电率和机械性能。在 Al－Sc 合金中用稀土 Dy 替代部分的 Sc，可以在降低成本的同时却不损害合金的机械性能[167]。在 Al－Cu－Mn 合金中加入 Dy 可以提高合金的再结晶温度、细化晶粒以及提高合金的硬度[199]，但稀土 Dy 在 Al－Cu 合金中的作用机理仍然不清楚。通过相图可以确定各个温度下稀土在铝合金中的存在形式以及所形成的稀土相与铝基体的相关系，最终可以得到稀土添加的最优成分，从而指导稀土铝合金的成分及工艺设定。

Al－Cu－Dy 三元系中包括 Al－Cu、Al－Dy 和 Cu－Dy 三个二元系。Al－Cu 二元系采用的是最新的 Witusiewicz 等人[169]的热力学数据。计算的 Al－Cu 相图见图 2－1。Cacciamani 等人[211]评估和优化的 Al－Dy 二元体系，其优化结果外推性较好，本文中采用了他们的热力学数据库，计算的相图见图 5－1。目前，仅有 Subramanian 和 Laughlin[224]详细评论了 Cu－Dy 二元系，而热力学评估优化未见报道。另外 Kuz′ma 和 Milyan[225]、Riani 等[198, 226]对 Al－Cu－Dy 三元系的相平衡关系和热力学性质进行了详细的研究。

因此，本章首先在评估 Cu－Dy 和 Al－Cu－Dy 体系的热力学和相平衡实验数据的基础上，然后对 Cu－Dy、Al－Cu－Dy 体系进行热力学优化计算；最后利用所构建的热力学数据库模拟 Al－Cu－Dy 系富 Al 角三元合金的凝固通道。

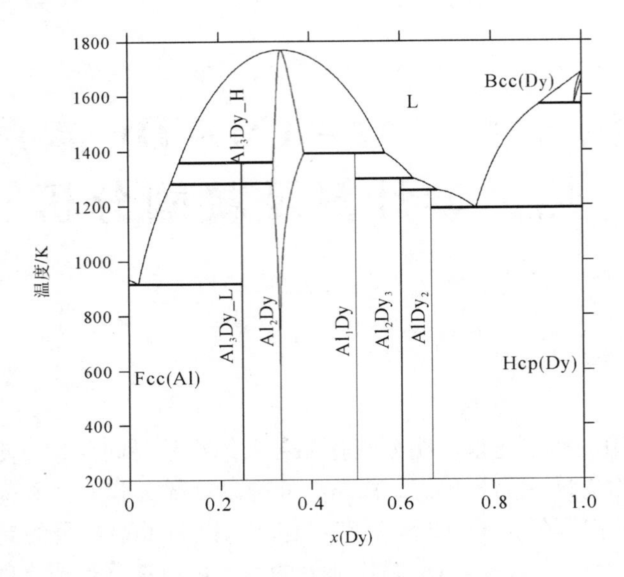

图 5－1 计算的 Al－Dy 二元相图

Fig. 5－1 the calculated Al－Dy phase diagram[211]

5.2 实验

5.2.1 合金样品制备

选取块状的纯 Cu［w(Cu)＝99.99%］、纯 Al［w(Al)＝99.9%］和纯 Dy［w(Dy)＝99.9%］，将其去氧化皮处理后，分别按给定的成分（表 5－1 所示）配料（精确到 0.001g）。

表 5－1 Al－Cu－Dy 合金成分及相组成

Table 5－1 Constituent phases and compositions of alloys

合金	名义成分/%			热处理方式	相分析
	Al	Cu	Dy		
D_5#	98.5	0.5	1	熔铸	Fcc(Al)＋Al_3Dy＋τ_4
D_6#	95.6	0.4	4	熔铸	Fcc(Al)＋Al_3Dy＋τ_4
D_7#	95	4	1	熔铸	Fcc(Al)＋Al_3Dy＋τ_4＋τ_1

然后将配制好的合金在真空非自耗电弧炉中熔炼，反复熔炼至少 3 次后得到

成分均匀的合金铸锭。把所有样品进行镶样，制成金相样品。

5.2.2 合金样品检测

合金金相样品首先采用SEM背散射电子成像模式观测合金样品中各相的形貌及分布，然后利用X射线衍射分析具体样品中所存在的相。

5.3 实验数据评估

5.3.1 Cu－Dy二元系

Usenko等人[227]采用量热法测定了Cu－Dy液相合金在1690 K时的混合焓。Sommer等人[219]用Sn作为参考态测定了Cu_9Dy_2、Cu_2Dy和CuDy相在298 K时的形成焓。通过高温量热法，Meschel和Kleppa[228]测定了Cu_5Dy和Cu_2Dy的标准形成焓。Sommer等人[219]与Meschel和Kleppa[228]的测定结果相差较大，

其中Sommer等人[219]的测定值明显偏正，因此他们的结果只用于与优化计算结果对比。

不少研究者[221, 229－231]对Cu－Dy二元系中存在的化合物相作了一系列研究，分别发现了CuDy相[229]、Cu_2Dy相[230]、Cu_5Dy_H相（$CaCu_5$结构）、Cu_5Dy_L相（$AuBe_5$结构）[231]和Cu_7Dy相[221]。

Copeland和Kato[232]报道了Cu－Dy体系富Dy角的相关系，发现了一个共晶反应：L→CuDy＋Dy，并且认为室温下Cu在Dy中的溶解度小于0.6%。

Cheng和Xu[233]采用X射线衍射法和DTA法对Cu－Dy二元体系进行了系统的测定，发现体系中有四个化合物相：CuDy、Cu_2Dy、Cu_5Dy_H和Cu_7Dy。其中仅Cu_5Dy_H为同成分熔化相，其他均为包晶反应生成相。Cheng和Xu[233]通过实验发现，Cu－Dy体系中存在两个共晶反应：L→Fcc(Cu)＋Cu_7Dy(1143 K, 8.9% Dy)和L→CuDy＋Dy(1081 K, 74.5% Dy)。借助X射线衍射和DTA分析法，Cheng和Xu[233]证实了Cu_7Dy相为高温稳定相，其稳定温度区间为1123～1163 K；室温下，Cu在Dy中的溶解度小于0.6%，但在共晶温度处(1081 K)其溶解度达到最大值12.5% Cu。

几乎是同一时间Franceschi[234]采用DTA、金相法以及X射线衍射分析法研究了Cu－Dy二元系。通过X射线分析，他确认了四个化合物相的晶体结构：CuDy、Cu_2Dy、Cu_5Dy_H和Cu_9Dy_2；根据DTA结果该作者认为尽管没有测定另外两个相(Cu_7Dy和Cu_7Dy_2)的晶体结构，但认为该两相应存在，其中Cu_7Dy为高温相，存在温度区间为：1018～1178 K；另外他还发现试样合金成分在Cu_5Dy_H相

附近存在一个热效应，经过仔细对比，认为这个相存在一个高温低温转变，转变温度为 1203 K。但 Franceschi[234]仅测定了 Dy 含量在 0% 到 80% 之间的相关系，因此未报道 Cu 在 Dy 中的溶解度。该二元体系中存在四个共晶反应：L→Cu + Cu_7Dy（1128 K，10% Dy）、L→Cu_9Dy_2 + Cu_2Dy（1118 K，29% Dy）、L→Cu_2Dy + CuDy（1113 K，39.5% Dy）和 L→CuDy + Dy（1063 K，70% Dy）。

基于 Franceschi[234]的工作，Subramanian 和 Laughlin[224]详细评论了 Cu - Dy 二元系。

5.3.2 Al - Cu - Dy 三元系

Kuz′ma 和 Milyan[225]测定了 Al - Cu - Dy 三元系在 773 K 时的相关系。基于他们的实验结果，Riani 等人[198, 226]评估了这个三元系。Al - Cu - Dy 三元系中存在 7 个三元化合物：τ_1 - Al_8Cu_4Dy、τ_4 - Al_3CuDy、τ_5 - $Al_{11}Cu_4Dy_4$、τ_2 - $(Al, Cu)_{17}Dy_2$、τ_3 - $(Al, Cu)_5Dy$、τ_6 - $(Al, Cu)_3Dy$ 和 τ_7 - AlCuDy。其晶体结构见表 5 - 2。这些化合物中，τ_2 - $(Al, Cu)_{17}Dy_2$、τ_3 - $(Al, Cu)_5Dy$ 和 τ_6 - $(Al, Cu)_3Dy$是半化学计量比化合物，其中 Dy 含量固定而 Al 和 Cu 在一定的范围可以互相替代。其他四个为化学计量比化合物。同时 Kuz′ma 和 Milyan[225]也发现 Al 在Cu_2Dy和 CuDy 相中有一定溶解度，分别为 2% 和 27.5%，Cu 在 Al_2Dy 中的溶解度为 12%。

表 5 - 2 Al - Cu - Dy 三元系中化合物相晶体结构

Table 5 - 2 Crystallographic Data of Intermetallic Phases*

相	点阵参数			具体结构皮尔逊符号 空间群
	a /nm	*b* /nm	*c* /nm	
Al_3Dy_L	0.6091		0.9533	$TiNi_3$，hp16，P63/mmc
Al_3Dy_H	0.6070		3.594	$HoAl_3$，hR60，$R\bar{3}m$
Al_2Dy	0.778			$MgCu_2$，cF24，$Fd\bar{3}m$
AlDy	0.5570	0.5801	1.1272	AlEr，oP16，Pmma
Al_2Dy_3	0.817		0.754	Al_2Zr_3，tP20，P42/mnm
$AlDy_2$	0.654	0.508	0.940	Co_2Si，oP12，Pnma
Cu_7Dy	0.4932		0.4156	Cu_7Tb，hp8
Cu_5Dy_L	0.7025			$AuBe_5$，cF24，$F\bar{4}3m$
Cu_5Dy_H	0.502		0.408	$CaCu_5$，hP6，P6/mmm
Cu_9Dy_2				

续表 5 - 2

相	点阵参数			具体结构皮尔逊符号 空间群
	a /nm	b /nm	c /nm	
Cu_7Dy_2				
Cu_2Dy	0.430	0.680	0.729	$CeCu_2$, oI12, Imma
CuDy	0.357			CsCl, cP2, $Pm\bar{3}m$
$\tau_1 - Al_8Cu_4Dy$	0.8725		0.5137	$Mn_{12}Th$, tI26, I4/mmm
$\tau_2 - (Al, Cu)_{17}Dy_2$	0.8812		1.2844	Th_2Zn_{17}, hR57, $R\bar{3}m$
$\tau_3 - (Al, Cu)_5Dy$	0.5064		0.4152	$CaCu_5$, hP6, P6/mmm
$\tau_4 - Al_3CuDy$	0.4184	0.4112	0.9773	Al_3CuHo, oI_{10}, Immm
$\tau_5 - Al_{11}Cu_4Dy_4$				
$\tau_6 - (AlCu)_3Dy$	0.5457		2.5317	$PuNi_3$, hR36, $R\bar{3}m$
$\tau_7 - AlCuDy$	0.7015		0.4024	ZrNiAl, hP9, P62m

* 注：Al - Cu 体系化合物晶界结构见表 2 - 2

Sokolovskaya 等人[235]用合金法测定了 773 K 时 Al - Cu - Dy 三元系富 Al 角的相关系，并报道了富 Al 所存在的三个两相区：Al + τ_1、$Al_3Dy + \tau_1$ 和 $Al_3Dy + \tau_5$。

5.4　热力学模型

5.4.1　溶体相

在 Al - Cu - Dy 体系中，液相、Fcc、Bcc、Hcp 相等溶体相的摩尔吉布斯自由能采用替换溶液模型[126]来描述，其表达式为：

$$G_m^\varphi = \sum x_i {}^0G_i^\varphi + RT\sum x_i \ln(x_i) + {}^{ex}G_m^\varphi \tag{5-1}$$

式中：${}^0G_i^\varphi$——纯组元 i(i = Al, Cu 和 Dy)的摩尔吉布斯自由能；

${}^{ex}G_m^\varphi$——过剩吉布斯自由能，其用 Redlich - Kister - Muggianu 多项式[179]表示为：

$${}^{ex}G_m^\varphi = x_{Al}x_{Cu}\sum_{i,\ =0,\ 1\cdots} {}^{(i)}L_{Al,\ Cu}^\varphi (x_{Al} - x_{Cu})^i + x_{Al}x_{Dy}\sum_{k,\ =0,\ 1\cdots} {}^{(k)}L_{Al,\ Dy}^\varphi (x_{Al} - x_{Dy})^k + x_{Cu} x_{Er}\sum_{m,\ =0,\ 1\cdots} {}^{(m)}L_{Cu,\ Dy}^\varphi (x_{Cu} - x_{Dy})^m + x_{Al}x_{Cu}x_{Dy}(x_{Al}{}^{(0)}L_{Al,\ Cu,\ Dy}^\varphi + x_{Cu}{}^{(1)}L_{Al,\ Cu,\ Dy}^\varphi + x_{Er}{}^{(2)}L_{Al,\ Cu,\ Dy}^\varphi) \tag{5-2}$$

式中：边际二元系相互作用参数 $^{(i)}L^{\varphi}_{\mathrm{Al,\ Cu}}$ 和 $^{(k)}L^{\varphi}_{\mathrm{Al,\ Dy}}$——文献报道[169, 211]的优化结果；

Cu－Dy——二元系液相的相互作用参数 $^{(m)}L^{\varphi}_{\mathrm{Cu,\ Dy}}$ 由本研究优化得到，其表达为：

$$^{(i)}L^{\varphi}_{\mathrm{Cu,\ Dy}} = a_i + b_i T \tag{5-3}$$

式中：a_i，b_i——待优化参数。

5.4.2 化合物相

Cu－Dy 体系中存在一系列没有成分范围的化合物 $\mathrm{Cu}_p\mathrm{Dy}_q$，在计算过程中将其处理为化学计量比相。化学计量比相的吉布斯自由能仅为温度的函数，一般用多项式[179]来表示：

$$G(T) = A_i + B_i \times T + C_i \times T\ln(T) + D_i \times T^2 + E_i \times T^3 \cdots\cdots \tag{5-4}$$

式中：各相系数通过拟合该项热容获得。但在大多数的情况下，复杂化合物常常缺乏可靠的热容数据。其吉布斯自由能通常依据 Neumann－Kopp 规则[180]给出，表达式如下：

$$G_{\mathrm{Cu}_p\mathrm{Dy}_q} = \frac{p}{p+q} \times {}^0G^{\mathrm{Fcc}}_{\mathrm{Cu}} + \frac{q}{p+q} \times {}^0G^{\mathrm{Hcp}}_{\mathrm{Dy}} + A_k + B_k \times T \tag{5-5}$$

式中：A_k，B_k——待定系数，他们的物理意义是形成 $\mathrm{Cu}_p\mathrm{Dy}_q$ 相时的生成焓和生成熵。

由 Kuz′ma 等人[236]的研究结果可知，$\mathrm{Al_2Dy}$、CuDy 和 $\mathrm{Cu_2Dy}$ 三个相在三元体系中都有溶解度。其中，CuEr 和 $\mathrm{Cu_2Dy}$ 的吉布斯自由能表达式为：

$$G^{(\mathrm{Al,\ Cu})_x\mathrm{Dy}_y} = Y^{\mathrm{I}}_{\mathrm{Al}} G_{\mathrm{Al:\ Dy}} + Y^{\mathrm{I}}_{\mathrm{Cu}} G_{\mathrm{Cu:\ Dy}} + \frac{x}{x+y} RT(Y^{\mathrm{I}}_{\mathrm{Al}} \ln Y^{\mathrm{I}}_{\mathrm{Al}} + Y^{\mathrm{I}}_{\mathrm{Cu}} \ln Y^{\mathrm{I}}_{\mathrm{Cu}}) + Y^{\mathrm{I}}_{\mathrm{Al}} Y^{\mathrm{I}}_{\mathrm{Cu}}$$

$$\left(\sum_{j=0,\ 1\cdots} {}^{j}L_{\mathrm{Al,\ Cu:\ Dy}} (Y_{\mathrm{Al}} - Y_{\mathrm{Cu}})^j\right) \tag{5-6}$$

式中：$G_{\mathrm{Cu:\ Dy}}$——Cu－Dy 二元系中 CuDy 和 $\mathrm{Cu_2Dy}$ 的吉布斯自由能，而 $G_{\mathrm{Al:\ Dy}}$ 分别代表具有 CuDy 结构的假想 AlDy 相的吉布斯自由能和 $\mathrm{Cu_2Dy}$ 结构的假想 $\mathrm{Al_2Dy}$ 相的吉布斯自由能：

$$G_{\mathrm{Al:\ Dy}} = \frac{x}{x+y} {}^0G^{\mathrm{Fcc}}_{\mathrm{Al}} + \frac{y}{x+y} {}^0G^{\mathrm{Hcp}}_{\mathrm{Dy}} + A + BT \tag{5-7}$$

$\mathrm{Al_2Dy}$ 具有 Laves_C15 结构，其热力学模型采用化合物能量模型[237]，该相的点阵描述为：$(\mathrm{Al,\ Cu,\ Dy})_2(\mathrm{Al,\ Cu,\ Dy})$，其吉布斯自由能表达式为：

$$G^{(\mathrm{Al,\ Cu,\ Dy})2(\mathrm{Al,\ Cu,\ Dy})1} = \sum_i \sum_j Y^{\mathrm{I}}_i Y^{\mathrm{II}}_j G_{i:\ j} + 2RT(Y^{\mathrm{I}}_{\mathrm{Al}} \ln Y^{\mathrm{I}}_{\mathrm{Al}} + Y^{\mathrm{I}}_{\mathrm{Cu}} \ln Y^{\mathrm{I}}_{\mathrm{Cu}} + Y^{\mathrm{I}}_{\mathrm{Dy}} \ln Y^{\mathrm{I}}_{\mathrm{Dy}}) +$$

$$RT(Y^{\mathrm{II}}_{\mathrm{Al}} \ln Y^{\mathrm{II}}_{\mathrm{Al}} + Y^{\mathrm{II}}_{\mathrm{Cu}} \ln Y^{\mathrm{II}}_{\mathrm{Cu}} + Y^{\mathrm{II}}_{\mathrm{Dy}} \ln Y^{\mathrm{II}}_{\mathrm{Dy}}) + \sum_i \sum_j \sum_k Y^{\mathrm{I}}_i Y^{\mathrm{I}}_j Y^{\mathrm{II}}_{\mathrm{k}} \sum_{v=0,\ 1\cdots} {}^{v}L_{i,\ j:\ k} (Y^{\mathrm{I}}_i - Y^{\mathrm{I}}_j)^v$$

$$+ \sum_i \sum_j \sum_k Y^{\mathrm{I}}_{\mathrm{k}} Y^{\mathrm{I}}_i Y^{\mathrm{II}}_j \sum_{v=0,\ 1\cdots} {}^{v}L_{k:\ i,\ j} (Y^{\mathrm{II}}_i - Y^{\mathrm{II}}_{\mathrm{j}})^v \tag{5-8}$$

式中：i、j 和 k 代表 Al、Cu 和 Dy。$G_{Al:Dy}$、$G_{Al:Dy}$、$G_{Dy:Al}$和 $G_{Dy:Dy}$来自 Al – Dy 二元体系[211]。

Al – Cu – Dy 三元系中 $\tau_1-Al_8Cu_4Dy$、τ_4-Al_3CuDy、$\tau_5-Al_{11}Cu_4Dy_4$ 和 $\tau_7-AlCuDy$均为化学计量比相，这些相的热力学模型为：$Al_xCu_yEr_z$。其吉布斯自由能依据 Neumann – Kopp 规则[180]给出，表达式如下：

$$G_{Al_xCu_yDy_z}=\frac{x}{x+y+z}{}^0G_{Al}^{Fcc}+\frac{y}{x+y+z}{}^0G_{Cu}^{Fcc}+\frac{z}{x+y+z}{}^0G_{Dy}^{Hcp}+A+BT \tag{5-9}$$

式中：x，y 和 z——点阵的化学计量比例；

A 和 B——待定系数。

$\tau_2-(Al,Cu)_{17}Dy_2$、$\tau_3-(Al,Cu)_5Dy$ 和 $\tau_6-(Al,Cu)_3Dy$ 为半化学计量比化合物，其吉布斯自由能采用亚点阵$(Al,Cu)_xDy_y$来描述：

$$G^{(Al,Cu)_xDy_y}=Y_{Al}^{I}G_{Al:Dy}+Y_{Cu}^{I}G_{Cu:Dy}+\frac{x}{x+y}RT(Y_{Al}^{I}\ln Y_{Al}^{I}+Y_{Cu}^{I}\ln Y_{Cu}^{I})+Y_{Al}^{I}Y_{Cu}^{I}L_{Al,Cu:Dy} \tag{5-10}$$

其中：

$$G_{Al:Dy}=\frac{x}{x+y}{}^0G_{Al}^{Fcc}+\frac{y}{x+y}{}^0G_{Dy}^{Hcp}+A+BT \tag{5-11}$$

$$G_{Cu:Dy}=\frac{x}{x+y}{}^0G_{Cu}^{Fcc}+\frac{y}{x+y}{}^0G_{Dy}^{Hcp}+A+BT \tag{5-12}$$

式中：${}^0G_{Al}^{Fcc}$，${}^0G_{Cu}^{Fcc}$，${}^0G_{Dy}^{Hcp}$——纯元素 Al、Cu 和 Dy 的摩尔吉布斯自由能；

Y_{Al}^{I}和 Y_{Cu}^{I}——点阵分数，即 Al、Cu 分别在第一个亚点阵中的摩尔分数；

A 和 B ——待定系数，即本文中优化获得的参数。其中 $\tau_3-(Al,Cu)_5Dy$ 与 Cu_5Dy_H 的晶体结构一样，因此这两个相在热力学数据库中合并为一个相：$\tau_3-(Al,Cu)_5Dy$，该相参数中的 $G_{Cu:Dy}$直接采用二元相 Cu_5Dy_H 的参数。

5.5　计算结果与讨论

采用 SGTE 数据库中元素 Al、Cu 和 Dy 的晶格稳定性参数[181]，运用 Thermo – calc 软件中的 PARROT 模块[238]进行优化，优化过程中根据实验误差给予实验数据不同的权重，通过试错法，对权重做适当调整，直到计算结果能重现实验数据为止。所有计算结果与实验数据吻合较好，表 5 – 3 列出了本章计算所得的热力学参数。

表 5－3 Cu－Dy 二元系中零变量反应

Table 5－3 Invariant reactions in the Cu－Dy system

反应式	液相成分 x(Dy)	温度/K	反应类型	备注
$L \rightleftharpoons Fcc + Cu_7Dy$	8.9	1150	Eutectic	本工作
	7.4	1153	Eutectic	[233]
$L + Cu_5Dy\_L \rightleftharpoons Cu_7Dy$	9.4	1156	Peritectic	本工作
		1165	Peritectic	[233]
	10.2	1133	Peritectic	[234]
$Cu_7Dy \rightleftharpoons Fcc + Cu_5Dy\_L$	12.5	1119	Eutectoid	本工作
	12.5	1048	Eutectoid	[234]
	12.5	1121	Eutectoid	[233]
$L + Cu_9Dy_2 \rightleftharpoons Cu_5Dy\_L$	15.6	1235	Peritectic	This Wok
	16.2	1238	Peritectic	[234]
$Cu_5Dy\_H \rightleftharpoons CuDy\_L$		1203	Allotropic	本工作
		1203	Allotropic	[234]
$L \rightleftharpoons Cu_9Dy_2$		1243	Congruent	本工作
		1245	Congruent	[234]
$L + Cu_9Dy_2 \rightleftharpoons Cu_7Dy_2$	25.8	1172	Peritectic	本工作
		1178	Peritectic	[234]
$Cu_7Dy_2 \rightleftharpoons L + Cu_9Dy_2$	22.2	1131	Catatectic	本工作
	22.2	1128	Catatectic	[234]
$L \rightleftharpoons Cu_9Dy_2 + Cu_2Dy$	28.2	1123	Eutectic	本工作
	29	1118	Eutectic	[234]
		1138	Peritectic	[233]
$L \rightleftharpoons Cu_2Dy$		1150	Congruent	本工作
		1163	Congruent	[232]
$L \rightleftharpoons Cu_2Dy + CuDy$	39	1120	Eutectic	本工作
	39.5	1113	Eutectic	[234]
		1113	Peritectic	[233]
$L \rightleftharpoons CuDy$		1220	Congruent	本工作
		1228	Congruent	[234]
$L \rightleftharpoons CuDy + Bcc$	65.4	1063	Eutectic	本工作
	70	1063	Eutectic	[234]
	74.1	1081	Eutectic	[233]
$Bcc \rightleftharpoons CuDy + Hcp$	83.2	803	Eutectoid	本工作

5.5.1　Cu - Dy 二元系

利用本章热力学数据库计算了 Cu - Dy 相图(图 5 - 2 和图 5 - 3)，计算获得的二元系零变量反应列于表 5 - 3，从表中可以发现富 Cu 角的相为 Cu_7Dy 相。由 SEM 能谱分析结果可知，含 Cu_7Dy 相的共晶反应的共晶成分为 9.15% Dy，本文的计算结果为 8.9% Dy，可见计算结果与文献报道数据非常吻合。图 5 - 4 显示了 1690 K 时 Cu - Dy 二元液相合金的混合焓与实验值[227]的对比。Cu - Dy 二元合金在 298 K 时的标准形成焓的计算值与实验值[219, 228]的对比显示于图 5 - 5 中。由图 5 - 4 和图 5 - 5 可知，除了 Sommer 等人[219]测定的标准形成焓外，其他的热力学性质与优化计算的结果都比较吻合。考虑到 Sommer 等人[219]是利用 Sn 作为参考态来测定标准形成焓，其将导致误差，而误差积累则导致最终结果发生偏差。因此优化获得的 Cu - Dy 二元系的热力学参数是合理的。

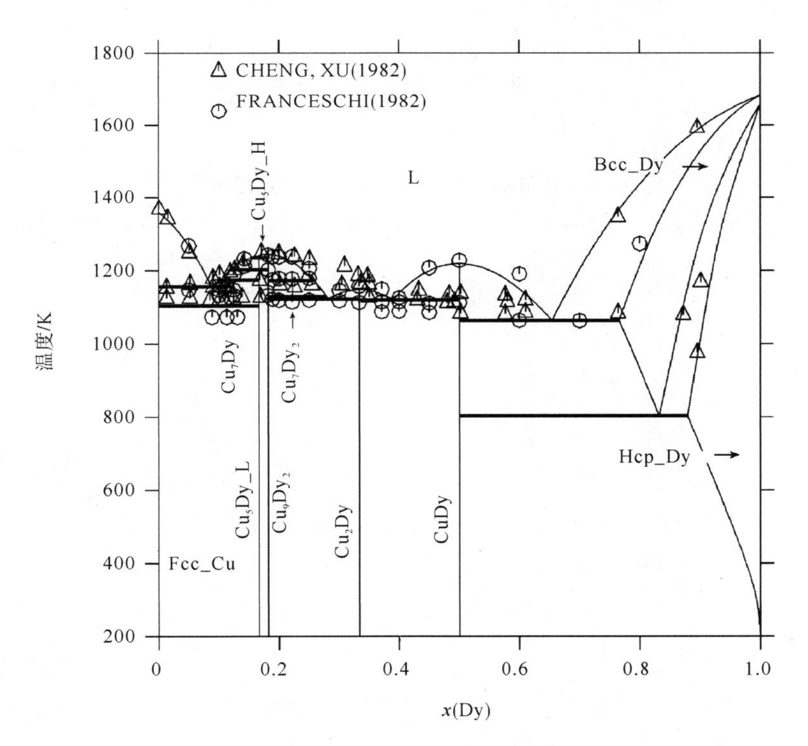

图 5 - 2　计算的 Cu - Dy 二元相图[233, 234]

Fig. 5 - 2　The calculated Cu - Dy phase diagram with experimental data

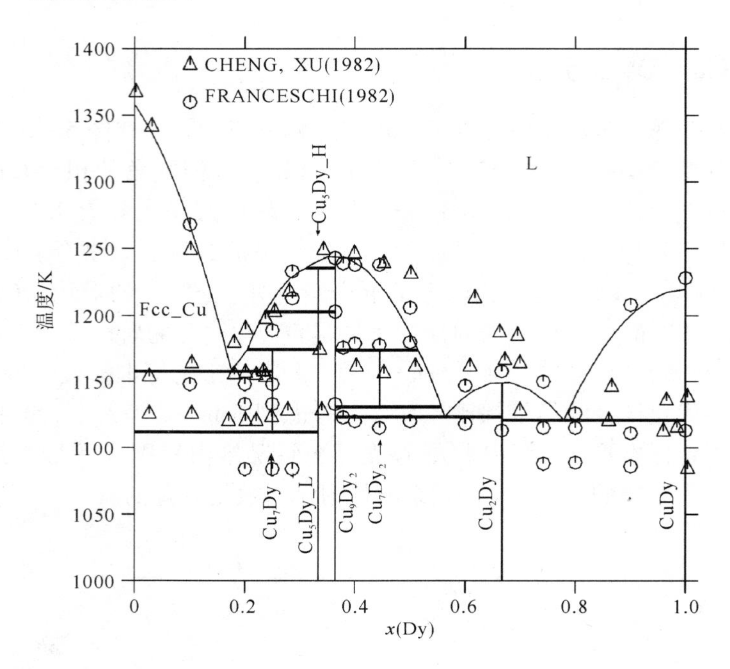

图 5-3 计算的富 Cu 角 Cu-Dy 二元相图[233, 234]

Fig. 5-3 The calculated Cu-rich region phase diagram with experimental data

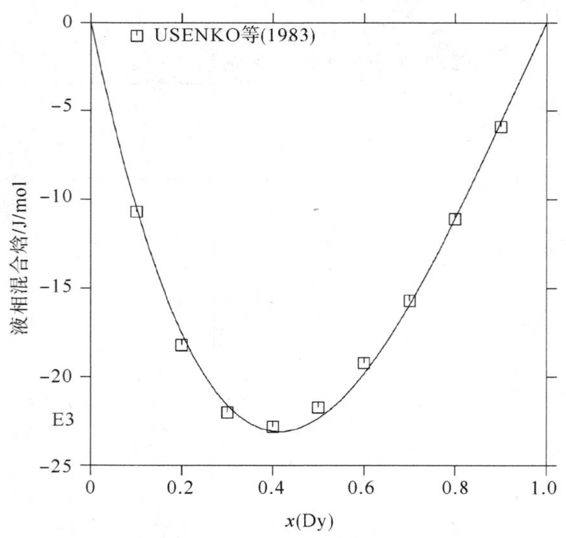

图 5-4 计算的 1690 K 液相混合焓，参考态为液态 Cu 和液态 Dy

Fig. 5-4 The calculated enthalpies of mixing of liquid in Cu-Dy system compared with the experimental data, Reference states as liquid Cu and liquid Dy

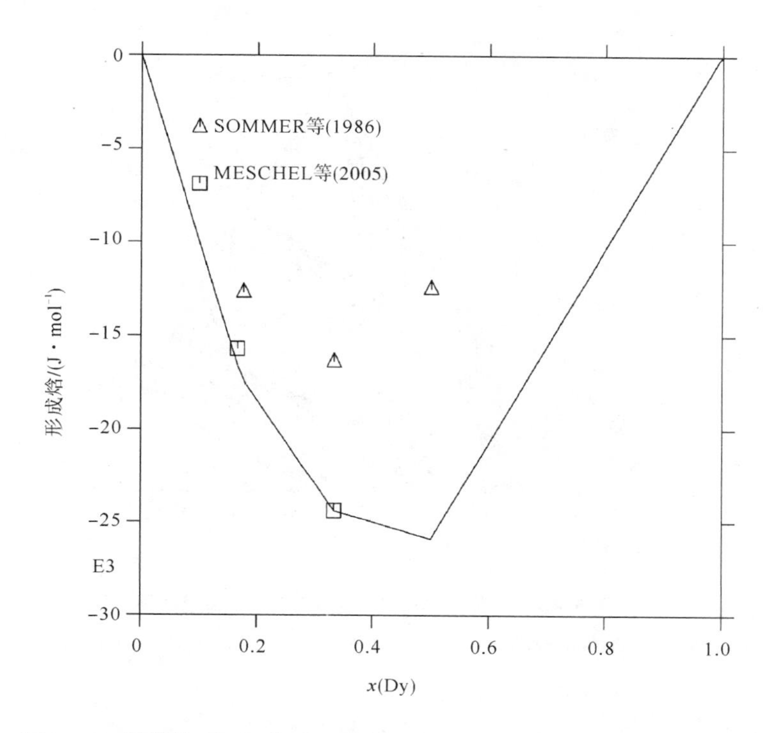

图 5 – 5 计算的 298 K 标准形成焓，参考态为 Fcc(Cu)和 Hcp_Dy

Fig. 5 – 5 The calculated formation enthalpies of intermetallic compunds at 298 K campared with experimental data, Reference states as Fcc(Cu) and Hcp_Dy

5.5.2 Al – Cu – Dy 三元系

利用优化获得的热力学参数计算了 Al – Cu – Dy 三元系 773 K 时的等温截面，如图 5 – 6 所示。与实测的 773 K 时的等温截面[225]比较(图 5 – 7)[225]发现，计算的化合物与实验存在微小差别。这是因为实验相图测定时间比较早，因此所测定的三元相图的边际二元与实际二元存在一定的差异。

实测相图[225]显示：Al – Cu 端际 ε 相在 773 K 时存在，Al – Cu 二元相图显示 ε 相在 773 K 时是不稳定存在的；在 Cu – Dy 端际 Cu_9Dy_2 相被遗漏；而在 Al – Dy 端际出现了在二元相图中，该温度下不稳定的 $AlDy_3$。Riani 等[198, 226]在评估这个三元系时修正了这些问题，并认为 ε 相和 $AlDy_3$ 相在 773 K 时不稳定而 Cu_9Dy_2 相在该温度下稳定存在。

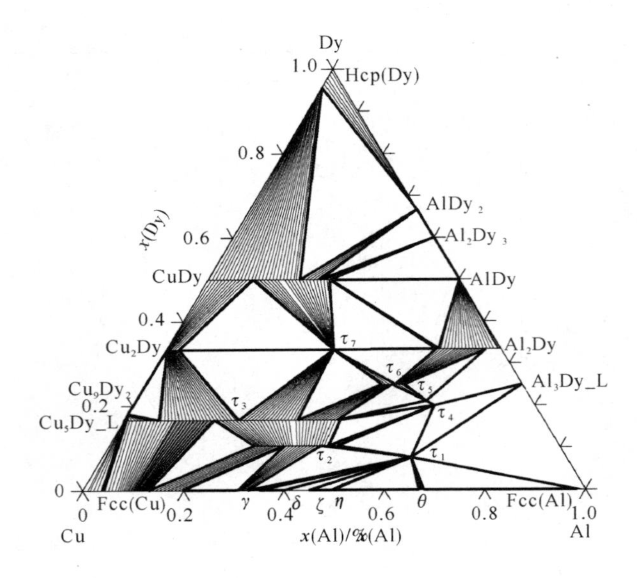

图 5 - 6 计算的 Al - Cu - Dy 773 K 等温截面

Fig. 5 - 6 The calculated isothermal section of Al - Cu - Dy system at 773 K

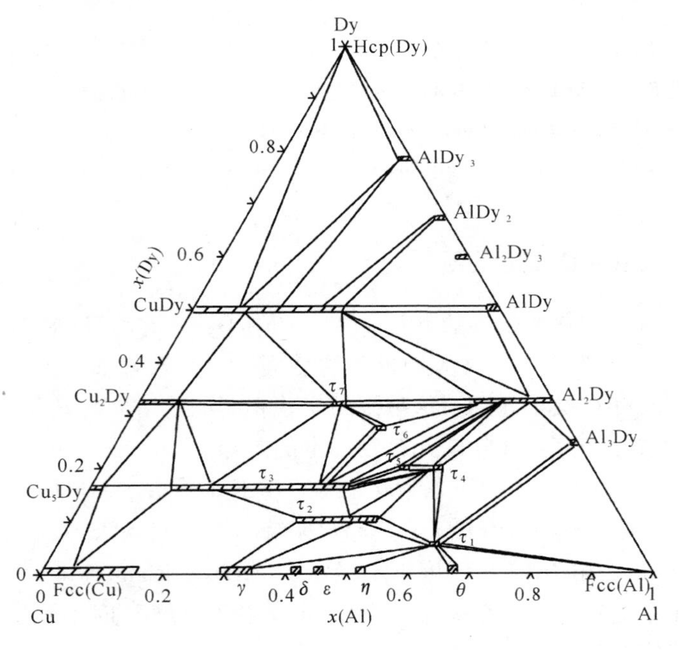

图 5 - 7 实验测定的 Al - Cu - Dy 773 K 等温截面[225]

Fig. 5 - 7 The measured isothermal section of Al - Cu - Dy system at 773 K

另外，在实测相图[225]中，τ_3－(Al，Cu)$_5$Dy含Al量为15－45%，而计算的结果显示τ_3－(Al，Cu)$_5$Dy含Al量为1%～44%。其主要原因是在这个区域，实验的样品不多，而且对比其他Al－Cu－RE体系(Al－Cu－Gd[215]、Al－Cu－Tb[239]和Al－Cu－Yb[240]等)，发现τ_3－(Al，Cu)$_5$RE相的成分与我们计算的结果非常接近，因此，优化获得的热力学参数是合理的。

计算的第三组元在Al_2Dy、Cu_2Dy和CuDy中的溶解度分别为17% Cu，2.5% Al和30% Al，计算值与Kuz′ma等人的实验值(12% Cu，2% Al和27.5% Al)接近。考虑到实验的误差，这些偏差是可以接受的。

此外，计算得Al－Cu－Dy三元系573 K、973 K时的等温截面以及液相面投影图，如图5－8、图5－9、图5－10和图5－11所示。表5－4中列出了计算的液相面投影图上的零变量图反应温度与成分。由于没有实测的Al－Cu－Dy三元系的液相面的报道，这些计算结果仍然需要进一步实验验证。

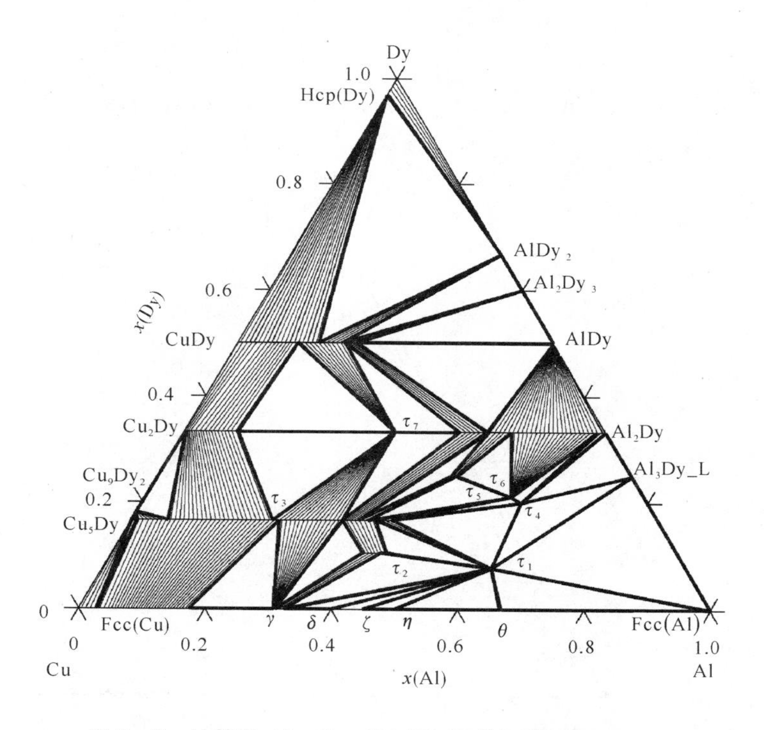

图5－8 计算的Al－Cu－Dy 573 K等温截面

Fig. 5－8 The calculated 573 K isotherm section of Al－Cu－Dy system

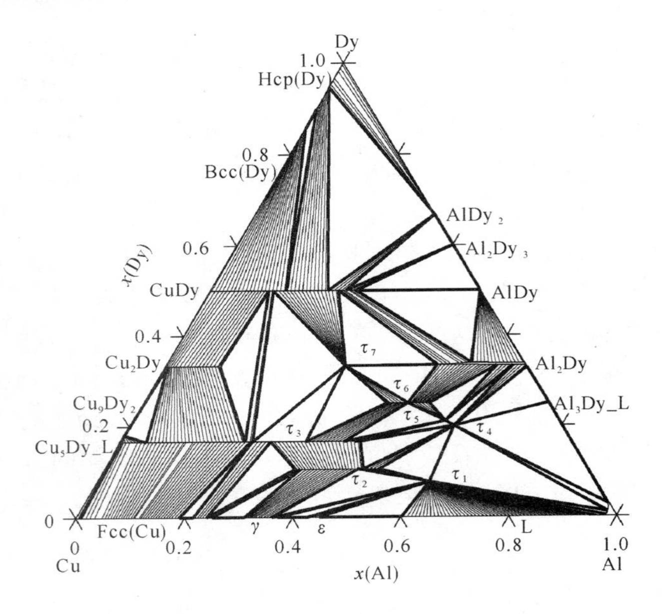

图 5-9　计算的 Al-Cu-Dy 973 K 等温截面

Fig. 5-9　The calculated 973 K isotherm section of Al-Cu-Dy system

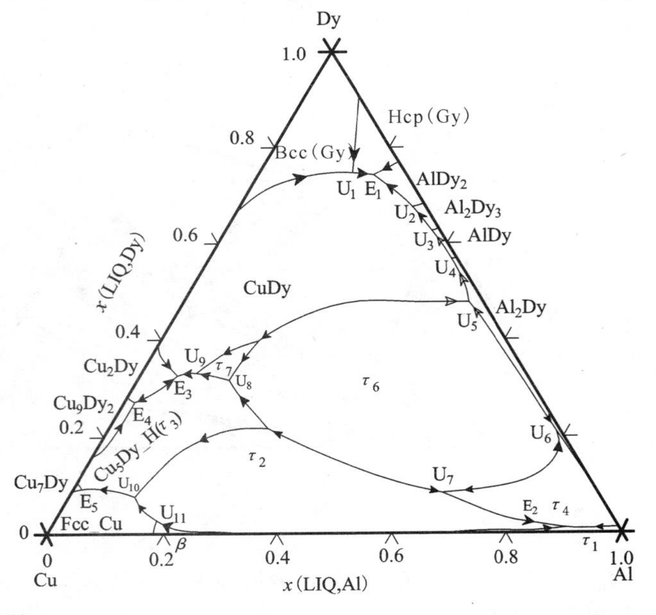

图 5-10　计算的 Al-Cu-Dy 三元体系液相投影面

Fig. 5-10　The calculated liquidus projection of Al-Cu-Dy system

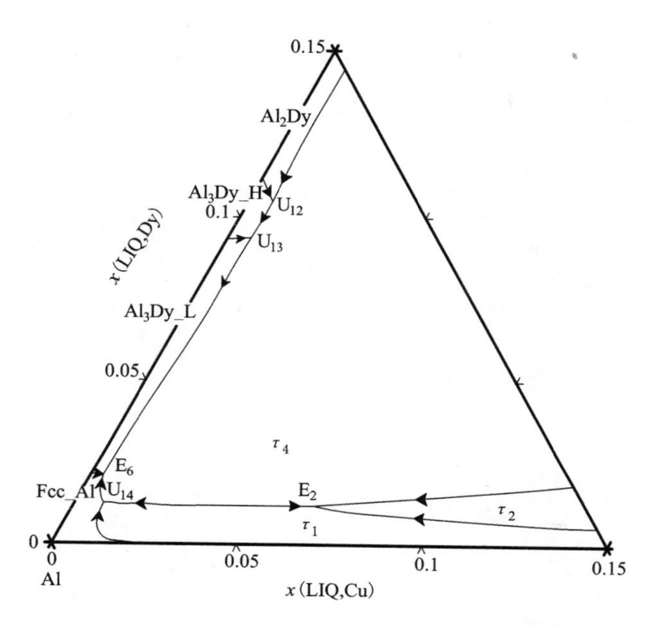

图5－11　计算的富Al角的Al－Cu－Dy三元体系液相投影面

Fig. 5－11　The calculated liquidus projection of Al－rich region in Al－Cu－Dy system

5.6　Al－Cu－Dy三元系凝固模拟

通过热力学优化，建立相关体系的热力学数据库，可方便计算需要的相图和有关的热力学特性，这些计算对材料的研发十分有用。利用所建立的Al－Cu－Dy热力学数据库，对合金平衡凝固过程和非平衡凝固过程进行模拟，定量分析合金凝固组织的偏析，可为后续均匀化退火工艺的制定提供依据。本节将采用Pandat软件对部分Al－Cu－Dy合金的凝固过程进行模拟，以期能解释和预测Al－Cu－Dy三元合金的相变过程。本节中采用的三个合金成分见图5－12所示。

(1) D_5# 合金

图5－13为 D_5#合金铸态SEM背散射电子像，结合X射线衍射分析（图5－14）发现，合金中存在三个相：Fcc(Al)、τ_4－Al_3CuDy 和 Al_3Dy_L。利用所建立的热力学数据库对 D_5#合金进行凝固模拟，图5－15为计算的该合金平衡和非平衡凝固过程中固相的摩尔分数随温度的变化曲线。

在平衡凝固条件下，合金首先析出初晶相Fcc(Al)，随着温度降低，发生共晶反应：L→Fcc(Al)＋τ_4－Al_3CuDy。最后液相转变为共晶组织：Fcc(Al)＋

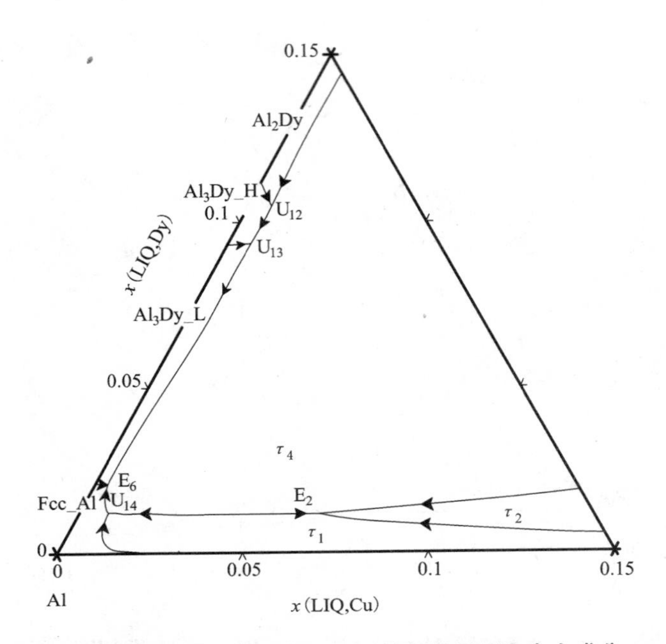

图 5 - 12　计算的 Al - Cu - Dy 液相投影面和合金成分

Fig. 5 - 12　Calculated liquidus projection of Al - Cu - Dy system and alloys

τ_4 - Al_3CuDy + Al_3Dy_L。至此液相已经反应完全。

在 Scheil 凝固条件下，凝固的析出顺序与平衡凝固条件下相同。

由图 5 - 13 可发现，合金 D_5#呈现三种不同的微观组织：黑色的为合金的初晶相 Fcc(Al)，亮色的组织为 Al_3Dy_L 相，灰色的共晶组织。因此，实验结果与平衡及非平衡的计算结果均吻合。

(2) D_6# 合金

图 5 - 16 为 D_6#合金铸态 SEM 背散射电子像，结合 X 射线衍射分析(图 5 - 17)结果可知，合金中存在三个相：Fcc(Al)、τ_4 - Al_3CuDy 和 Al_3Dy_L。根据所建立的热力学数据库对 D_6#合金的平衡和非平衡凝固过程进行模拟，图 5 - 18为该合金平衡和非平衡凝固过程中固相的摩尔分数随温度的变化曲线。

在平衡凝固条件下，合金中首先析出初晶相 Al_3Dy_L，随着温度降低，发生共晶反应：L→Fcc(Al) + Al_3Dy_L。最后液相转变为共晶组织：Fcc(Al) + τ_4 - Al_3CuDy + Al_3Dy_L。至此液相已经反应完全。

在 Scheil 凝固条件下，凝固的析出顺序与平衡凝固条件下相同，如图 5 - 18 所示。

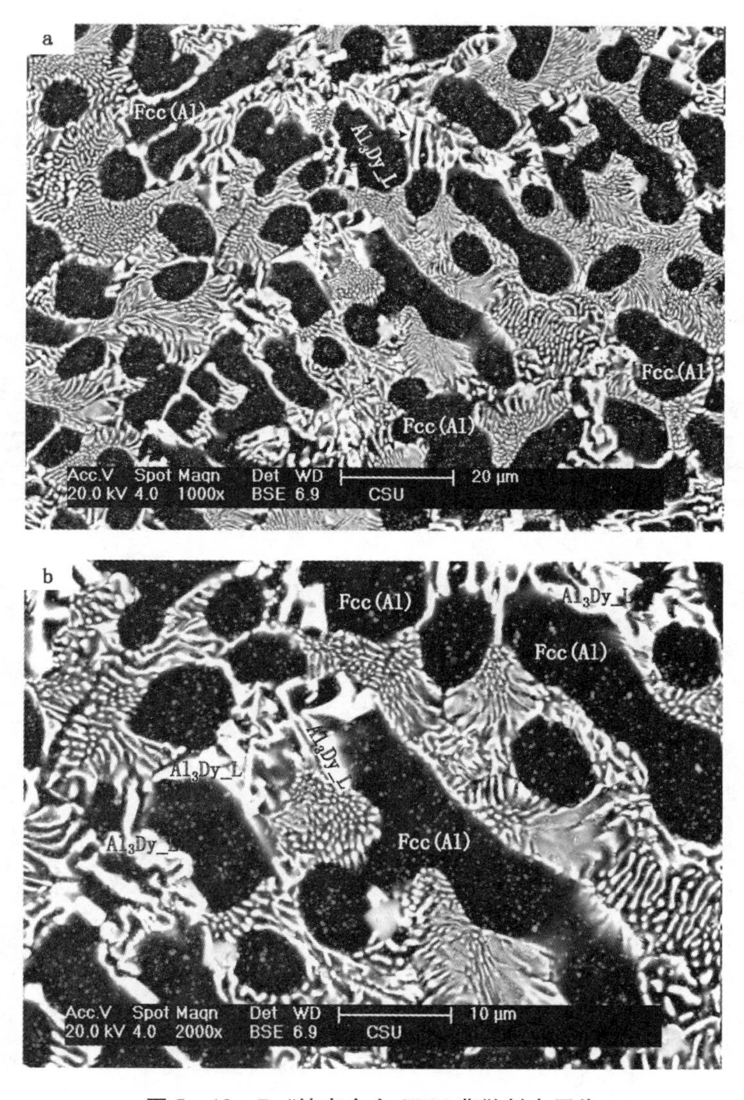

图5－13　D_5#铸态合金SEM背散射电子像

(a)1000×；(b)2000×

Fig. 5－13　The BSE image of Al－Cu－Dy alloys (D_5#)

(a)1000×；(b)2000×

由图5－16可知，合金中亮色的为初晶相Al_3Dy_L，黑色的为Fcc(Al)相，并发现存在Fcc(Al)＋τ_4－Al_3CuDy＋Al_3Dy_L的共晶组织。因此，实验结果与平衡及非平衡的计算结果均吻合。

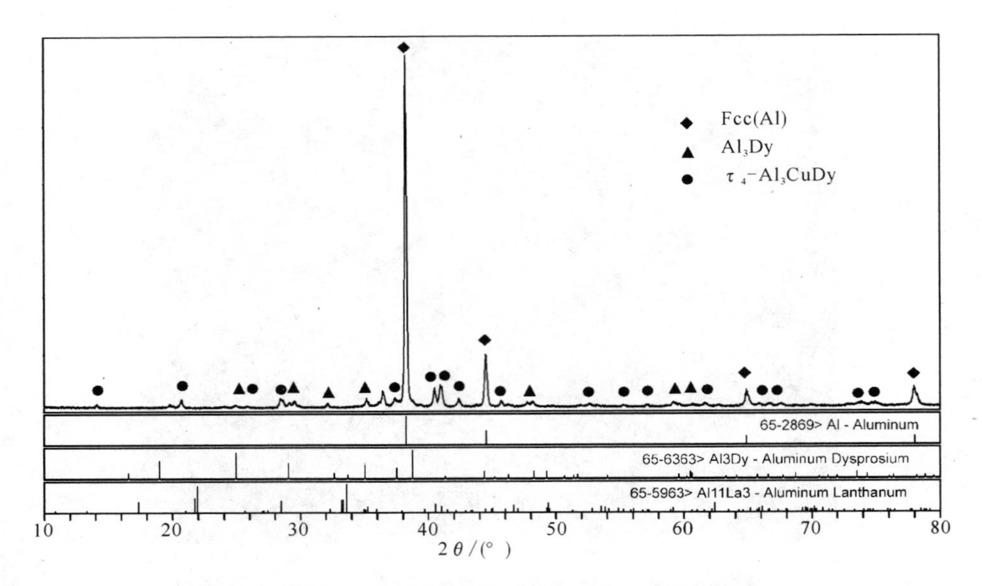

图 5-14　Al-Cu-Dy 合金 XRD 结果(D_5#)

Fig. 5-14　XRD results of Al-Cu-Dy alloys (D_5#)

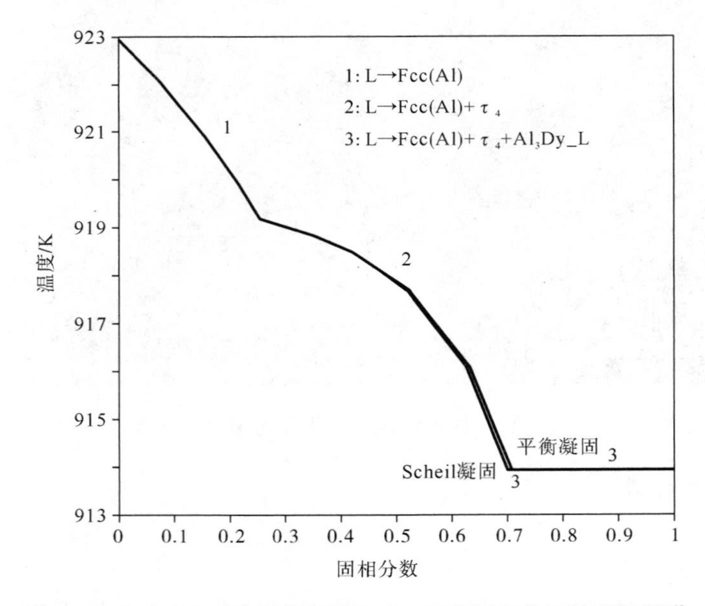

图 5-15　合金 D_5#在平衡凝固和 Scheil 凝固条件下的凝固通道

Fig. 5-15　Simulated solidification paths for alloy D_5# under the equilibrium and Scheil conditions

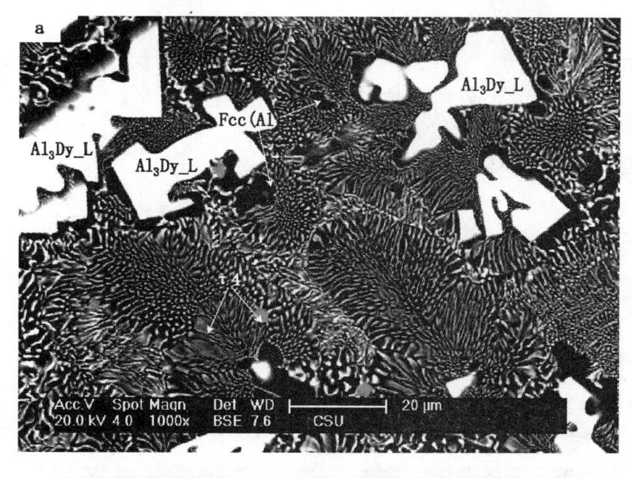

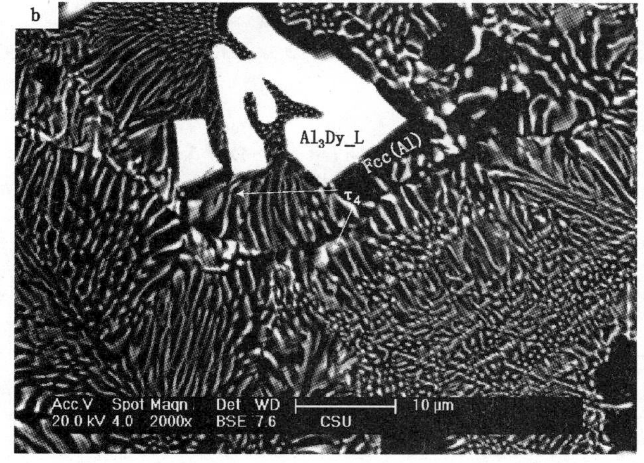

图 5－16　D_6#合金铸态 SEM 背散射电子像

(a)1000×；(b)2000×

Fig. 5－16　The BSE image of Al－Cu－Dy alloys (D_6#)

(a)1000×；(b)2000×

(3) D_7# 合金

图 5－19 为 D_7#合金铸态 SEM 背散射电子像，结合 X 射线衍射分析(图 5－20)结果可知，合金中存在四个相：Fcc(Al)、τ_4－Al_3CuDy、τ_1－Al_8Cu_4Dy 和 Al_3Dy_L。利用所建立的热力学数据库对 D_7#合金进行凝固模拟，图 5－21 为该合金平衡和非平衡凝固过程中固相的摩尔分数随温度的变化曲线。

在平衡凝固条件下，合金首先析出初晶相 τ_1－Al_8Cu_4Dy，随着温度降低，发生共晶反应：L→Fcc(Al)＋τ_1－Al_8Cu_4Dy。然后合金发生包共晶反应：L＋τ_1－Al_8Cu_4Dy→τ_4－Al_3CuDy＋Fcc(Al)。至此液相已反应完全。

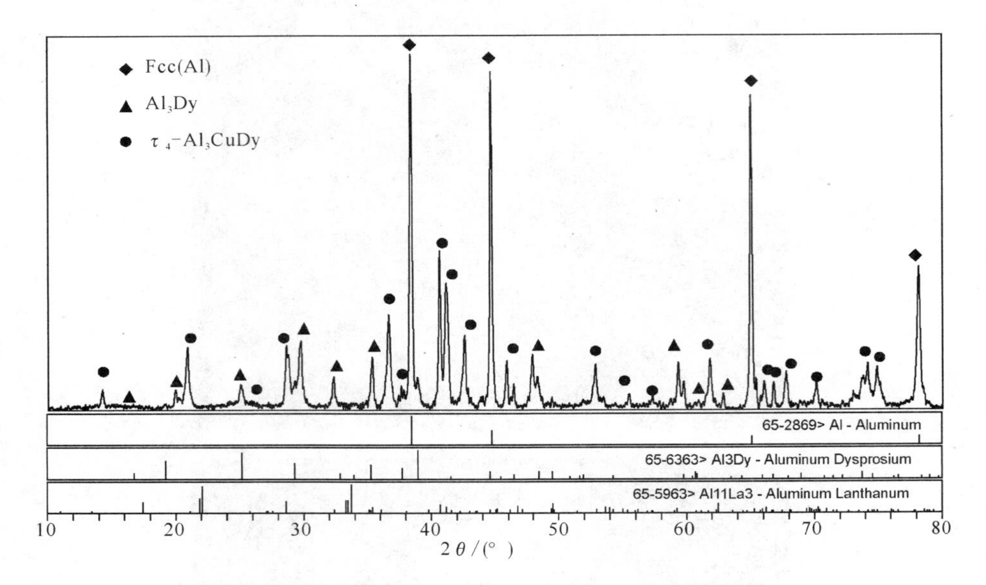

图 5 - 17 Al - Cu - Dy 合金 D_6# XRD 结果

Fig. 5 - 17 XRD results of Al - Cu - Dy alloys (D_6#)

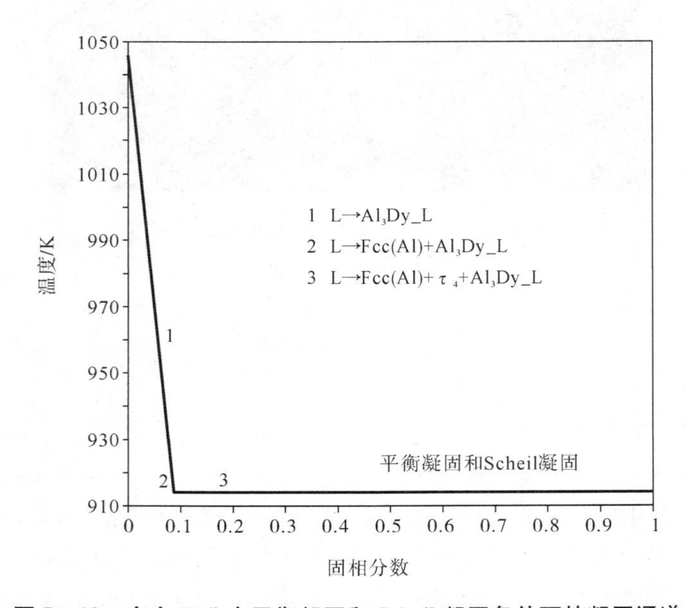

图 5 - 18 合金 D_6# 在平衡凝固和 Scheil 凝固条件下的凝固通道

Fig. 5 - 18 Simulated solidification paths for alloy D_6# under the equilibrium and Scheil conditions

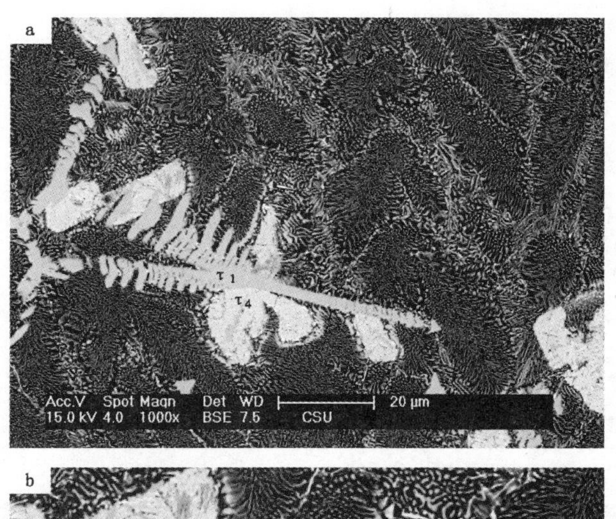

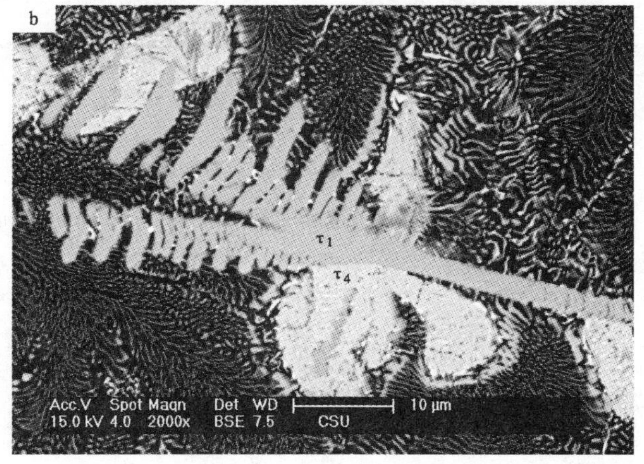

图 5 – 19　D_7#合金铸态 SEM 背散射电子像

(a)1000 × (b)2000 ×

Fig. 5 – 19　The BSE image of Al – Cu – Dy alloys (D_7#)

(a)1000 × (b)2000 ×

在 Scheil 凝固条件下，凝固初期的析出顺序与平衡凝固条件下相同，首先析出 $\tau_1 - Al_8Cu_4Dy$，然后是共晶产物 Fcc(Al) + $\tau_1 - Al_8Cu_4Dy$，但是随后发生的包共晶反应 $L + \tau_1 - Al_8Cu_4Dy \rightarrow \tau_4 - Al_3CuDy$ + Fcc(Al)，在 Scheil 凝固条件下受到抑制，液相随后将直接生成 $\tau_4 - Al_3CuDy$ + Fcc(Al)的共晶，最后液相转变为 $\tau_4 - Al_3CuDy$ + Fcc(Al) + Al3Dy_L 的共晶组织，至此合金凝固完成。

从图 5 – 19 中可以发现，亮色的为合金的初晶相 $\tau_4 - Al_3CuDy$，黑色区的 Fcc(Al)相，灰色德为 $\tau_1 - Al_8Cu_4Dy$ 相，Al_3Dy_L 相在扫描电镜下不明显，X 射线衍射分析显示 Al_3Dy_L 相存在，实验所得合金的微观形貌与 Scheil 凝固条件计算结果吻合较好。

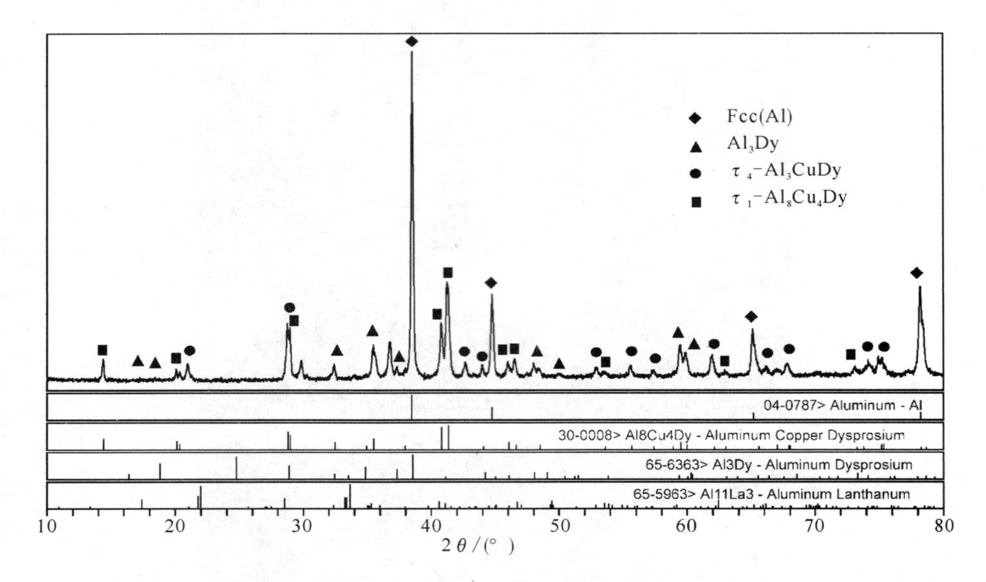

图 5－20　Al－Cu－Dy 合金 D_7# XRD 结果

Fig. 5－20　XRD results of Al－Cu－Dy alloys（D_7#）

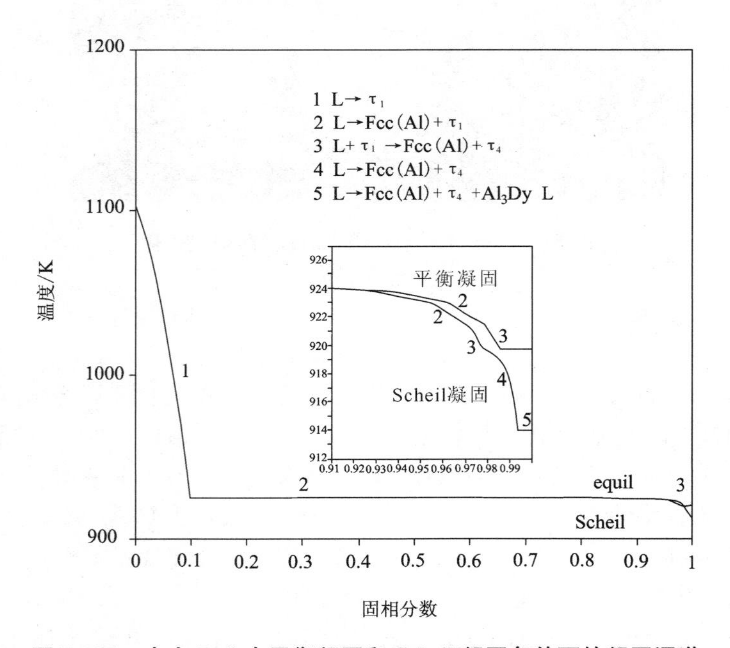

图 5－21　合金 D_7# 在平衡凝固和 Scheil 凝固条件下的凝固通道

Fig. 5－21　Simulated solidification paths for alloy D_7# under the equilibrium and Scheil conditions

5.7　小结

本章首先实验 Al - Cu - Dy 三元系的部分相关系。其次，结合实验与文献报道的信息，通过 CALPHAD 方法，评估优化了 Cu - Dy 二元系，并结合已有的合理的 Al - Cu 和 Al - Dy 二元系的热力学参数及文献报道的 Al - Cu - Dy 三元系相平衡数据，采用统一的晶格稳定性参数评估优化了 Al - Cu - Dy 三元系的热力学参数，获得了一组合理的描述该三元系各相吉布斯自由能的热力学参数，计算获得的三元等温截面与实验结果吻合较好。最后，利用优化的 Al - Cu - Dy 热力学数据库，结合平衡凝固和 Scheil 凝固两种方式，模拟 Al - Cu - Dy 铸态样的凝固过程，其中 Scheil 凝固条件下的模拟结果能合理地解释实验结果。

第 6 章　Al - Cu - Er 体系热力学计算及凝固分析

6.1　引言

稀土元素的核外电子层中，由于具有一层没有被填满的4f 层，使其在铝合金中具有特殊的作用。稀土元素在铝及其合金中具有很多积极作用，主要表现在变质、净化和微合金化等方面。在一定的稀土含量范围内，稀土能提高材料的再结晶温度、强化和稳定晶界、延缓合金元素的高温扩散，可显著提高 Al - Cu 系合金的耐热性能。由 Al - Er 合金相图[241]可知，Er 在铝合金中的溶解度不大：655℃时，其最大溶解度不大于0.05%。当 Er 含量小于67.3%时[242]，除少量溶解在铝基体中，大部分 Er 在铝中以 Al_3Er 中间化合物形态存在。Al_3Er 具有 $L1_2$型结构，其晶格常数为 a =0.4215 nm，能与铝基体较好地共格[242]。稀土 Er 的添加可以阻碍晶界沉淀，从而可以净化铝合金晶界，提高铝合金的韧性[243-246]。Al - Cu - Er 三元相图对了解 Al_3Er 在铝合金的存在形式以及研究后续相的形核都有着指导作用。因此构建 Al - Cu - Er 三元热力学数据库对铝合金具有实际意义。

Al - Cu - Er 三元系中包括 Al - Cu、Al - Er 和 Cu - Er 三个二元系。Al - Cu 二元系采用的是最新的 Witusiewicz 等人[169]建立的热力学数据。计算的 Al - Cu 相图见图 2 - 1。Cacciamani 等人[247]评估和优化了 Al - Er 二元体系，计算的相图见图 6 - 1。目前，仅有 Subramanian 和 Laughlin[248]详细评论了 Cu - Er 二元系，而热力学评估优化未见报道。另外，Kuz′ma 等人[236]及 Riani 等人[198]研究了 Al - Cu - Er三元相关系。

本章首先通过评估 Cu - Er 体系的相图及热力学数据，选择合适的模型，优化计算 Cu - Er 二元体系；其次收集评估所有的三元体系实验数据，采用 CALPHAD 方法对该三元系热力学优化；最后根据所建立的热力学数据库，利用平衡和非平衡凝固模拟 Al - Cu - Er 三元合金的凝固过程。

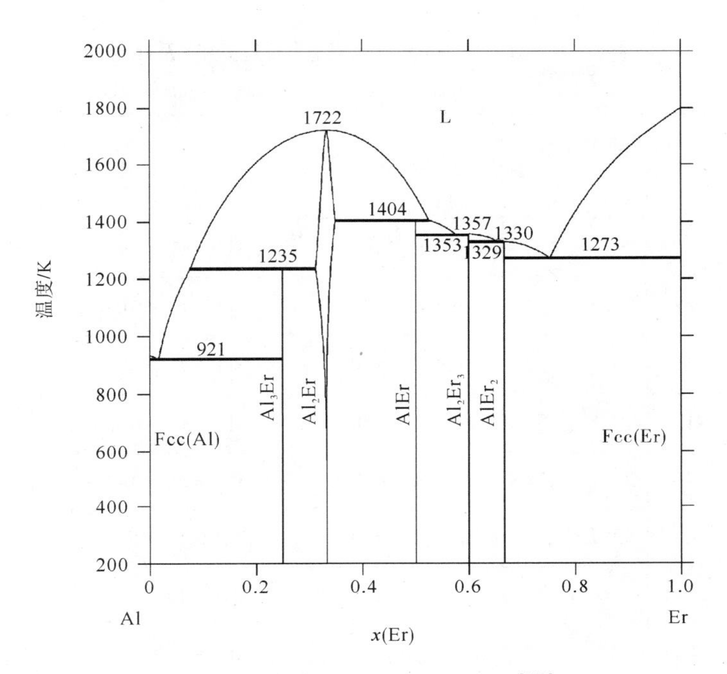

图 6－1　计算的 Al－Er 二元相图[247]

Fig. 6－1　The calculated Al－Er phase diagram

6.2　实验

6.2.1　合金样品制备

选取块状的纯 Cu[w(Cu) = 99.99%]、纯 Al[w(Al) = 99.9%]和纯 Er[w(Er) = 99.9%]，将其去氧化皮处理后，分别按给定的成分(表 6－1 所示)配料(精确到 0.001g)。

然后将配制好的三元合金在真空非自耗电弧炉中熔炼，反复熔炼至少 3 次后得到成分均匀的合金铸锭。

将部分合金用酒精清洗干净，封装在抽真空后充满氩气的石英管中，部分合金置于 673 K 的退火炉中保温 960 h。待设定退火时间到达后取出石英管，冷水淬火。

把所有样品进行镶样，制成金相样品。

表 6 - 1 Al - Cu - Er 合金成分(质量分数)及相组成

Table 6 - 1 Constituent phases and compositions of alloys

合金	名义成分/%			热处理	相分析
	Al	Cu	Er		
E_1#	95	3.3	1.7	673 K, 960h	Fcc(Al) + τ_1 - Al_8Cu_4Er + Al_3Er
E_2#	88	10.4	1.6	673 K, 960h	Fcc(Al) + τ_1 - Al_8Cu_4Er + θ
E_3#	81.8	16.7	1.5	673 K, 960h	Fcc(Al) + τ_1 - Al_8Cu_4Er + θ
E_4#	81.6	17.4	1	673 K, 960h	Fcc(Al) + τ_1 - Al_8Cu_4Er + θ
E_5#	76	22.7	1.3	673 K, 960h	Fcc(Al) + τ_1 - Al_8Cu_4Er + θ
E_6#	66	32.7	1.2	673 K, 960h	τ_1 - Al_8Cu_4Er + θ
E_7#	58	41	1	673 K, 960h	τ_1 - Al_8Cu_4Er + θ + η
E_8#	98.5	1	0.5	熔铸	Fcc(Al) + τ_1 - Al_8Cu_4Er + θ
E_9#	98	1	1	熔铸	Fcc(Al) + τ_1 - Al_8Cu_4Er + Al_3Er
E_{10}#	97.5	1	1.5	熔铸	Fcc(Al) + τ_1 - Al_8Cu_4Er + Al_3Er

6.2.2 实验结果分析

将富 Al 角 Al - Cu - Er 三元合金 E_1# - E_7#(成分见表 6 - 1)置于 673 K 条件下退火 960 h 后，采用 XRD 技术对其进行分析。实验表明在 Al - Cu - Er 三元系的富 Al 区中存在一个三元化合物 τ_1 - Al_8Cu_4Er，其晶体结构确认为 $Mn_{12}Th$ 结构，如图 6 - 2 所示。XRD 结果显示(如图 6 - 3 至图 6 - 9 所示)，Al - Cu - Er 三元系富 Al 角存在三个三相区[Fcc(Al) + τ_1 - Al_8Cu_4Er + Al_3Er、Fcc(Al) + τ_1 - Al_8Cu_4Er + θ 和 τ_1 - Al_8Cu_4Er + θ + η]和一个两相区(τ_1 - Al_8Cu_4Er + θ)。EDX 结果显示二元化合物相的三元溶解度很小，可以忽略(如表 6 - 2 所示)。

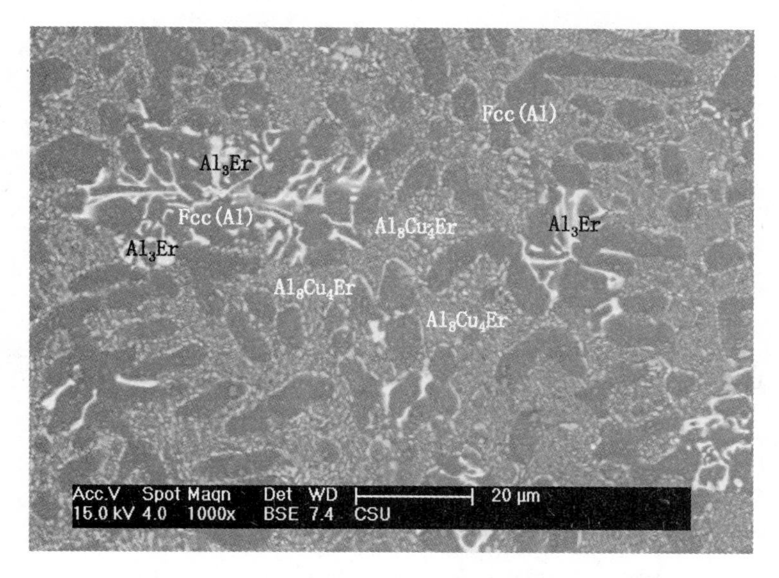

图 6 – 2　Al – Cu – Er 退火合金(E_1#)背散射电子像

Fig. 6 – 2　BES image of Al – Cu – Er alloy(E_1#)

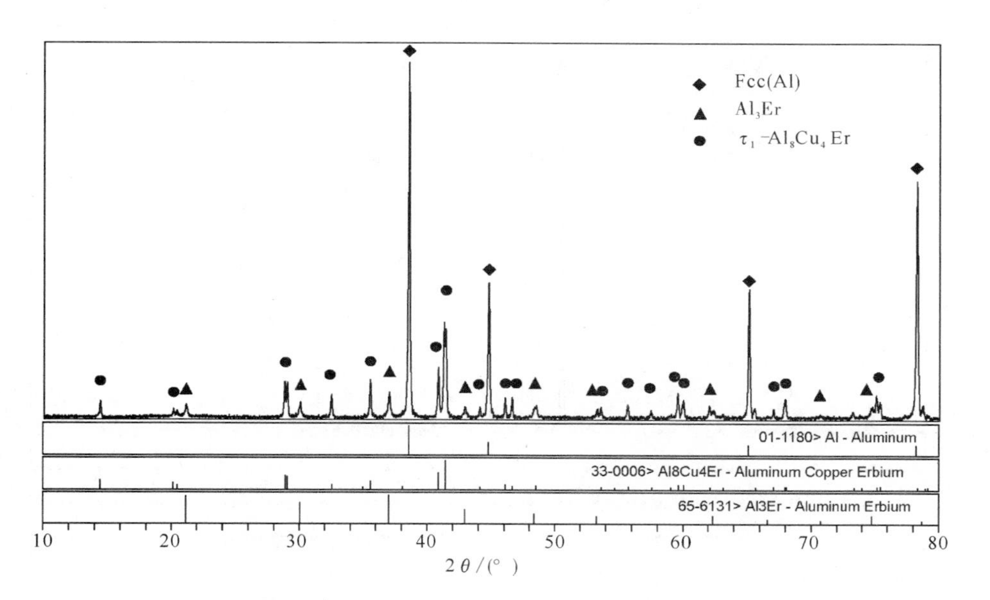

图 6 – 3　Al – Cu – Er 合金(E_1#) XRD 结果

Fig. 6 – 3　XRD results of Al – Cu – Er alloy(E_1#)

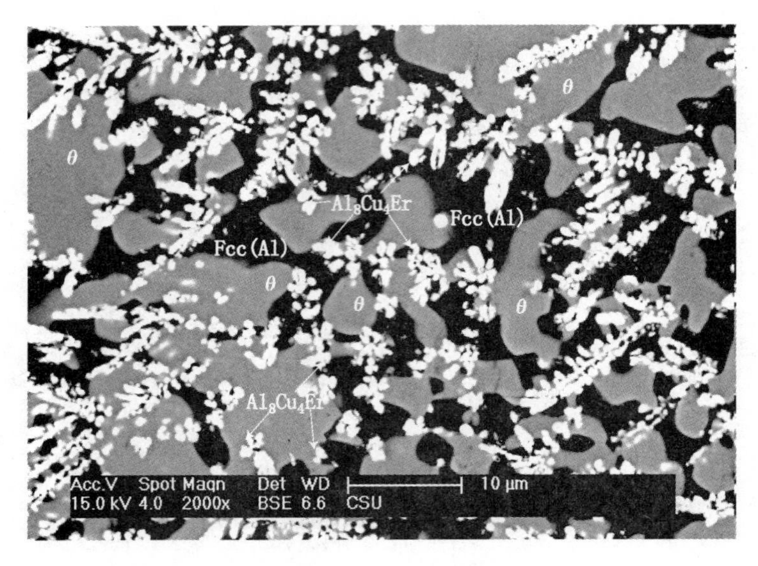

图 6 - 4 Al - Cu - Er 退火合金(E_2#)背散射电子像

Fig. 6 - 4 BES image of Al - Cu - Er alloy(E_2#)

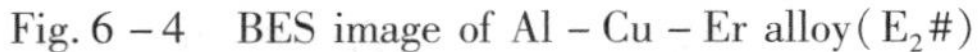

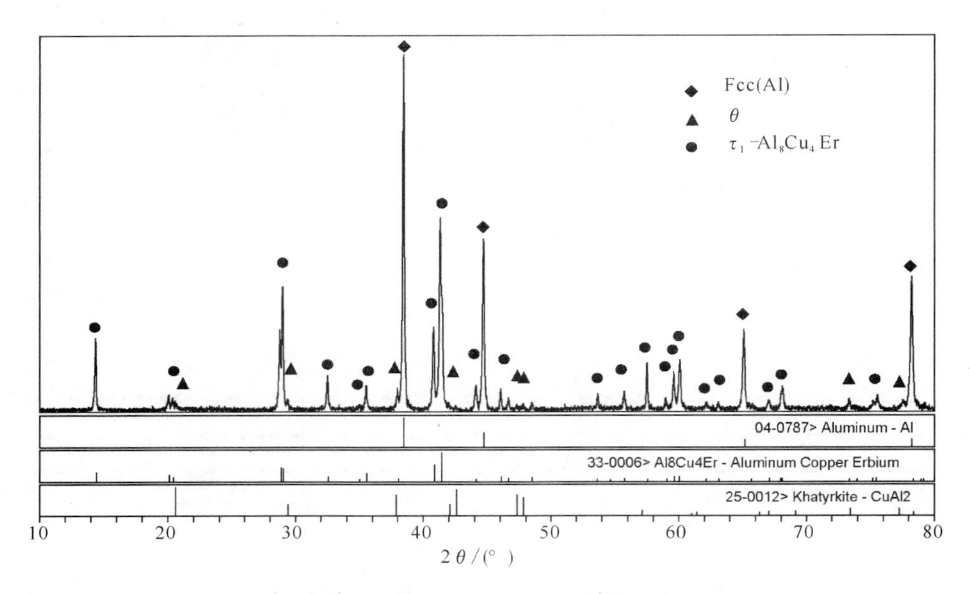

图 6 - 5 Al - Cu - Er 合金(E_2#)XRD 结果

Fig. 6 - 5 XRD results of Al - Cu - Er alloy(E_2#)

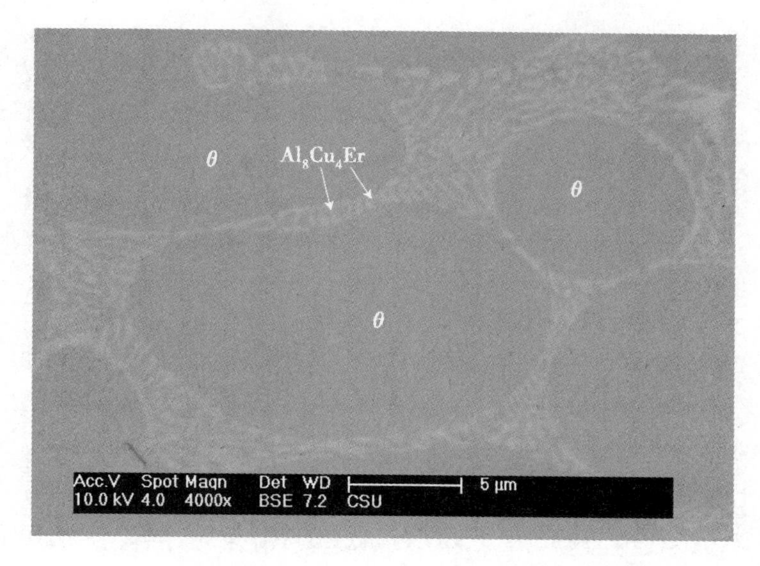

图6－6 Al－Cu－Er 退火合金(E_2#)背散射电子像

Fig. 6－6 BES image of Al－Cu－Er alloy(E_2#)

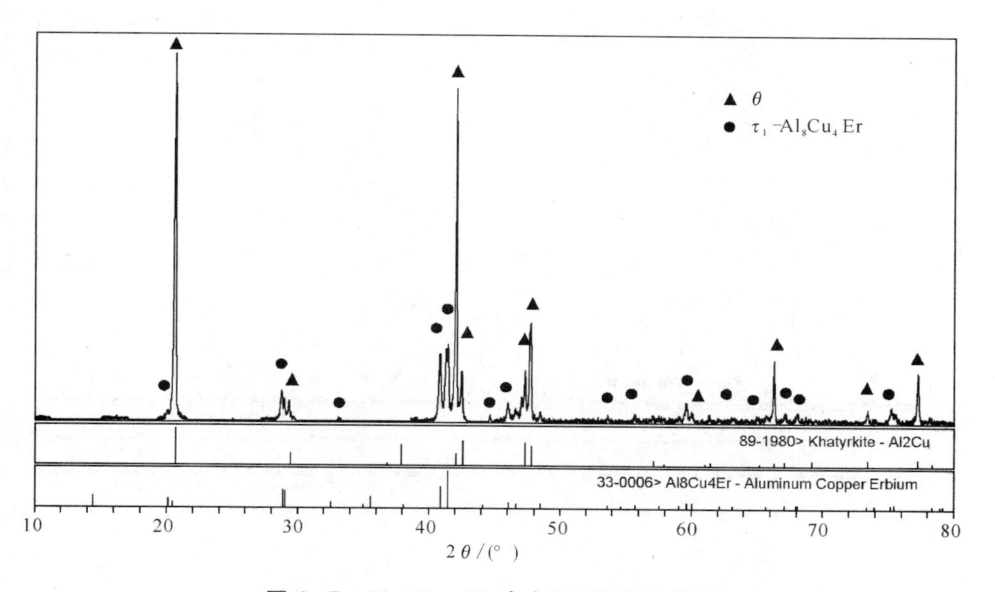

图6－7 Al－Cu－Er 合金(E_6#)XRD 结果

Fig. 6－7 XRD results of Al－Cu－Er alloy(E_6#)

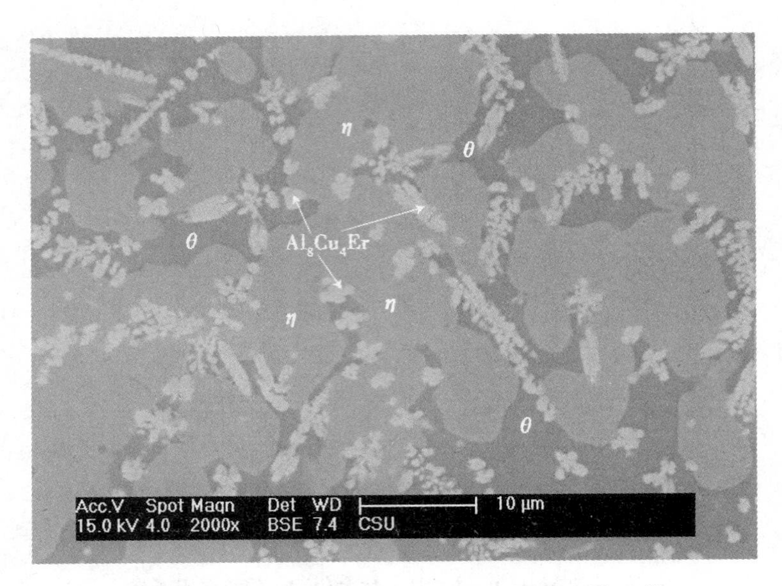

图 6－8　Al－Cu－Er 退火合金（E_7#）背散射电子像

Fig. 6－8　BES image of Al－Cu－Er alloy（E_7#）

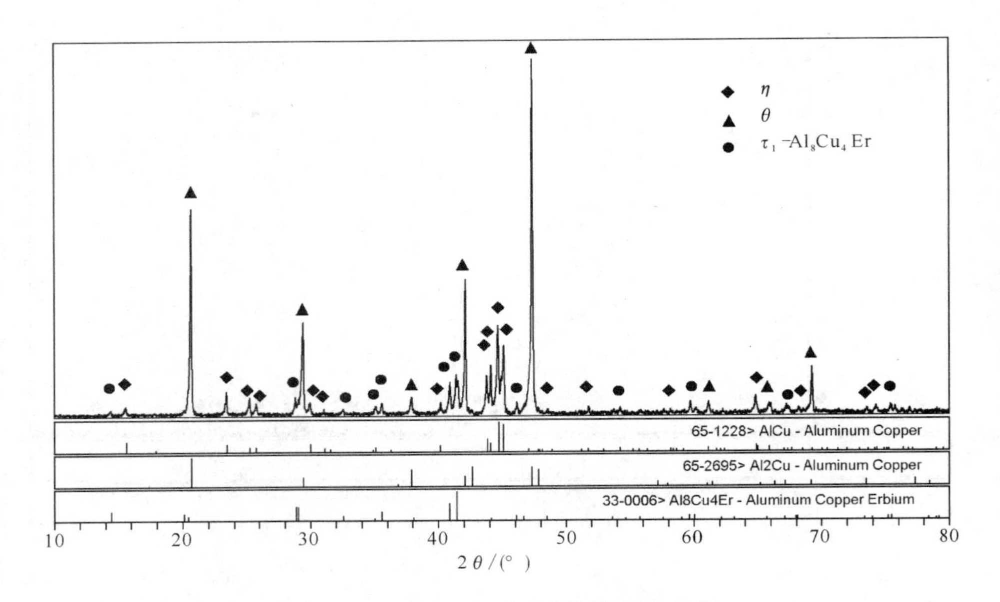

图 6－9　Al－Cu－Er 合金（E_7#）XRD 结果

Fig. 6－9　XRD results of Al－Cu－Er alloy（E_7#）

表 6－2 Al－Cu－Er 三元合金 673 K 退火 960 h 的相关系

Table 6－2 Constituent phases and compositions of alloys

合金	名义成分/%			相成分/%			相分析	相区
	Al	Cu	Er	Al	Cu	Er		
E_1#	95	3.3	1.7	98.49	1.02	0.50	Fcc(Al)	Fcc(Al)＋$\tau_1-Al_8Cu_4Er$＋Al_3Er
				61.09	32.56	6.35	$\tau_1-Al_8Cu_4Er$	
				81.18	3.51	15.31	Al_3Er	
E_2#	88	10.4	1.6	97.99	1.52	0.49	Fcc(Al	Fcc(Al)＋$\tau_1-Al_8Cu_4Er+\theta$
				57.39	34.07	8.54	$\tau_1-Al_8Cu_4Er$	
				66.37	33.63	0.00	θ	
E_3#	81.8	16.7	1.5	98.66	1.34	0.00	Fcc(Al)	Fcc(Al)＋$\tau_1-Al_8Cu_4Er+\theta$
				57.76	33.78	7.56	$\tau_1-Al_8Cu_4Er$	
				68.92	31.08	0.00	θ	
E_4#	81.6	17.4	1	98.36	1.52	0.12	Fcc(Al)＋	Fcc(Al)＋$\tau_1-Al_8Cu_4Er+\theta$
				58.86	33.78	7.36	$\tau_1-Al_8Cu_4Er$	
				66.83	32.30	0.87	θ	
E_5#	76	22.7	1.3	97.78	1.82	0.40	Fcc(Al)	Fcc(Al)＋$\tau_1-Al_8Cu_4Er+\theta$
				60.17	32.16	7.67	$\tau_1-Al_8Cu_4Er$	
				67.10	32.39	0.60	θ	
E_6#	66	32.7	1.2	60.39	33.07	6.54	$\tau_1-Al_8Cu_4Er$	$\tau_1-Al_8Cu_4Er+\theta$
				66.37	33.63	0.00	θ	
E_7#	58	31	1	56.43	34.13	8.44	$\tau_1-Al_8Cu_4Er$	$\tau_1-Al_8Cu_4Er+\theta+\eta$
				66.01	33.11	0.88	θ	
				48.11	51.08	0.81	η	

注：名义成分为质量分数；相成分为原子分数。

6.2.3 合金样品检测

合金金相样品首先采用 SEM 背散射电子成像模式观测合金样品中各相的形貌和分布，然后利用 X 射线衍射分析具体样品中存在的相。

6.3 实验数据评估

6.3.1 Cu－Er 二元系

Love[249] 及 Kato 和 Copeland[250] 最先报道了 Cu－Er 富 Er 角的相关系，及一个共晶反应：L→CuEr＋Hcp_Er。之后，Buschow[251] 采用 X 射线衍 射分析、DTA 以及金相方法详细地研究了整个 Cu－Er 二元系。通过研究，发现了 5 个化合物相：Cu_5Er、Cu_2Er、CuEr、Cu_xEr 和 Cu_yEr。并精确测定了 Cu_5Er、Cu_2Er 和 CuEr3 个相的晶体结构，如表 6－3 所示。实验表明 Cu_xEr 和 Cu_yEr 两个相的成分在20% Er附近。Buschow[251] 在 Cu－Er 系中发现了三个共晶反应：L→Cu－Cu_5Er（1168 K，9.5% Er）、L→Cu_xEr－Cu_2Er（1158 K，30% Er）及 L→Cu_2Er－CuEr（1178 K，40% Er）。实验结果表明 Cu 和 Er 彼此不相互溶解。

表 6－3 Al－Cu－Er 三元系化合物相晶体结构*

Table 6－3 Crystallographic Data of Intermetallic Phases

相	点阵参数			具体结构皮尔逊符号
	a/nm	*b*/nm	*c*/nm	空间群
$L1_2(Al_3Er)$	0.4214			$AuCu_3$，cP4，$Pm\bar{3}m$
Al_2Er	0.77967			$MgCu_2$，cF24，$Fd\bar{3}m$
AlEr	0.5570	0.5801	1.1272	AlEr，oP16，Pmma
Al_2Er_3	0.8123			Al_2Zr_3，tP20，P42/mnm
$AlEr_2$	0.6516	0.5015	0.9279	Co_2Si，oP12，Pnma
Cu_5Er	0.7003			$AuBe_5$，cF24，$F\bar{4}3m$
Cu_9Er_2				
Cu_7Er_2				
Cu_2Er	0.4275	0.6726	0.7265	$CeCu_2$，oI12，Imma
CuEr	0.3425			CsCl，cP2，$Pm\bar{3}m$
$\tau_1-Al_8Cu_4Er$	0.8712		0.5130	$Mn_{12}Th$，tI26，I4/mmm
$\tau_2-(Al,Cu)_{17}Er_2$	0.8630		0.5029	Th_2Zn_{17}，hR19，$R\bar{3}m$
$\tau_3-(Al,Cu)_5Er$	0.5029		0.4139	$CaCu_5$，hP6，P6/mmm
τ_4-Al_3CuEr	0.4184	0.4112	0.9773	Al_3CuHo，oI10，Immm

续表 6 -3

相	点阵参数			具体结构皮尔逊符号
	a/nm	b/nm	c/nm	空间群
τ_5 - $Al_5Cu_3Er_2$				
τ_6 - $Al_9Cu_6Er_5$				
τ_7 - AlCuEr	0.6975		0.4003	Fe_2P, hP9, $P\bar{6}2m$

* 注：Al - Cu 体系化合物晶界结构见表 2 - 2

依据以上的实验结果，Subramanian 和 Laughlin[248] 综合评估该二元体系。参考其他的 Cu - RE 体系，Subramanian 和 Laughlin[248] 认为 Buschow[251] 报道的 Cu_xEr 和 Cu_yEr 相应该分别为 Cu_9Er_2 和 Cu_7Er_2 相。

目前，仅 Nikolaenko 等人[252] 报道了 Cu - Er 二元合金富 Cu 角 1453 K 时的混合焓。Cu - Er 二元体系的其他热力学性质的信息未见报道。

6.3.2　Al - Cu - Er 三元系

Kuz'ma 等人[236] 通过 X 射线衍射、扫描电镜和电子探针成分分析，测定了该三元系 873 K 时的相关系。实验结果显示：该温度下组元 Al 在 Cu_2Er 和 CuEr 相中溶解度分别为 1% 和 25%，组元 Cu 在 Al_2Er 中溶解度为 8%；此外，还发现 Al - Cu - Er 中存在 7 个三元化合物：τ_1 - Al_8Cu_4Er、τ_2 - $(Al, Cu)_{17}Er_2$、τ_3 - $(Al, Cu)_5Er$、τ_4 - Al_3CuEr、τ_5 - $Al_5Cu_3Er_2$、τ_6 - $Al_9Cu_6Er_5$ 和 τ_7 - AlCuEr，其中 τ_2 - $(Al, Cu)_{17}Er_2$ 和 τ_3 - $(Al, Cu)_5Er$ 为半化学计量比化合物（化合物中稀土 Er 的含量固定，Al 和 Cu 在一定范围内可互相替代），其他三元相均为严格化学计量比化合物。它们的晶体结构列于表 6 -3 中；τ_2 - $(Al, Cu)_{17}Er_2$ 和 τ_3 - $(Al, Cu)_5Er$ 相在 873 K 时含 Al 量分别为 37.6% ~50 和 15% ~45%。根据 SEM 和 XRD 结果，我们测定了 Al - Cu - Er 三元系 673K 时的相平衡关系，实验结果如图 6 - 10 所示。

6.4　热力学模型

6.4.1　溶体相

在 Al - Cu - Er 体系中，液相、fcc、bcc、hcp 相等溶体相的摩尔吉布斯自由能均采用替换溶液模型[126] 进行描述，其表达式为：

$$G_m^\varphi = \sum x_i {}^0G_i^\varphi + RT\sum x_i \ln(x_i) + {}^{ex}G_m^\varphi \qquad (6-1)$$

式中：${}^0G_i^\varphi$——纯组元 i (i = Al, Cu 和 Er) 的摩尔吉布斯自由能；

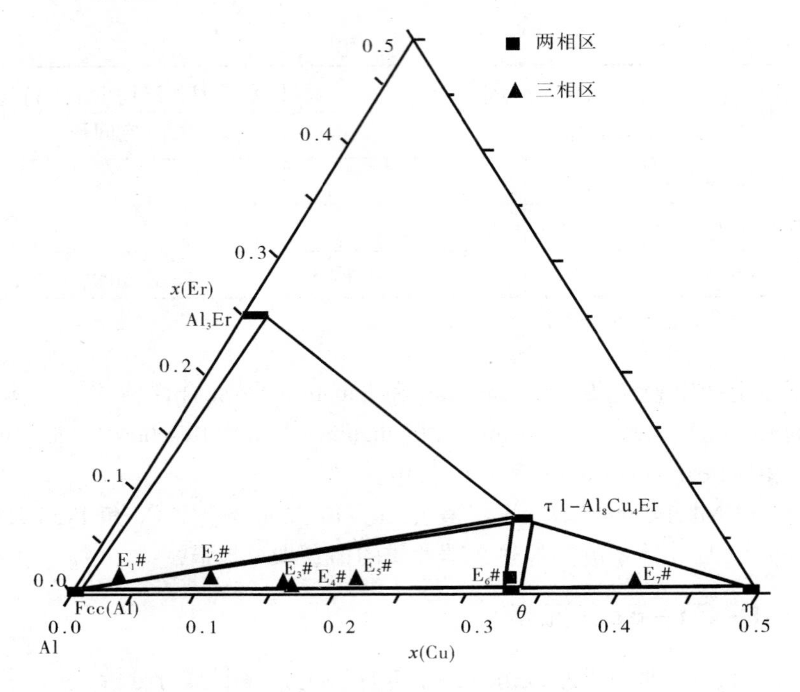

图 6-10 实测的 Al-Cu-Er 673 K 富 Al 侧相关系

Fig. 6-10 The phase relation in Al-rich region of Al-Cu-Er ternary system at 673 K

${}^{ex}G_m^{\varphi}$——过剩吉布斯自由能，其用 Redlich - Kister - Muggianu 多项式[179]表示为：

$$ {}^{ex}G_m^{\varphi} = x_{Al}x_{Cu}\sum_{i,\ =0,\ 1\cdots} {}^{(i)}L_{Al,\ Cu}^{\varphi}(x_{Al}-x_{Cu})^i + x_{Al}x_{Gd}\sum_{k,\ =0,\ 1\cdots} {}^{(k)}L_{Al,\ Er}^{\varphi}(x_{Al}-x_{Er})^k + x_{Cu}x_{Er}\sum_{m,\ =0,\ 1\cdots} {}^{(m)}L_{Cu,\ Er}^{\varphi}(x_{Cu}-x_{Gi})^m + x_{Al}x_{Cu}x_{Er}(x_{Al}{}^{(0)}L_{Al,\ Cu,\ Er}^{\varphi} + x_{Cu}{}^{(1)}L_{Al,\ Cu,\ Er}^{\varphi} + x_{Er}{}^{(2)}L_{Al,\ Cu,\ Er}^{\varphi}) \tag{6-2} $$

式中：边际二元系相互作用参数${}^{(i)}L_{Al,\ Cu}^{\varphi}$、${}^{(k)}L_{Al,\ Er}^{\varphi}$——均取自文献报道[169, 247]的优化结果；

Cu - Er 二元系溶体相的相互作用参数 ${}^{(m)}L_{Cu,\ Er}^{\varphi}$——本文优化计算获得，其表达为：

$$ {}^{(i)}L_{Cu,\ Er}^{\varphi} = a_i + b_iT \tag{6-3} $$

式中：a_i、b_i——待优化的参数。由于没有 Al - Cu - Er 三元系的溶体相热力学和相图数据，三元相互作用参数在本文中直接被设定为零。

$$ {}^{ex}G_m^{\varphi} = x_{Al}x_{Cu}\sum_{i,\ =0,\ 1\cdots} {}^{(i)}L_{Al,\ Cu}^{\varphi}(x_{Al}-x_{Cu})^i + x_{Al}x_{Gd}\sum_{k,\ =0,\ 1\cdots} {}^{(k)}L_{Al,\ Er}^{\varphi}(x_{Al}-x_{Er})^k + x_{Cu}x_{Er}\sum_{m,\ =0,\ 1\cdots} {}^{(m)}L_{Cu,\ Er}^{\varphi}(x_{Cu}-x_{Gi})^m + x_{Al}x_{Cu}x_{Er}(x_{Al}{}^{(0)}L_{Al,\ Cu,\ Er}^{\varphi} $$

$$+x_{Cu}{}^{(1)}L^{\varphi}_{Al,\ Cu,\ Er}+x_{Er}{}^{(2)}L^{\varphi}_{Al,\ Cu,\ Er}) \tag{6-2}$$

式中：边际二元系相互作用参数 ${}^{(i)}L^{\varphi}_{Al,\ Cu}$、${}^{(k)}L^{\varphi}_{Al,\ Er}$——取自文献报道[169, 247]的优化结果；

Cu – Er 二元系溶体相的相互作用参数 ${}^{(m)}L^{\varphi}_{Cu,\ Er}$——本文优化计算获得，其表达为：

$${}^{(i)}L^{\varphi}_{Cu,\ Er}=a_i+b_iT \tag{6-3}$$

式中：a_i、b_i——待优化的参数。由于没有 Al – Cu – Er 三元系的溶体相热力学和相图数据，三元相互作用参数在本文中直接被设定为零。

6.4.2　化合物相

Cu – Er 体系中存在一系列没有成分范围的化合物 Cu_pEr_q，在计算过程中将其处理为化学计量比相。化学计量比相的吉布斯自由能仅为温度的函数，一般用多项式[179]来表示：

$$G(T)=A_i+B_i\times T+C_i\times TLn(T)+D_i\times T^2+E_i\times T^3\cdots\cdots \tag{6-4}$$

该式中各相系数通过拟合该项热容来确定。但在大多数的情况下，复杂化合物常常缺乏可靠的热容数据。其吉布斯自由能通常依据 Neumann – Kopp 规则[180]给出，表达式如下：

$$G_{Cu_pEr_q}=\frac{p}{p+q}\times{}^0G^{Fcc}_{Cu}+\frac{q}{p+q}\times{}^0G^{Hcp}_{Er}+A_k+B_k\times T \tag{6-5}$$

式中：A_k、B_k——待定系数，他们的物理意义是形成 Cu_pEr_q 相时的生成焓和生成熵。

根据 Kuz′ma 等人[236]的结果，Al_2Er、CuEr 和 Cu_2Er 三个相在三元体系中都有溶解度。其中，CuEr 和 Cu_2Er 的热力学模型被定为：$(Al,\ Cu)_xEr_y$，它们的吉布斯自由能表达式为：

$$G^{(Al,\ Cu)_xEr_y}=Y^{I}_{Al}G_{Al:\ Er}+Y^{I}_{Cu}G_{Cu:\ Er}+\frac{x}{x+y}RT(Y^{I}_{Al}\ln Y^{I}_{Al}+Y^{I}_{Cu}\ln Y^{I}_{Cu})+$$
$$Y^{I}_{Al}Y^{I}_{Cu}(\sum_{j=0,\ 1\cdots}{}^{j}L_{Al,\ Cu:\ Er}(Y_{Al}-Y_{Cu})^{j}) \tag{6-7}$$

式中：$G_{Cu:\ Er}$——Cu – Er 二元系中 CuEr 和 Cu_2Er 的吉布斯自由能；

$G_{Al:\ Er}$——代表具有 CuEr 结构的假想 AlEr 相的吉布斯自由能和 Cu_2Er 结构的假想 Al_2Er 相的吉布斯自由能：

$$G_{Al:\ Er}=\frac{x}{x+y}{}^0G^{Fcc}_{Al}+\frac{y}{x+y}{}^0G^{Hcp}_{Er}+A+BT \tag{6-8}$$

Al_2Er 具有 Laves_C15 结构，该相的热力学模型采用化合物能量模型[237]来描述：$(Al,\ Cu,\ Er)_2(Al,\ Cu,\ Er)$，其吉布斯自由能表达式为：

$$G^{(Al, Cu, Er)_2(Al, Cu, Er)_1} = \sum_i \sum_j Y_i^{I} Y_j^{II} G_{i:j} + 2RT(Y_{Al}^{I}\ln Y_{Al}^{I} + Y_{Cu}^{I}\ln Y_{Cu}^{I} + Y_{Er}^{I}\ln Y_{Er}^{I}) + (RTY_{Al}^{II}\ln Y_{Al}^{II} + Y_{Cu}^{II}\ln Y_{Cu}^{II} + Y_{Er}^{II}\ln Y_{Er}^{II}) + \sum_i \sum_j \sum_k Y_i^{I} Y_j^{I} Y_k^{II} \sum_{v=0,1\cdots}^{v} L_{i,j:k}(Y_i^{I} - Y_j^{I})^v + \sum_i \sum_j \sum_k Y_k^{I} Y_i^{I} Y_j^{II} \sum_{v=0,1\cdots}^{v} L_{k:i,j}(Y_i^{II} - Y_j^{II})^v \quad (6-9)$$

式中：i、j、k——代表 Al、Cu 和 Er；

$G_{Al:Er}$、$G_{Al:Er}$、$G_{Er:Al}$、$G_{Er:Er}$——来自 Al – Er 二元体系[247]。

Al – Cu – Er 三元系中 τ_1 – Al_8Cu_4Er、τ_4 – Al_3CuEr、τ_5 – $Al_5Cu_3Er_2$、τ_6 – $Al_9Cu_6Er_5$和 τ_7 – AlCuEr 均为化学计量比相，这些相的热力学模型被定为：$Al_xCu_yEr_z$。其吉布斯自由能依据 Neumann – Kopp 规则[180]给出，表达式如下：

$$G_{Al_xCu_yEr_z} = \frac{x}{x+y+z}{}^0G_{Al}^{Fcc} + \frac{y}{x+y+z}{}^0G_{Cu}^{Fcc} + \frac{z}{x+y+z}{}^0G_{Er}^{Hcp} + A + BT \quad (6-10)$$

式中：x、y、z——点阵的化学计量比例；

A 和 B ——待定系数。

τ_2 – $(Al, Cu)_{17}Er_2$和 τ_3 – $(Al, Cu)_5Er$ 为半化学计量比化合物，其吉布斯自由能采用亚点阵$(Al, Cu)_xEr_y$来描述：

$$G^{(Al, Cu)_xEr_y} = Y_{Al}^{I}G_{Al:Er} + Y_{Cu}^{I}G_{Cu:Er} + \frac{x}{x+y}RT(Y_{Al}^{I}\ln Y_{Al}^{I} + Y_{Cu}^{I}\ln Y_{Cu}^{I}) + Y_{Al}^{I}Y_{Cu}^{I}L_{Al,Cu:Er} \quad (6-11)$$

其中：

$$G_{Al:Er} = \frac{x}{x+y}{}^0G_{Al}^{Fcc} + \frac{y}{x+y}{}^0G_{Er}^{Hcp} + A + BT \quad (6-12)$$

$$G_{Cu:Er} = \frac{x}{x+y}{}^0G_{Cu}^{Fcc} + \frac{y}{x+y}{}^0G_{Er}^{Hcp} + A + BT \quad (6-13)$$

式中：${}^0G_{Al}^{Fcc}$、${}^0G_{Cu}^{Fcc}$、${}^0G_{Er}^{Hcp}$——纯元素 Al、Cu 和 Er 的摩尔吉布斯自由能；

Y_{Al}^{I}、Y_{Cu}^{I}——点阵分数，即 Al、Cu 分别在第一个亚点阵中的摩尔分数。A 和 B 为待定系数，即本文优化获得的参数。

6.5 计算结果与讨论

采用 SGTE 数据库中元素 Al、Cu 和 Er 的晶格稳定性参数[181]，运用 Pandat 软件[182]（该程序允许同时考虑多种热力学数据和相图数据）根据实验误差给予实验数据不同的权重来进行优化[183]。优化过程中，通过试错法，可对权重进行适当调整，直到计算结果能重现实验数据为止。所有计算结果与实验数据吻合较好，表 6 – 4 列出了本文计算得到的热力学参数。

表 6－4　Al－Cu－Er 三元系热力学参数

Table 6－4　Thermodynamic parameters of Al－Cu－Er system

相	热力学参数	备注
L 模型: (Al, Cu, Er)	${}^{0}L^{Liq}_{Al,Cu} = -67094 + 8.555T$	[169]
	${}^{1}L^{Liq}_{Al,Cu} = +32148 - 7.118T$	[169]
	${}^{2}L^{Liq}_{Al,Cu} = +5915 - 5.889T$	[169]
	${}^{3}L^{Liq}_{Al,Cu} = -8175 + 6.049T$	[169]
	${}^{0}L^{Liq}_{Al,Er} = -176486 + 55.6852T$	[247]
	${}^{1}L^{Liq}_{Al,Er} = -36685.5 + 23.4492T$	[247]
	${}^{2}L^{Liq}_{Al,Er} = +34349.1 - 8.23519T$	[247]
	${}^{0}L^{Liq}_{Cu,Er} = -78882.6324 + 2.842T$	本工作
	${}^{1}L^{Liq}_{Cu,Er} = -23265.2445 + 0.15T$	本工作
	${}^{2}L^{Liq}_{Cu,Er} = -16190.5543 + 7.698T$	本工作
Bcc 模型:(Al, Cu, Er)	${}^{0}L^{Bcc}_{Al,Cu} = -73554 + 4T$	[168]
	${}^{1}L^{Bcc}_{Al,Cu} = +51500 - 11.84T$	[168]
Fcc 模型:(Al, Cu, Er)	${}^{0}L^{Fcc}_{Al,Cu} = -53520 + 2T$	[168]
	${}^{1}L^{Fcc}_{Al,Cu} = +38590 - 2T$	[168]
	${}^{2}L^{Fcc}_{Al,Cu} = 1170$	[168]
$L1_2$ 模型: $(Al, Cu, Er)_{0.75}$ $(Al, Cu, Er)_{0.25}$	$G^{L12}_{Al:Al} = 0$	[247]
	$G^{L12}_{Er:Er} = 0$	[247]
	$G^{L12}_{Cu:Cu} = 0$	本工作
	$G^{L12}_{Al:Er} = -75258 + 18.4941T$	[247]
	$G^{L12}_{Er:Al} = 0$	[247]
	${}^{0}L^{L12}_{Al:Al,Er} = 0$	[247]
	${}^{1}L^{L12}_{Al:Al,Er} = 0$	[247]
	${}^{0}L^{L12}_{Al,Er:Al} = -112887 + 27.74115T$	[247]
	${}^{1}L^{L12}_{Al,Er:Al} = -112887 + 27.74115T$	[247]
	${}^{0}L^{L12}_{Er:Al,Er} = 0$	[247]
	${}^{1}L^{L12}_{Er:Al,Er} = 0$	[247]
	${}^{0}L^{L12}_{Al,Er:Er} = +112887 - 27.74115T$	[247]
	${}^{1}L^{L12}_{Al,Er:Er} = +37629 - 9.24705T$	[247]

相	热力学参数	备注
Hcp 模型：(Cu，Er)	${}^{0}L^{Hcp}_{Cu, Er}$ = +15000	本工作
θ 模型： $(Al)_2(AL, Cu)_1$	$G^{\theta}_{Al:Al}$ = +30249 − 14.439T + 3GHSERAL	[168]
	$G^{\theta}_{Al:Cu}$ = −47406 + 6.75T + 2GHSERAL + GHSERCU	[168]
	${}^{0}L^{\theta}_{Al:Al,Cu}$ = 2211	[168]
η 模型： $(AL, Cu)_1(Cu)_1$	$G^{\eta}_{Al:Cu}$ = −40560 + 3.14T + GHSERAL + GHSERCU	[168]
	$G^{\eta}_{Cu:Cu}$ = +8034 − 2.51T + 2GHSERCU	[168]
	${}^{0}L^{\eta}_{Al,Cu:Cu}$ = −25740 − 20T	[168]
ε 模型： $(Al, Cu)_1(Cu)_1$	$G^{\varepsilon}_{Al:Cu}$ = −36976 + 1.2T + GHSERAL + GHSERCU	[168]
	$G^{\varepsilon}_{Cu:Cu}$ = +8034 − 2.51T + 2GHSERCU	[168]
	${}^{0}L^{\varepsilon}_{Al,Cu:Cu}$ = +7600 − 24T	[168]
	${}^{1}L^{\varepsilon}_{Al,Cu:Cu}$ = −72000	[168]
ζ 模型：$(Al)_9(Cu)_{11}$	$G^{\zeta}_{Al:Cu}$ = −420000 + 18T + 9GHSERAL + 11GHSERCU	[168]
δ 模型：$(Al)_2(Cu)_3$	$G^{\zeta}_{Al:Cu}$ = −106700 + 3T + 2GHSERAL + 3GHSERCU	[168]
γD83 模型： $(Al)_4(Al, Cu)_1(Cu)_8$	$G^{\gamma D83}_{Al:Al:Cu}$ = − 277739 + 215T − 30Tln(T) + 5GHSERAL + 8GHSERCU	[168]
	$G^{\gamma D83}_{Al:Cu:Cu}$ = −280501 + 379.6T − 52Tln(T) + 4GHSERAL + 9GHSERCU	[168]
γ 模型：$(Al)_4(Al, Cu)_1(Cu)_8$	$G^{\gamma}_{Al:Al:Cu}$ = −219258 − 45.5T + 5GHSERAL + 8GHSERCU	[168]
	$G^{\gamma}_{Al:Cu:Cu}$ = −200460 − 58.5T + 4GHSERAL + 9GHSERCU	[168]
Al_2Er 模型： $(Al, Cu, Er)_2(Al, Cu, Er)_1$	$G^{Al_2Er}_{Al:Al}$ = 15000 + 3GHSERAL	[247]
	$G^{Al_2Er}_{Al:Er}$ = −165000 + 40.338T + 2GHSERAL + GHSERER	[247]
	$G^{Al_2Er}_{Er:Al}$ = +195000 − 40.338T + GHSERAL + 2GHSERER	[247]
	$G^{Al_2Er}_{Er:Er}$ = 15000 + 3GHSERER	[247]
	$G^{Al_2Er}_{Al:Cu}$ = 15000 + 2GHSERAL + GHSERCU	本工作
	$G^{Al_2Er}_{Cu:Al}$ = 15000 + GHSERAL + 2GHSERCU	本工作
	$G^{Al_2Er}_{Cu:Cu}$ = 15000 + 3GHSERCU	本工作
	$G^{Al_2Er}_{Cu:Er}$ = −45000 + 1.1T + 2GHSERCU + GHSERER	本工作
	$G^{Al_2Er}_{Er:Cu}$ = −30000 + 0.03T + GHSERCU + 2GHSERER	本工作
	${}^{0}L^{Al_2Er}_{Al,Cu:Er}$ = −65500 + 2.338T	本工作
	${}^{0}L^{Al_2Er}_{Er:Al,Cu}$ = 65500 − 2.338T	本工作

相	热力学参数	备注
AlEr 模型： $(Al)_{0.5}(Er)_{0.5}$	$G_{Al:Er}^{AlEr} = -50000 + 11.992178T + 0.5GHSERAL + 0.5GHSERER$	[247]
Al_2Er_3 模型： $(Al)_{0.4}(Er)_{0.6}$	$G_{Al:Er}^{Al_2Er_3} = -45000 + 10.8726018T + 0.4GHSERAL + 0.6GHSERER$	[247]
$AlEr_2$ 模型： $(Al)_{0.333}(Er)_{0.667}$	$G_{Al:Er}^{AlEr_2} = -39000 + 9.2227795T + 0.333GHSERAL + 0.667GHSERER$	[247]
Cu_5Er 模型： $(Cu)_{0.8333}(Er)_{0.1667}$	$G_{Cu:Er}^{Cu_5Er} = -16392.8291 + 0.254T + 0.8333GHSERCU + 0.1667GHSERER$	本工作
Cu_9Er_2 模型： $(Cu)_{0.8182}(Er)_{0.1818}$	$G_{Cu:Er}^{Cu_9Er_2} = -16793.3827 - 0.223T + 0.8182GHSERCU + 0.1818GHSERER$	本工作
Cu_7Er_2 模型： $(Cu)_{0.7778}(Er)_{0.2222}$	$G_{Cu:Er}^{Cu_7Er_2} = -14299.99 - 3.5T + 0.7778GHSERCU + 0.2222GHSERER$	本工作
Cu_2Er 模型： $(Al, Cu)_{0.6667}(Er)_{0.3333}$	$G_{Cu:Er}^{Cu_2Er} = -21343.498 + 0.01T + 0.6667GHSERCU + 0.3333GHSERER$	本工作
	$G_{Al:Er}^{Cu_2Er} = -45000 + 12T + 0.6667GHSERAL + 0.3333GHSERER$	本工作
	${}^{0}L_{Al,Cu:Er}^{Cu_2Er} = -13500$	本工作
CuEr 模型： $(Al, Cu)_{0.5}(Er)_{0.5}$	$G_{Al:Er}^{CuEr} = -45000 + 11.992178T + 0.5GHSERAl + 0.5GHSERER$	本工作
	$G_{Cu:Er}^{CuEr} = -26102.3212 + 2T + 0.5GHSERCU + 0.5GHSERER$	本工作
	${}^{0}L_{Al,Cu:Er}^{CuEr} = -18090$	本工作
τ_1 模型： $(Al)_{0.615385}(Cu)_{0.307692}(Er)_{0.076923}$	$G_{Al:Cu:Er}^{\tau_1} = -32000 + 2T + 0.615385GHSERAl + 0.307692GHSERCU + 0.076923GHSERER$	本工作

相	热力学参数	备注
τ_2 模型： $(Al,Cu)_{0.894737}$ $(Er)_{0.105263}$	$G^{\tau_2}_{Al:Cu:Er} = -3400 + 0.7T + 0.894737GHSERCU + 0.105263GHSERER$	本工作
	$G^{\tau_2}_{Al:Er} = -11250 + 1.7T + 0.894737GHSERAl + 0.105263GHSERER$	本工作
	${}^{0}L^{\tau_2}_{Al,Cu:Er} = -90100 + 2T$	本工作
τ_3 模型： $(Al,Cu)_{0.833333}$ $(Er)_{0.166667}$	$G^{\tau_3}_{Cu:Er} = -8800 + 1.2T + 0.833333GHSERCU + 0.166667GHSERER$	本工作
	$G^{\tau_3}_{Al:Er} = -20410 + 1.7T + 0.833333GHSERAl + 0.166667GHSERER$	本工作
	${}^{0}L^{\tau_3}_{Al,Cu:Er} = -86950 + 3.1T$	本工作
τ_4 模型： $(Al)_{0.6}(Cu)_{0.2}(Er)_{0.2}$	$G^{\tau_4}_{Al:Cu:Er} = -40500 + 0.81T + 0.6GHSERAl + 0.2GHSERCU + 0.2GHSERER$	本工作
τ_5 模型： $(Al)_{0.5}(Cu)_{0.3}(Er)_{0.2}$	$G^{\tau_5}_{Al:Cu:Er} = -42200 + 1.01T + 0.5GHSERAl + 0.3GHSERCU + 0.2GHSERER$	本工作
τ_6 模型： $(Al)_{0.45}(Cu)_{0.3}$ $(Er)_{0.25}$	$G^{\tau_6}_{Al:Cu:Er} = -43500 + 1.01T + 0.45GHSERAl + 0.3GHSERCU + 0.25GHSERER$	本工作
τ_7 模型： $(Al)_{0.333333}(Cu)_{0.333333}$ $(Er)_{0.333334}$	$G^{\tau_7}_{Al:Cu:Er} = -41000 + 0.05T + 0.333333GHSERAl + 0.333333GHSERCU + 0.333334GHSERER$	本工作

6.5.1 Cu – Er 二元系

采用优化所得的参数，计算 Cu – Er 的相图，如图 6 – 11 所示，其中零变量反应的温度列于表 6 – 5 中。通过对比，可以看出计算值与实验值[251]相一致(温度差异不超过 10 K)。图 6 – 12 为计算的 1453 K 时的混合焓与实验值的比较，计算的混合焓随成分变化的趋势与实验值[252]非常一致。由图 6 – 12 可知，计算的 Cu – Er系的混合焓在 40% Er 附近有一个最低点，这一现象与其他 Cu – RE 体系的混合焓趋势一致。因此，本文优化的 Cu – Er 体系的热力学参数是合理的。

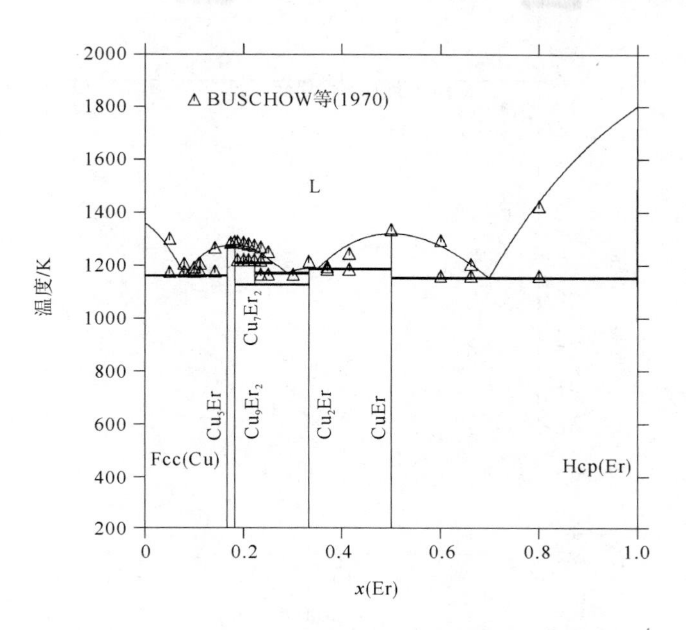

图6－11 计算的Cu－Er相图与实验值[251]对比

Fig. 6－11 The calculated Cu－Er phase diagram with experimental data

表6－5 Cu－Er二元系中零变量列表

Table 6－5 Invariant reactions in the Cu－Er system

反应式	液相成分/%	温度/K	反应类型	备注
$L \rightleftharpoons Fcc(Cu) + Cu_5Er$	9.5	1168	Eutectic	[251]
	8.15	1162	Eutectic	本工作
$L + Cu_9Er_2 \rightleftharpoons Cu_5Er$	16.2	1278	Peritectic	[251]
	16.4	1273	Peritectic	本工作
$L \rightleftharpoons Cu_9Er_2$	—	1283	Congruent	[251]
	—	1278	Congruent	本工作
$L + Cu_9Er_2 \rightleftharpoons Cu_7Er_2$	—	1213	Peritectic	[251]
	25.9	1210	Peritectic	本工作
$L \rightleftharpoons Cu_7Er_2 + Cu_2Er$	30	1158	Eutectic	[251]
	29.3	1160	Eutectic	本工作
$L \rightleftharpoons Cu_2Er + CuEr$	38.5	1178	Eutectic	[251]
	34.4	1173	Eutectic	本工作
$L \rightleftharpoons Cu_9Er_2$	—	1328	Congruent	[251]
	—	1319	Congruent	本工作
L⇌CuEr + Hcp_Er	69.5	1153	Eutectic	[251]
	69.9	1152	Eutectic	本工作

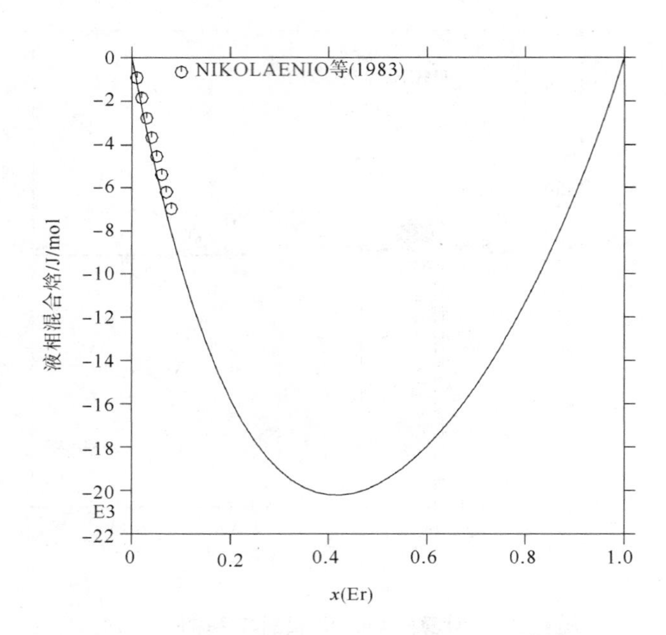

图 6－12　计算的 Cu－Er 液相混合焓与实验值[252]对比

Fig. 6－12　The calculated mixing enthalpy of Cu－Er liquid alloy at 1453 K with experimental data

6.5.2　Al－Cu－Er 三元系

利用优化获得的热力学参数，计算得到 Al－Cu－Er 三元系 873 K 时的等温截面，如图 6－13 所示。与实测结果比较发现(图 6－14)：计算的化合物与实验存在微小差别。这是因为实验相图测定时间比较早，因此三元相图的边际二元与实际二元存在一定的差异。

由实测相图[253]可知：在 Al－Cu 端际，出现了本应在此温度已溶解变成液相的 θ 相；在 Cu－Er 端际，在二元相图中存在的 Cu_9Er_2 相被遗漏。Riani 等[198]在评估这个三元系时修正了这些问题，即：在 870 K 时，θ 相不存在，而且将 Cu_9Er_2 相添加到了这个等温截面中。

利用所建立的热力学数据库，计算的第三组元在 Al_2Er、Cu_2Er 及 CuEr 中的溶解度分别为 12% Cu、3.9% Al 和 29% Al，计算值与 Kuz′ma 等人[253]的实验值(15% Cu，5% Al 和 25 at. % Al)接近。根据实验结果，体系中存在两个半化学计量比三元化合物：τ_2－(Al, Cu)$_{17}$Er$_2$ 和 τ_3－(Al, Cu)$_5$Er，其含 Al 量分别为 37.6－50% 和 15% ～45%。而计算所得的这类两个化合物的含 Al 量分别为 39.2% ～47.8% 及 20.1% ～51.9%。考虑到实验的误差，这些偏差是可以接

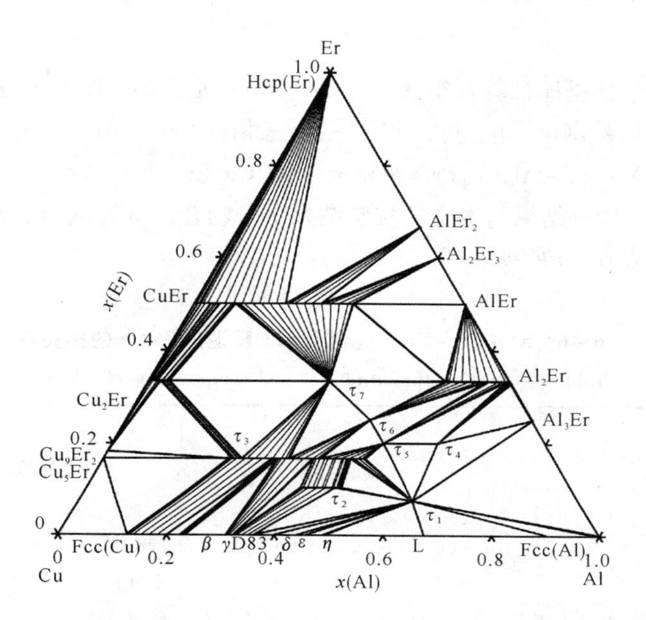

图 6－13 计算的 Al－Cu－Er 873 K 等温截面

Fig. 6－13 The calculated isotherm section of Al－Cu－Er system at 873 K

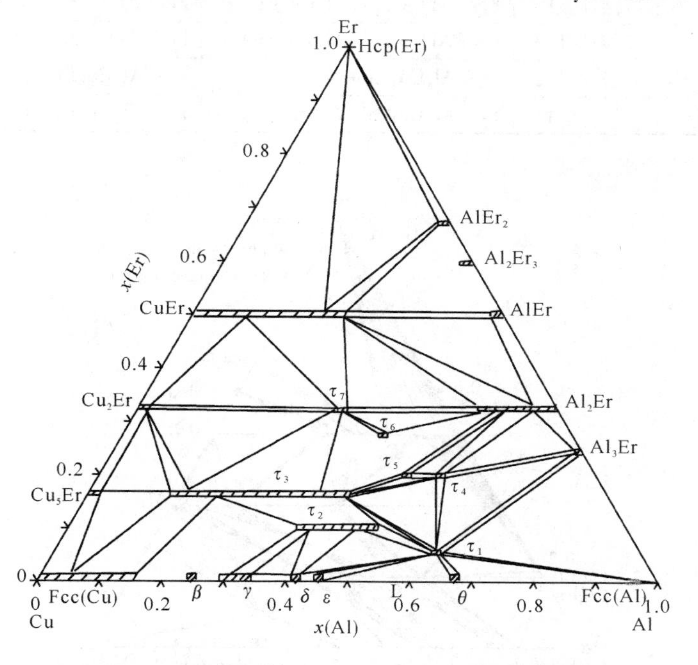

图 6－14 实测的 Al－Cu－Er 873 K 等温截面

Fig. 6－14 The 873 K experimental phase diagram of Al－Cu－Er system by Kuz′ma et al

受的。

采用热力学数据库计算获得的 Al－Cu－Er 三元系 673 K 等温截面如图 6－15 所示，在该三元系富 Al 角，可以得到三个三相区（Fcc（Al）＋ τ_1－Al_8Cu_4Er＋Al_3Er、Fcc（Al）＋ τ_1－$Al_8Cu_4Er+\theta$ 和 τ_1－$Al_8Cu_4Er+\theta+\eta$）和一个两相区（τ_1－$Al_8Cu_4Er+\theta$）。计算结果与本文的实验结果十分吻合。计算的合金相关系与实验的结果对比如表 6－6 所列。

表 6－6　Al－Cu－Er 三元合金 673 K 退火 960 h 的相关系

Table 6－6　Constituent phases and compositions of alloys

合金	名义成分/%			实验结果、	计算结果
	Al	Cu	Er		
E_1#	95	3.3	1.7	Fcc(Al) + τ_1 － Al_8Cu_4Er + Al_3Er	Fcc(Al) + τ_1 － Al_8Cu_4Er + Al_3Er
E_2#	88	10.4	1.6	Fcc(Al) + τ_1 － $Al_8Cu_4Er+\theta$	Fcc(Al) + τ_1 － $Al_8Cu_4Er+\theta$
E_3#	81.8	16.7	1.5	Fcc(Al) + τ_1 － $Al_8Cu_4Er+\theta$	Fcc(Al) + τ_1 － $Al_8Cu_4Er+\theta$
E_4#	81.6	17.4	1	Fcc(Al) + τ_1 － $Al_8Cu_4Er+\theta$	Fcc(Al) + τ_1 － $Al_8Cu_4Er+\theta$
E_5#	76	22.7	1.3	Fcc(Al) + τ_1 － $Al_8Cu_4Er+\theta$	Fcc(Al) + τ_1 － $Al_8Cu_4Er+\theta$
E_6#	66	32.7	1.2	τ_1 － $Al_8Cu_4Er+\theta$	τ_1 － $Al_8Cu_4Er+\theta$
E_7#	58	31	1	τ_1 － $Al_8Cu_4Er+\theta+\eta$	τ_1 － $Al_8Cu_4Er+\theta+\eta$

注：名义成分为原子分数。

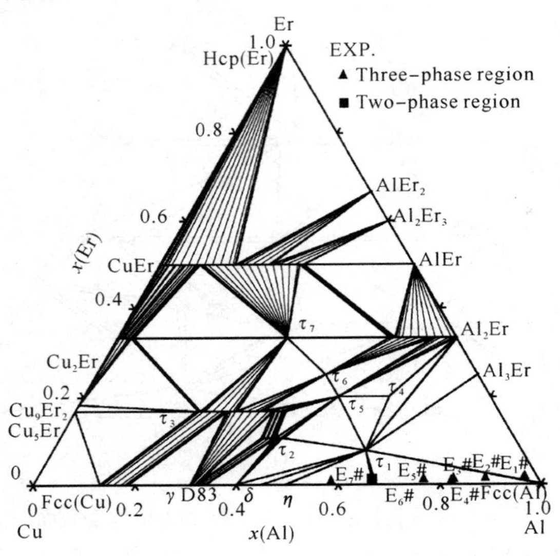

图 6－15　计算的 Al－Cu－Er 673 K 等温截面与实验的对比

Fig. 6－15　The calculated isotherm section of Al－Cu－Er system at 673 K with experimental data

此外，本章还计算了 Al - Cu - Er 三元系 773 K、973 K 以及液相面投影图(如图 6 - 16 至图 6 - 19)，其零变量反应温度与成分列于表 6 - 7 中。由于没有实测的 Al - Cu - Er 三元系液相面的报道，这些计算结果仍然需要进一步实验验证。

表 6 - 7　计算的 Al - Cu - Er 体系零变量反应温度与成分

Table 6 - 7　Calculated invariant reactions and temperature of Al - Cu - Er ternary system

反应类型	反应式	温度/℃
E_1	$L \rightleftharpoons CuEr + AlEr_2 + Hcp\_Er$	883.15
E_2	$L \rightleftharpoons CuEr + Al_2Er_3 + AlEr$	1004.80
E_3	$L \rightleftharpoons L1_2 + \tau_3 + Fcc(Al)$	642.24
E_4	$L \rightleftharpoons Cu_2Er + \tau_3 + \tau_7$	815.50
E_5	$L \rightleftharpoons Cu_2Er + \tau_3 + Cu_9Er_2$	805.23
E_6	$L \rightleftharpoons Fcc(Cu) + Cu_5Er + \tau_3$	811.52
U_1	$L + Al_2Er_3 \rightleftharpoons CuEr + AlEr_2$	973.81
U_2	$L + \tau_7 \rightleftharpoons AlEr + CuEr$	1009.00
U_3	$L + Al_2Er \rightleftharpoons AlEr + \tau_7$	1023.19
U_4	$L + \tau_6 \rightleftharpoons \tau_7 + Al_2Er$	1141.87
U_5	$L + \tau_4 \rightleftharpoons Al_2Er + \tau_6$	1288.08
U_6	$L + \tau_4 \rightleftharpoons \tau_3 + Al_2Er$	1132.56
U_7	$L + Al_2Er \rightleftharpoons \tau_3 + L1_2$	954.39
U_8	$L + \tau_2 \rightleftharpoons \tau_3 + L1_2$	642.67
U_9	$L + \tau_3 \rightleftharpoons \tau_6 + \tau_4$	1462.87
U_{10}	$L + \tau_6 \rightleftharpoons \tau_3 + \tau_7$	1264.47
U_{11}	$L + CuEr \rightleftharpoons Cu_2Er + \tau_7$	815.76
U_{12}	$L + Cu_7Er_2 \rightleftharpoons Cu_9Er_2 + Cu_2Er$	843.30
U_{13}	$L + Cu_9Er_2 \rightleftharpoons \tau_3 + Cu_5Er$	859.58
U_{14}	$L + \beta \rightleftharpoons \tau_3 + Fcc(Cu)$	889.40
U_{15}	$L + \gamma \rightleftharpoons \beta + \tau_3$	976.56
U_{16}	$L + \tau_2 \rightleftharpoons \gamma + \tau_3$	976.98
U_{17}	$L + \gamma \rightleftharpoons \beta + \tau_2$	946.41
U_{18}	$L + \beta \rightleftharpoons \tau_2 + \varepsilon$	850.90
U_{19}	$L + \tau_2 \rightleftharpoons \tau_1 + \varepsilon$	850.22
U_{20}	$L + \tau_1 \rightleftharpoons \theta + Fcc(Al)$	547.46
P_1	$L + \tau_1 + \tau_2 \rightleftharpoons Fcc(Al)$	643.63
P_2	$L + \varepsilon + \tau_1 \rightleftharpoons \eta$	624.96
P_3	$L + \eta + \tau_1 \rightleftharpoons \theta$	595.70

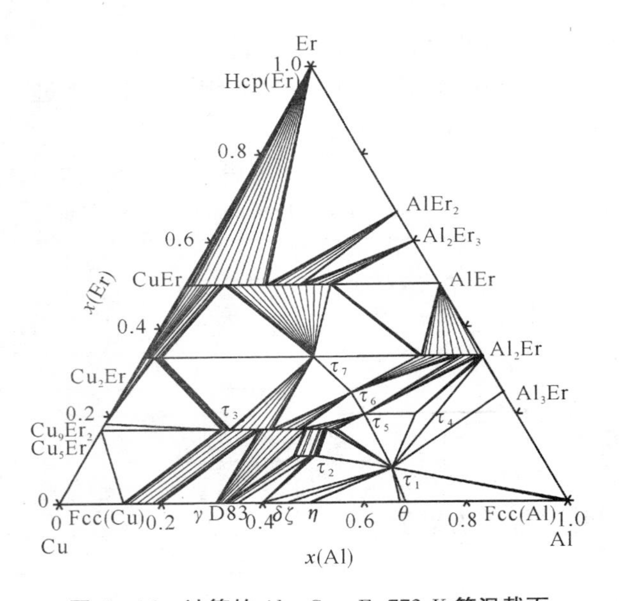

图 6 - 16 计算的 Al - Cu - Er 773 K 等温截面

Fig. 6 - 16 The calculated isotherm section of Al - Cu - Er system at 773 K

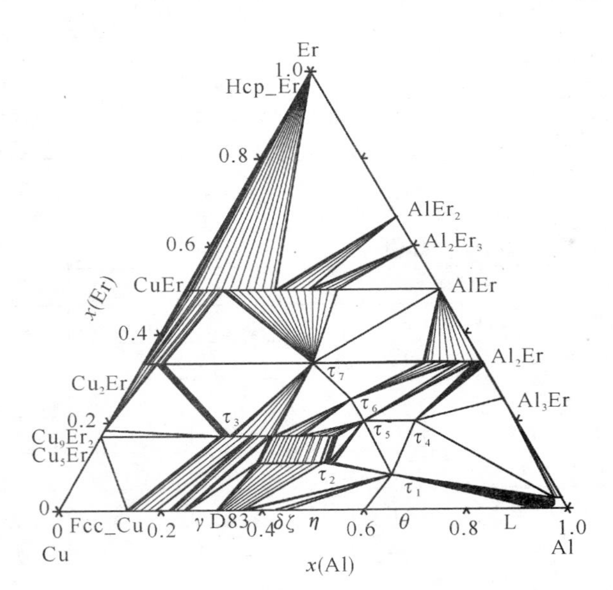

图 6 - 17 计算的 Al - Cu - Er 973 K 等温截面

Fig. 6 - 17 The calculated isotherm section of Al - Cu - Er system at 973 K

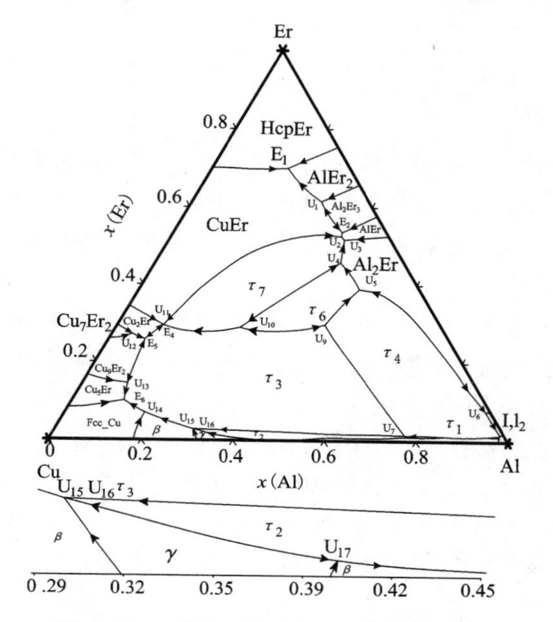

图 6 - 18　计算的 Al - Cu - Er 液相投影面

Fig. 6 - 18　The calculated liquidus projection of Al - Cu - Er system

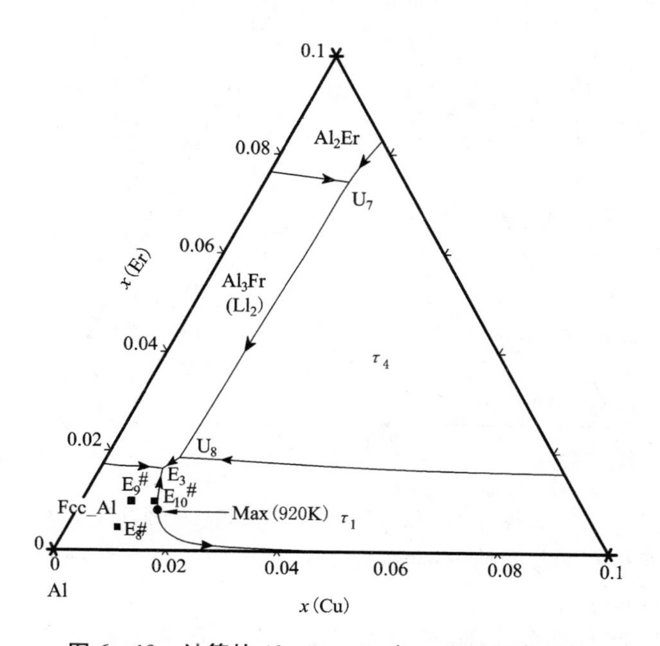

图 6 - 19　计算的 Al - Cu - Er 富 Al 角液相投影面

Fig. 6 - 19　The enlarged liquidus projection in the Al - rich side

6.6 Al - Cu - Er 三元系凝固模拟

通过热力学优化，建立相关体系的热力学数据库，就可方便地计算出需要的相图和有关的热力学特性，这些计算对材料的研发非常有用。但是这些计算通常考虑的是平衡状态，而实际材料处理过程中，其相变过程往往非常复杂，非平衡相变时常发生。

本节根据建立的 Al - Cu - Er 热力学数据库，将采用 Pandat 软件对部分 Al - Cu - Er合金的凝固过程进行模拟，以期能解释和预测材料的相变过程，指导材料设计。实验选择的合金成分如图 6 - 20 所示，在富 Al 角，单变量线($L \rightarrow Fcc(Al) + \tau_1$)上存在一个极大值(图 6 - 20 中的 Max 点)，处于该点与纯 Al 连线下方的合金(如 E_8#合金)，凝固时会发生包晶反应：$L + \tau_1 - Al_8Cu_4Er \rightarrow Fcc(Al) + \theta$；合金处于连线以上时(如 E_9#和 E_{10}#合金)，凝固时会发生共晶反应：$L \rightarrow \tau_1 - Al_8Cu_4Er + Fcc(Al) + Al_3Er$。具体合金的凝固分析如下：

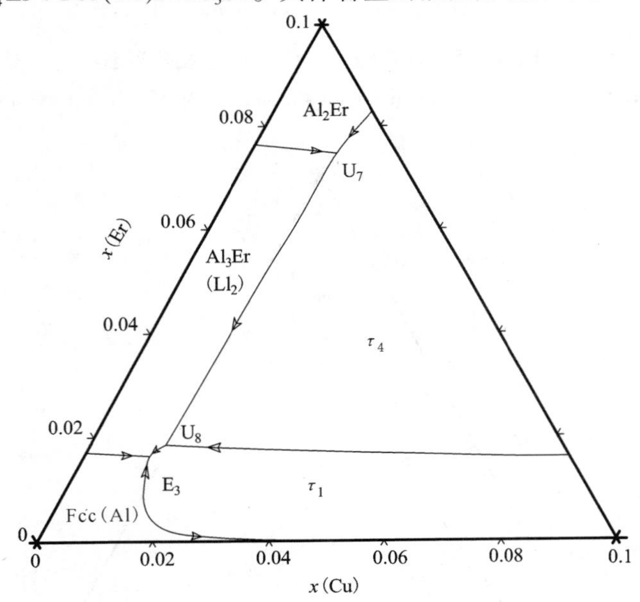

图 6 - 20 计算的 Al - Cu - Er 富 Al 角液相投影面以及实验成分

Fig. 6 - 20 The enlarged liquidus projection in the Al - rich side with alloys

(1) E_8# 合金

图6 - 21 为 E_8#合金铸态 SEM 背散射电子像，结合 X 射线衍射分析(图 6 - 22)可知，合金中存在三个相：Fcc(Al)、$\tau_1 - Al_8Cu_4Er$ 和 θ。利用建立的热力学数据库对 E_8#合金进行了平衡和非平衡凝固模拟，图 6 - 23 为该合金凝固

过程中固相的摩尔分数随温度的变化曲线。

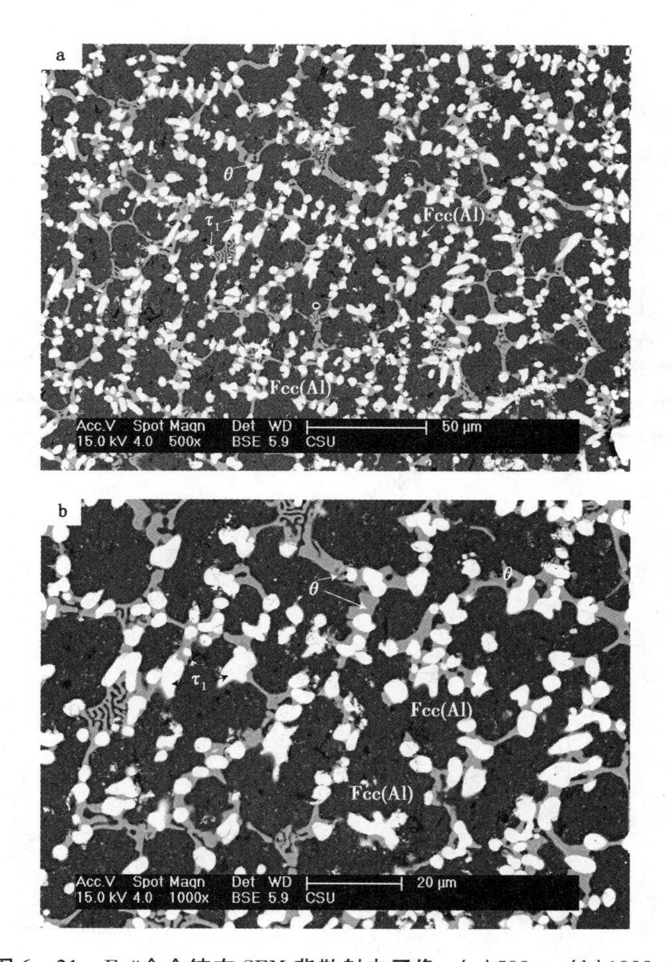

图6－21　E_8#合金铸态SEM背散射电子像：(a)500×；(b)1000×

Fig. 6－21　The BSE image of Al－Cu－Er alloys (E_8#)：(a)500×；(b)1000×

在平衡凝固条件下，合金首先析出初晶相Fcc(Al)，随着温度降低，发生共晶反应：L→Fcc(Al)＋τ_1－Al_8Cu_4Er。至此液相反应完全。

在Scheil凝固条件下，凝固初期的析出顺序与平衡凝固条件下相同。合金首先析出初晶相Fcc(Al)，接着发生共晶反应：L→Fcc(Al)＋τ_1－Al_8Cu_4Er。反应生成的τ_1－Al_8Cu_4Er相与液相发生包晶反应：L＋τ_1－Al_8Cu_4Er→Fcc(Al)＋θ，但在Scheil凝固条件下，包共晶反应受到抑制，多余的液相转变为Fcc(Al)＋θ共晶组织。至此合金凝固完成。

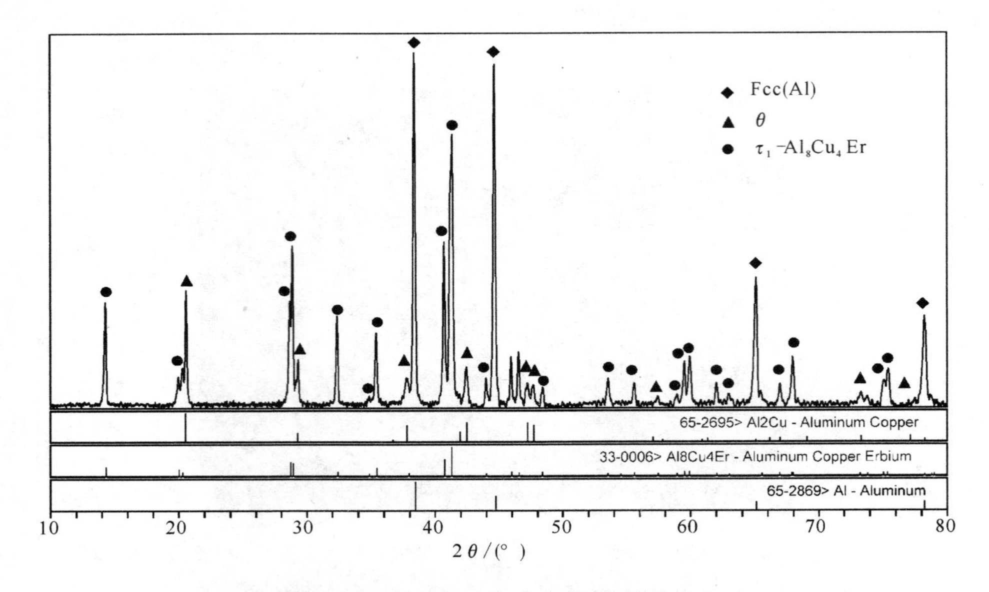

图 6-22　Al-Cu-Er 合金 XRD 结果 E_8#

Fig. 6-22　XRD results of Al-Cu-Er alloys E_8#

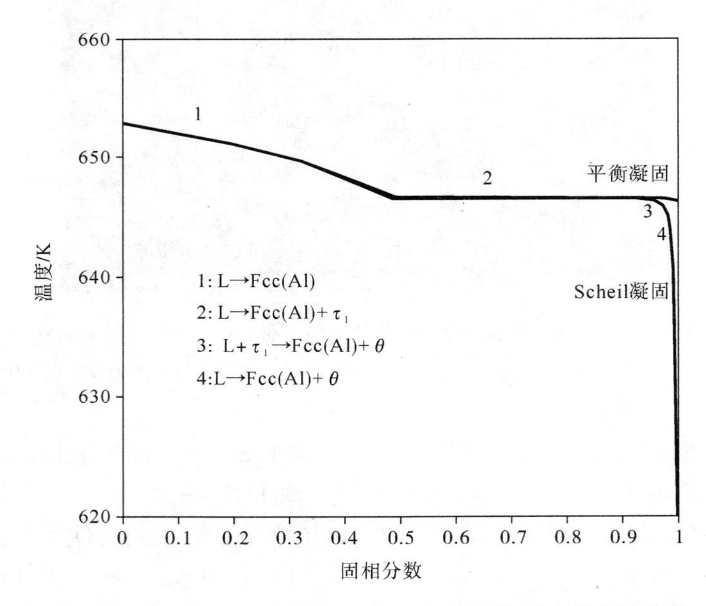

图 6-23　合金 E_8# 在平衡凝固和 Scheil 凝固条件下的凝固通道

Fig. 6-23　Simulated solidification paths for alloy E_8# under the equilibrium and Scheil conditions

从图6－21中可以发现，黑色的相为合金的初晶相Fcc(Al)，亮色的为τ_1－Al_8Cu_4Er相，灰色区域为θ相。在图中可以看到少量Fcc(Al)＋θ的共晶组织，这些微观形貌与非平衡的计算结果吻合。

(2)E_9#合金

图6－24为E_9#合金铸态SEM背散射电子像，结合X射线衍射分析(图6－25)可知，合金中存在三个相：Fcc(Al)、τ_1－Al_8Cu_4Er和Al_3Er。利用所建立的热力学数据库，分别在平衡和非平衡条件下模拟了E_9#合金的凝固过程，图6－26为该合金凝固过程中固相的摩尔分数随温度的变化曲线。

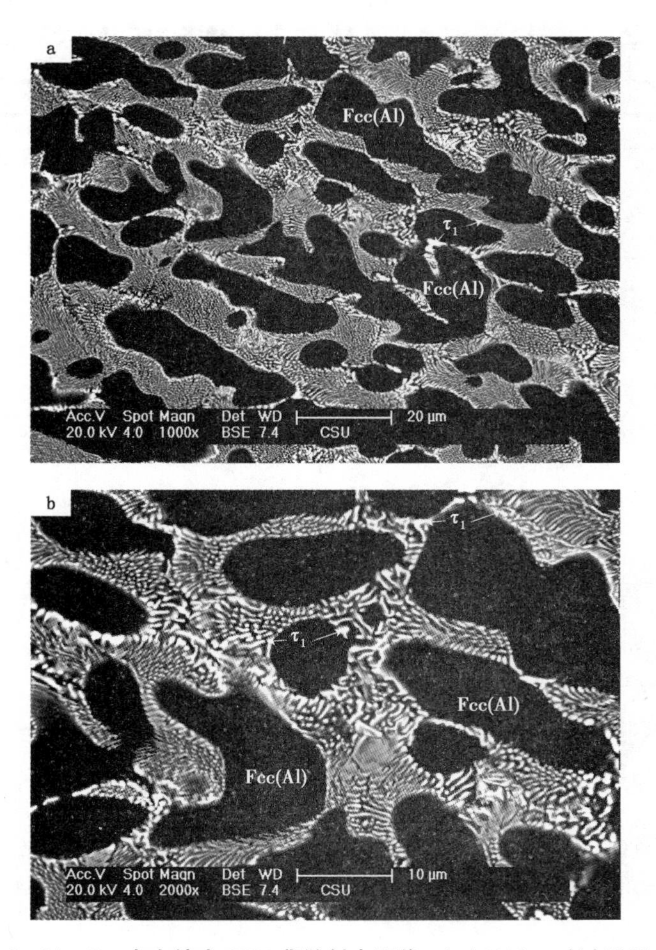

图6－24　E_9#合金铸态SEM背散射电子像：(a)1000×；(b)2000×

Fig. 6－24　The BSE image of Al－Cu－Er alloys (E_9#)：(a)1000×；(b)2000×

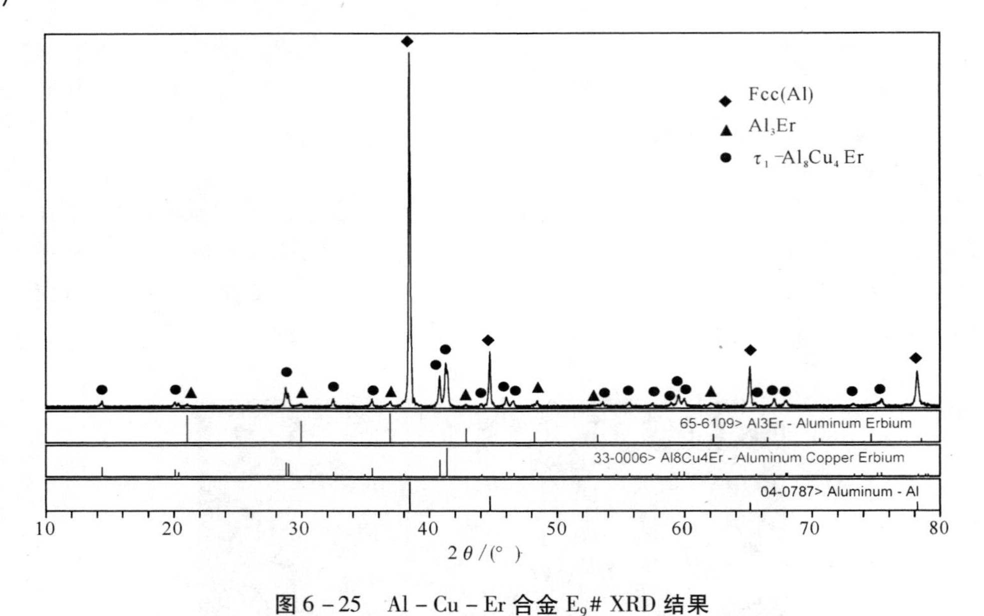

图 6－25　Al－Cu－Er 合金 E_9# XRD 结果

Fig. 6－25　XRD results of Al－Cu－Er alloys (E_9#)

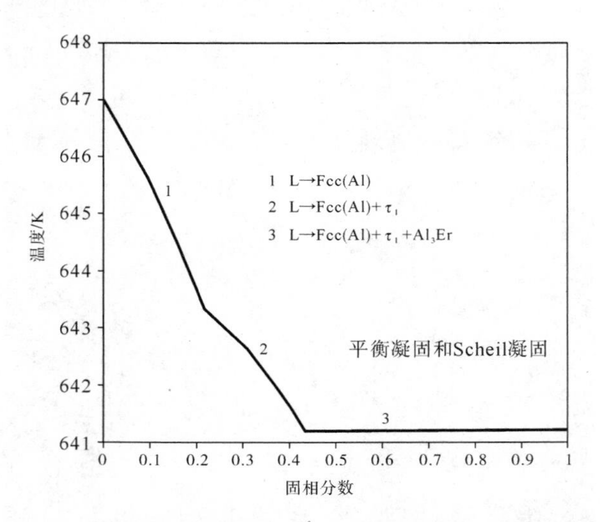

图 6－26　合金 E_9# 在平衡凝固和 Scheil 凝固条件下的凝固通道

Fig. 6－26　Simulated solidification paths for alloy E_9# under the equilibrium and Scheil conditions

在平衡凝固条件下，合金首先析出初晶相 Fcc(Al)，随着温度降低，发生共晶反应：L→Fcc(Al)＋τ_1－Al_8Cu_4Er。随后，合金发生三元共晶反应：L→Fcc(Al)＋τ_1－Al_8Cu_4Er＋Al_3Er。至此液相反应完全。

在 Scheil 凝固条件下，合金凝固的析出顺序与平衡凝固条件下相同。

从图 6－24 中可发现：黑色的相为合金的初晶相 Fcc(Al)，亮色的为 τ_1－Al_8Cu_4Er相，在背散射电子像中 Al_3Er 相不明显，但 X 射线衍射分析结果显示该相确实存在。因此，实验样品的微观形貌与平衡和非平衡的计算结果均吻合。

(2) E_{10}# 合金

图 6－27 为 E_{10}#合金铸态 SEM 背散射电子像，结合 X 射线衍射分析(图 6－28)结果可知，合金中存在三个相：Fcc(Al)、τ_1－Al_8Cu_4Er 和 Al_3Er。利用所建立的热力学数据库对 E_{10}#合金进行了凝固模拟，图 6－29 为该合金凝固过程中固相的摩尔分数随温度的变化曲线。

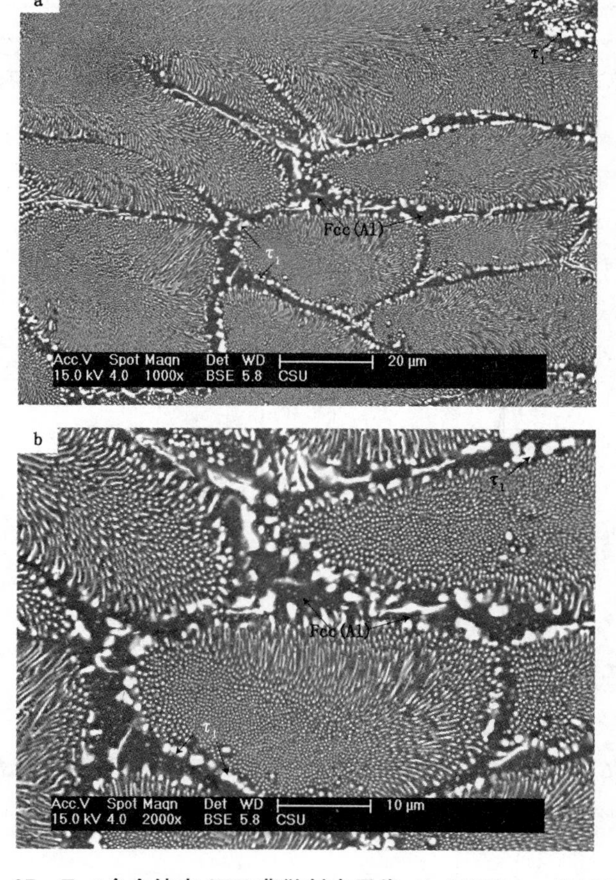

图 6－27　E_{10}#合金铸态 SEM 背散射电子像：(a)1000×；(b)2000×

Fig. 6－27　The BSE image of Al－Cu－Er alloys (E_{10}#)：(a)1000×；(b)2000×

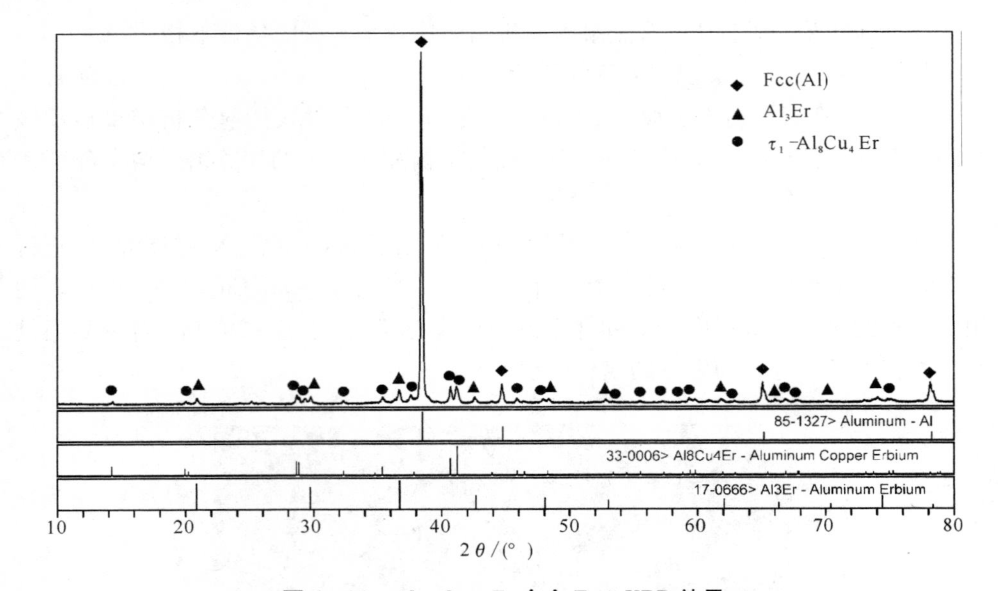

图 6－28　Al－Cu－Er 合金 E_{10}# XRD 结果

Fig. 6－28　XRD results of Al－Cu－Er alloys（E_{10}#）

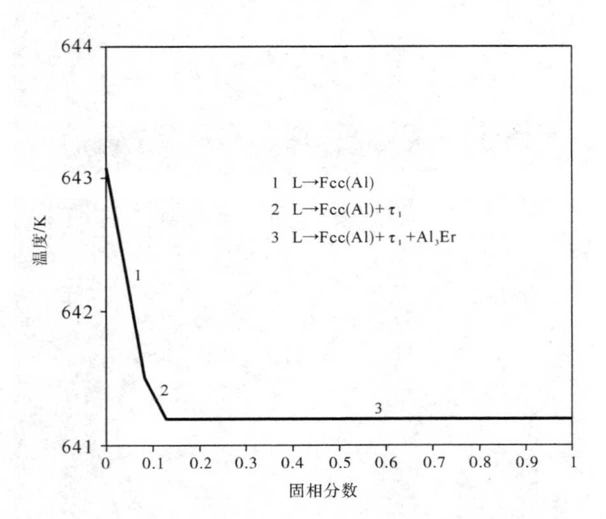

图 6－29　合金 E_{10}# 在平衡凝固和 Scheil 凝固条件下的凝固通道

Fig. 6－29　Simulated solidification paths for alloy E_{10}# under the equilibrium and Scheil conditions

在平衡凝固条件下，合金首先析出初晶相 Fcc(Al)，随着温度降低，发生共晶反应：L→Fcc(Al)＋τ_1－Al_8Cu_4Er。最后合金发生三元共晶反应：L→τ_1－Al_8Cu_4Er＋Al_3Er＋Fcc(Al)。至此液相反应完全。

在 Scheil 凝固条件下，凝固的析出顺序与平衡凝固条件下相同，如图 6 - 28 所示。

从图 6 - 27 中可发现：合金中黑色的相为 Fcc(Al) 相，亮色的为 τ_1 - Al_8Cu_4Er 相，Al_3Er 相不明显。合金呈现明显的共晶形貌，此形貌出现的原因是合金成分十分接近三元系中的零变量反应：L→Fcc(Al) + τ_1 - Al_8Cu_4Er，因此，合金的微观组织呈现典型的共晶形貌，而初晶相在电镜下不明显。

6.7　小结

本章首先通过 CALPHAD 方法，评估并热力学优化了 Cu - Er 二元系，结合已有的合理的 Al - Cu、Al - Er 二元系热力学参数和文献报道的 Al - Cu - Er 三元系相平衡数据，采用统一的晶格稳定性参数评估优化了 Al - Cu - Er 三元系的热力学参数，获得了一组合理的描述该三元系各相吉布斯自由能的热力学参数，计算获得的三元等温截面与实验结果吻合较好。最后，利用获得的 Al - Cu - Er 热力学数据库，结合平衡凝固和 Scheil 凝固两种方式，模拟了 Al - Cu - Er 铸态样品的凝固过程。Scheil 凝固条件下的凝固通道能合理地解释实验结果。

第 7 章　Al - Cu - Yb 体系热力学计算

7.1　引言

微合金化是提高铝合金性能的重要方式。稀土元素 Yb 加入铝合金中能形成 $AuCu_3$结构的 Al_3Yb[254]，该相与 Al_3Sc[167]类似，是 Fcc 相的有序结构（$L1_2$结构），能与 Al 基体形成共格。在铝合金中添加 Yb，可以细化晶粒，并加速时效过程，提高时效强度[16, 255, 256]。Al - Cu - Yb 三元体系的热力学性质和相图数据能为含稀土 Yb 铝合金、铝基非晶合金的设计提供丰富的信息。如：Al_3Yb 的析出过程，Al_3Yb 在 Al 基体中的溶解度，以及给定成分的合金在具体温度下的相分数等；因此，研究 Al - Cu - Yb 体系的相图，建立完整的 Al - Cu - Yb 体系的热力学数据库，可以指导铝合金成分设计、优化热处理工艺以及评估合金的非晶形成能力提供理论指导。

Al - Cu - Yb 三元系中包括 Al - Cu、Al - Yb 和 Cu - Yb 三个二元系。Al - Cu 二元系采用的是最新的 Witusiewicz 等人[169]所报道的热力学数据。Meng 等人[257]评估和优化了 Al - Yb 二元体系，但他们忽略了 Al_3Yb 的结构，而把 Al_3Yb 处理成简单线性化合物，本文中 Al_3Yb 被修改成了 Fcc 的有序相，计算相图如图 7 - 1 所

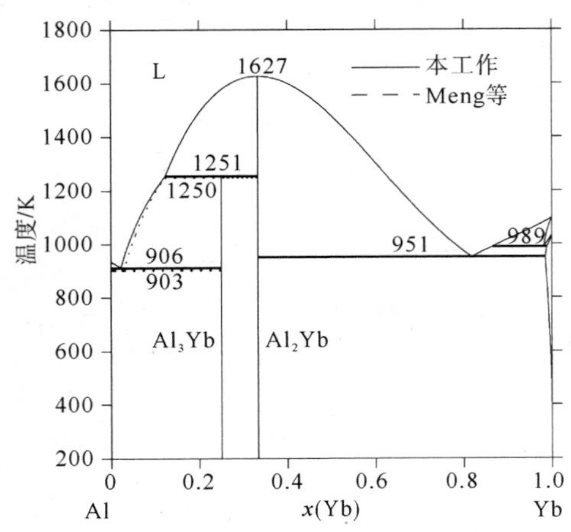

图 7 - 1　计算的 Al - Yb 二元相图[257]

Fig. 7 - 1　The calculated Al - Yb phase diagram

示。Zhang 等人[258]评估优化了 Cu－Yb 体系，计算的相图如图7－2所示。目前，Al－Cu－Yb 三元系只报道了773 K 时的等温截面[253]。

本章首先通过修正 Al_3Yb 的热力学模型，重新热力学评估优化 Al－Yb 二元体系；然后收集评估 Al－Cu－Yb 三元体系实验数据，采用 CALPHAD 方法对该三元系进行热力学优化。

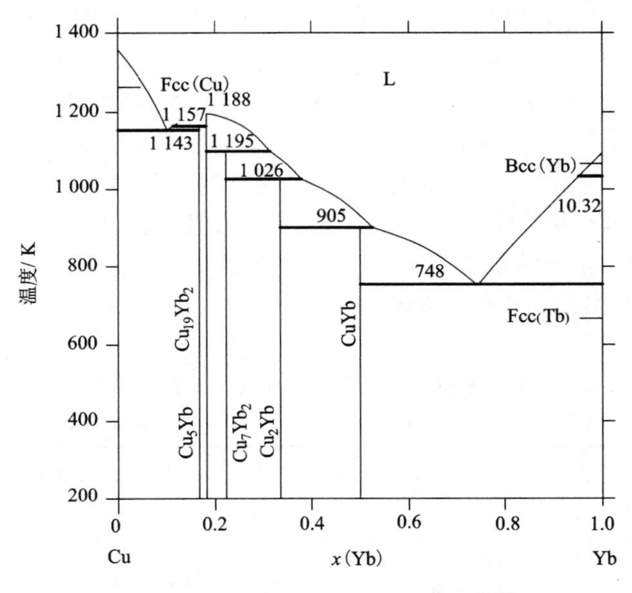

图7－2　计算的 Cu－Yb 二元相图[258]

Fig. 7－2　The calculated Cu－Yb phase diagram

7.2　实验数据评估

7.2.1　Al－Yb 二元系

Meng 等人[257]根据报道的相图数据和热力学性质评估和优化了 Al－Yb 二元系，优化结果与实验值吻合较好。实验表明 Al_3Yb 相的晶体结构为 $AuCu_3$ 结构，其为 Fcc 相的有序相，但 Meng 等人[257]优化该体系时未考虑 Al_3Yb 相的晶体结构，仅仅将 Al_3Yb 相处理成简单线性化合物。因此 Meng 等人[257]的优化结果不利于外推到多元体系。

Kulifeev 等人[259]、Palenzona[260]及 Kononenko 和 Golubev[261]都报道了 Al－Yb 二元系富 Al 角存在一个共晶反应：L→Fcc(Al)＋Al_3Yb（898 K）。其中 Al_3Yb 相由包晶反应生成：L＋Al_2Yb→Al_3Yb，其包晶反应温度为1633 K。Al_3Yb 的标准形

成焓被实验测定为 32～33 KJ/mol [28, 262－266]，实验值之间彼此自洽。

7.2.1 Al－Cu－Yb 三元系

Stel′makhovych 等人[253]利用 X 射线衍射分析、扫描电镜和电子探针成分分析等实验手段，测定了该三元系 873 K 时的等温截面，如图 7－3 所示。他们的研究显示：该温度下组元 Cu 可以在 Al_2Yb 和 Al_3Yb 中溶解，其溶解度分别为 15% 和 5%，组元 Al 在 Cu_5Yb 中的溶解度可达 35%；此外，还发现了 7 个三元化合物：τ_1－$(Al, Cu)_{12}Yb$、τ_2－$(Al, Cu)_{17}Yb_2$、τ_3－$Al_{49}Cu_{17}Yb_8$、τ_4－Al_4Cu_2Yb、τ_5－$Al_{2.1}Cu_{0.9}Yb$、τ_6－$Al_6Cu_{17}Yb_6$ 和 τ_7－AlCuYb，其中 τ_1－$(Al, Cu)_{12}Yb$ 和 τ_2－$(Al, Cu)_{17}Yb_2$ 为半化学计量比化合物（化合物中稀土 Yb 的含量固定，Al 和 Cu 在一定范围可互相替代），其他三元相为化学计量比化合物。它们的晶体结构如表 7－1 所列。实验结果表明 τ_1－$(Al, Cu)_{12}Yb$ 和 τ_2－$(Al, Cu)_{17}Yb_2$ 相中 Al 含量（原子分数）分别为 49%～68% 和 38%～50%。

表 7－1 Al－Cu－Yb 三元系中化合物相的晶体结构

Table 7－1 Crystallographic Data of Intermetallic Phases

相	点阵参数			具体结构皮尔逊符号 空间群
	a/nm	b/nm	c/nm	
θ	0.6067		0.4877	$CuAl_2$, tI12, I4/mcm
η	1.2066	0.4105	0.6913	CuAl, mC20, C2/m
ζ	0.40972	0.71313	0.99793	$Cu_{11.5}Al_9$, oI24, Imm2
ε	0.4146		0.5063	Ni_2In, hP6, P63/mmc
γD83	0.87023			Cu_9Al_4, cP52, $P\bar{4}3m$
γ				Cu_5Zn_8, cI52, $I\bar{4}3m$
β	0.2946			W, cI2, $Im\bar{3}m$
Al_3Yb	0.4202			$AuCu_3$, cP4, $Pm\bar{3}m$
Al_2Yb	0.7877			$MgCu_2$, cF24, $Fd\bar{3}m$
Cu_5Yb	0.5044		0.4146	$CaCu_5$, hP6, P6/mmm
Cu_9Yb_2	4.8961	4.8994	4.5643	Cu_9Yb_2, mC7448
Cu_7Yb_2				?
Cu_2Yb	0.4286	0.6894	0.7382	$CeCu_2$, oI12, Imma
CuYb	0.7568	0.4267	0.5776	FeB, oP8, Pnma
τ_1－$(Al, Cu)_{12}Yb$	0.8724		0.5118	$Mn_{12}Th$, tI26, I4/mmm

续表 7 - 1

相	点阵参数			具体结构皮尔逊符号 空间群
	a/nm	b/nm	c/nm	
τ_2 - (Al, Cu)$_{17}$Yb$_2$	0.8877		1.2734	Th_2Zn_{17}, hR57, $R\bar{3}m$
τ_3 - $Al_{49}Cu_{17}Yb_8$	0.8565		1.6255	$Al_{49}Cu_{17}Yb_8$, tI *, I4/mmm
τ_4 - Al_4Cu_2Yb	0.6386		0.4926	Al_4Mo_2Yb, tI14, I4/mmm
τ_5 - $Al_{2.1}Cu_{0.9}Yb$	0.5471		2.5358	$PuNi_3$, hR36, $R\bar{3}m$
τ_6 - $Al_6Cu_{17}Yb_6$	1.2234			$Mn_{23}Th_6$, cF116, $Fm\bar{3}m$
τ_7 - AlCuYb	0.6925		0.399	ZrNiAl, hP9, P62m

7.3　热力学模型

7.3.1　溶体相

在 Al - Cu - Yb 体系中，液相、fcc、bcc、hcp 相等溶体相的摩尔吉布斯自由能采用替换溶液模型[126]来描述，其表达式为：

$$G_m^\varphi = \sum x_i {}^0G_i^\varphi + RT\sum x_i \ln(x_i) + {}^{ex}G_m^\varphi \qquad (7-1)$$

式中：${}^0G_i^\varphi$——纯组元 i (i = Al, Cu 和 Yb)的摩尔吉布斯自由能；

${}^{ex}G_m^\varphi$——过剩吉布斯自由能，其用 Redlich - Kister - Muggianu 多项式[179]表示为：

$$\begin{aligned}{}^{ex}G_m^\varphi = {} & x_{Al}x_{Cu}\sum_{i,\ =0,\ 1\cdots} {}^{(i)}L_{Al,\ Cu}^\varphi(x_{Al}-x_{Cu})^i + x_{Al}x_{Gd}\sum_{k,\ =0,\ 1\cdots} {}^{(k)}L_{Al,\ Yb}^\varphi(x_{Al}-x_{Yb})^k + \\ & x_{Cu}x_{Yb}\sum_{m,\ =0,\ 1\cdots} {}^{(m)}L_{Cu,\ Yb}^\varphi(x_{Cu}-x_{Yb})^m + x_{Al}x_{Cu}x_{Yb}(x_{Al}{}^{(0)}L_{Al,\ Cu,\ Yb}^\varphi + x_{Cu}{}^{(1)}L_{Al,\ Cu,\ Yb}^\varphi + \\ & x_{Yb}{}^{(2)}L_{Al,\ Cu,\ Yb}^\varphi)\end{aligned} \qquad (7-2)$$

式中：边际二元系相互作用参数${}^{(i)}L_{Al,\ Cu}^\varphi$、${}^{(k)}L_{Al,\ Yb}^\varphi$和${}^{(m)}L_{Cu,\ Yb}^\varphi$来自文献报道[169, 257, 258]。

由于没有 Al - Cu - Yb 三元系的溶体相热力学和相图数据，三元相互作用参数在本书中被直接设定为零。

7.3.2　化合物相

Al_3Yb 相的晶体结果为 $AuCu_3(L1_2)$，为 Fcc 相的有序结构，其热力学模型采用化合物能量模型[237]，该模型可用来描述有序的 Al_3Yb 相与无序的 Fcc 相间的有序无序关系，采用的亚点阵为：$(Al, Yb)_{0.75}(Al, Yb)_{0.25}$。其吉布斯自由能表示[267, 268]为：

$$G_m = G_m^{dis}(x_i) + G_m^{ord}(Y_i^{I}, Y_i^{II}) - G_m^{ord}(x_i) \tag{7-3}$$

该式 $G_m^{dis}(x_i)$代表无序结构 Fcc 相的吉布斯自由能，摩尔分数 x_i 与 Y_i^{I}、Y_i^{II} 有关：

$$x_i = 0.75Y_i^{I} + 0.25Y_i^{II} \tag{7-4}$$

$G_m^{ord}(x_i)$是无序化时有序相参数引起的额外能量作用相。$G_m^{ord}(Y_i^{I}, Y_i^{II})$是有序相的吉布斯自由能，表达式如下：

$$G_m^{ord} = {}^{ref}G^{ord} + {}^{id}G^{ord} + {}^{ex}G^{ord} \tag{7-5}$$

其中，

$${}^{ref}G^{ord} = \sum_i \sum_j Y_i^{I} Y_j^{II} G_{i:j}^{ord} \tag{7-6}$$

$${}^{id}G^{ord} = RT[0.75\sum_i Y_i^{I}\ln Y_i^{I} + 0.25\sum_j Y_j^{II}\ln Y_j^{II}] \tag{7-7}$$

$${}^{ex}G^{ord} = \sum_i \sum_{j>i} Y_i^{I} Y_j^{I} \sum_k Y_k^{II} L_{i,j:k}^{ord} + \sum_i \sum_{j>i} Y_i^{II} Y_j^{II} \sum_k Y_k^{I} L_{k:i,j}^{ord} + \sum_i \sum_{j>i} \sum_k \sum_{l>k} Y_i^{I} Y_j^{I} Y_k^{II} Y_l^{II} L_{i,j:k,l}^{ord} \tag{7-8}$$

式中：i、j、k、l——Al、Yb；

$L_{i,j:k}$——第二个亚点阵完全被 k 占据时第一个亚点阵中 i 和 j 之间的相互作用参数。

Al－Cu－Yb 三元系中 τ_3－$Al_{49}Cu_{17}Yb_8$、τ_4－Al_4Cu_2Yb、τ_5－$Al_{2.1}Cu_{0.9}Yb$、τ_6－$Al_6Cu_{17}Yb_6$和 τ_7－AlCuYb。均为化学计量比相，这些相的热力学模型为：$Al_xCu_yGd_z$。其吉布斯自由能依据 Neumann－Kopp 规则[180]给出，表达式如下：

$$G_{Al_xCu_yGd_z} = \frac{x}{x+y+z}{}^0G_{Al}^{Fcc} + \frac{y}{x+y+z}{}^0G_{Cu}^{Fcc} + \frac{z}{x+y+z}{}^0G_{Yb}^{Fcc} + A + BT \tag{7-9}$$

式中：x，y、z——点阵的化学计量比例；

A、B——待定系数。

τ_1－$(Al, Cu)_{12}Yb$ 和 τ_2－$(Al, Cu)_{17}Yb_2$为半化学计量比化合物，其吉布斯自由能采用亚点阵$(Al, Cu)_xGd_y$来描述：

$$G^{(Al,Cu)_xYb_y} = Y_{Al}^{I}G_{Al:Yb} + Y_{Cu}^{I}G_{Cu:Yb} + \frac{x}{x+y}RT(Y_{Al}^{I}\ln Y_{Al}^{I} + Y_{Cu}^{I}\ln Y_{Cu}^{I}) + Y_{Al}^{I}Y_{Cu}^{I}L_{Al,Cu:Yb} \tag{7-10}$$

其中：

$$G_{Al:Yb} = \frac{x}{x+y}{}^0G_{Al}^{Fcc} + \frac{y}{x+y}{}^0G_{Yb}^{Fcc} + A + BT \tag{7-11}$$

$$G_{Cu:Yb} = \frac{x}{x+y}{}^0G_{Cu}^{Fcc} + \frac{y}{x+y}{}^0G_{Yb}^{Fcc} + A + BT \tag{7-12}$$

式中：${}^0G_{Al}^{Fcc}$、${}^0G_{Cu}^{Fcc}$、${}^0G_{Yb}^{Fcc}$——纯元素Al、Cu、Yb的摩尔吉布斯自由能；

Y_{Al}^{I}、Y_{Cu}^{I}——点阵分数，即Al、Cu分别在第一亚点阵中的摩尔分数；

A、B——待定系数，即本文中需要优化获得的参数。

7.4　计算结果及讨论

采用SGTE数据库中元素Al、Cu和Yb得晶格稳定性参数[181]，运用Thermo－calc软件中的PARROT模块[238]进行优化，优化过程中根据实验误差给予实验数据不同的权重，通过试错法，可对权重作适当调整，直到计算结果重现实验数据为止。所有计算结果与实验数据吻合较好，表7－2列出了本文计算得到的热力学参数。

7.4.1　Al－Yb二元系

利用优化所得的参数（表7－2），计算了Al－Yb二元系相图，如图7－3所示，图中实线为计算的相界线，符号为实验点，通过比较可以看出，计算值与大部分实验数据吻合的很好。计算的零变量反应和实验数据的比较列于表7－3中，计算值与实验值一致。计算的800 K时有序结构（$L1_2$）与无序结构（Fcc）的吉布斯自由能如图7－4所示。由图可知，计算的Al－Yb体系的吉布斯自由能的趋势与Al－Er体系[247]的一致。图7－5为计算的固相的形成焓与实验数据之间的比较，本文的计算结果与大部分实验结果吻合的较好。

表7－2　Al－Cu－Yb三元系热力学参数列表

Table 7－2　Thermodynamic parameters of Al－Cu－Yb system

相	热力学参数	备注
L 模型： （Al，Cu，Yb）	${}^0L_{Al,Cu}^{Liq} = -67094 + 8.555T$	[169]
	${}^1L_{Al,Cu}^{Liq} = +32148 - 7.118T$	[169]
	${}^2L_{Al,Cu}^{Liq} = +5915 - 5.889T$	[169]
	${}^3L_{Al,Cu}^{Liq} = -8175 + 6.049T$	[169]
	${}^0L_{Al,Yb}^{Liq} = -62743.77 + 0.89367T$	[257]
	${}^1L_{Al,Yb}^{Liq} = -37607 + 6.29122T$	[257]
	${}^0L_{Cu,Yb}^{Liq} = -41356.325 + 33.75T - 7.2T\ln(T)$	[258]
	${}^1L_{Cu,Yb}^{Liq} = -30258 + 15.025T$	[258]
Bcc 模型： （Al，Cu，Yb）	${}^0L_{Al,Cu}^{Bcc} = -73554 + 4T$	[168]
	${}^1L_{Al,Cu}^{Bcc} = +51500 - 11.84T$	[168]
	${}^0L_{Al,Yb}^{Bcc} = -25908.04$	[257]

续表 7－2

相	热力学参数	备注
Fcc 模型: (Al, Cu, Yb)	${}^{0}L^{Fcc}_{Al,Cu} = -53520 + 2T$	[168]
	${}^{1}L^{Fcc}_{Al,Cu} = +38590 - 2T$	[168]
	${}^{2}L^{Fcc}_{Al,Cu} = 1170$	[168]
	${}^{0}L^{Fcc}_{Al,Yb} = -38173.22 + 15.89827T$	[257]
	${}^{1}L^{Fcc}_{Al,Yb} = -7063.91$	[257]
	${}^{0}L^{Fcc}_{Cu,Yb} = +10000$	[258]
	${}^{1}L^{Fcc}_{Cu,Yb} = -10000$	[258]
L1$_2$ 模型: (Al, Cu, Yb)$_{0.75}$ (Al, Cu, Yb)$_{0.25}$	GAL3YB = −43720.02 + 4.83054T	本工作
	GALYB3 = 0	本工作
	GAL2YB2 = 0	本工作
	L04ALYB = 0	本工作
	L14ALYB = 0	本工作
	$G^{L12}_{Al:Al} = 0$	本工作
	$G^{L12}_{Yb:Yb} = 0$	本工作
	$G^{L12}_{Cu:Cu} = 0$	本工作
	$G^{L12}_{Al:Yb}$ = GAL3YB	本工作
	$G^{L12}_{Yb:Al}$ = GALYB3	本工作
	${}^{0}L^{L12}_{Al:Al,Yb}$ = L04ALYB	本工作
	${}^{1}L^{L12}_{Al:Al,Yb}$ = L14ALYB	本工作
	${}^{0}L^{L12}_{Al,Yb:Al}$ = −1.5GALYB3 + 1.5GAL2YB2 + 1.5GAL3YB + 3L04ALYB	本工作
	${}^{1}L^{L12}_{Al,Yb:Al}$ = +0.5GALYB3 − 1.5GAL2YB2 + 1.5GAL3YB + 3L14ALYB	本工作
	${}^{0}L^{L12}_{Yb:Al,Yb}$ = L04ALYB	本工作
	${}^{1}L^{L12}_{Yb:Al,Yb}$ = L14ALYB	本工作
	${}^{0}L^{L12}_{Al,Yb:Yb}$ = +1.5GALYB3 + 1.5GAL2YB2 − 1.5GAL3YB + 3L14ALYB	本工作
	${}^{1}L^{L12}_{Al,Yb:Yb}$ = −1.5GALYB3 + 1.5GAL2YB2 − 0.5GAL3YB + 3L14ALYB	本工作
	$G^{L12}_{Cu:Yb} = -11920.02 + 2.83054T$	本工作
θ 模型: (Al)$_2$(AL, Cu)$_1$	$G^{\theta}_{Al:Al}$ = +30249 − 14.439T + 3GHSERAL	[168]
	$G^{\theta}_{Al:Cu}$ = −47406 + 6.75T + 2GHSERAL + GHSERCU	[168]
	${}^{0}L^{\theta}_{Al:Al,Cu} = 2211$	[168]

续表 7－2

相	热力学参数	备注
η 模型： (AL, Cu)$_1$(Cu)$_1$	$G^{\eta}_{Al:Cu} = -40560 + 3.14T + GHSERAL + GHSERCU$	[168]
	$G^{\eta}_{Cu:Cu} = +8034 - 2.51T + 2GHSERCU$	[168]
	${}^{0}L^{\eta}_{Al,Cu:Cu} = -25740 - 20T$	[168]
ε 模型： (Al, Cu)$_1$(Cu)$_1$	$G^{\varepsilon}_{Al:Cu} = -36976 + 1.2T + GHSERAL + GHSERCU$	[168]
	$G^{\varepsilon}_{Cu:Cu} = +8034 - 2.51T + 2GHSERCU$	[168]
	${}^{0}L^{\varepsilon}_{Al,Cu:Cu} = +7600 - 24T$	[168]
	${}^{1}L^{\varepsilon}_{Al,Cu:Cu} = -72000$	[168]
ζ 模型：(Al)$_9$(Cu)$_{11}$	$G^{\zeta}_{Al:Cu} = -420000 + 18T + 9GHSERAL + 11GHSERCU$	[168]
δ 模型：(Al)$_2$(Cu)$_3$	$G^{\delta}_{Al:Cu} = -106700 + 3T + 2GHSERAL + 3GHSERCU$	[168]
γD83 模型： (Al)$_4$(Al, Cu)$_1$(Cu)$_8$	$G^{\gamma D83}_{Al:Al:Cu} = -277739 + 215T - 30T\ln(T) + 5GHSERAL + 8GHSERCU$	[169]
	$G^{\gamma D83}_{Al:Cu:Cu} = -280501 + 379.6T - 52T\ln(T) + 4GHSERAL + 9GHSERCU$	[169]
γ 模型： (Al)$_4$(Al, Cu)$_1$(Cu)$_8$	$G^{\gamma}_{Al:Al:Cu} = -219258 - 45.5T + 5GHSERAL + 8GHSERCU$	[168]
	$G^{\gamma}_{Al:Cu:Cu} = -200460 - 58.5T + 4GHSERAL + 9GHSERCU$	[168]
Al_2Yb 模型： (Al, Cu)$_{0.6667}$ (Yb)$_{0.3333}$	$G^{Al_2Yb}_{Al:Yb} = -35350.36 + 2.53935T + 0.6667GHSERAL + 0.3333GHSERYB$	[257]
	$G^{Al_2Yb}_{Cu:Yb} = -13920.02 + 4.83054T + 0.6667GHSERCU + 0.3333GHSERYB$	本工作
	${}^{0}L^{Al_2Yb}_{Al,Cu:Yb} = -21000$	本工作
Cu_5Yb 模型： (Cu)$_{0.8333}$(Yb)$_{0.1667}$	$G^{Cu_5Yb}_{Cu:Yb} = - -15339.485 + 2.2025T + 0.8333GHSERCU + 0.1667GHSERYB$	[258]
	$G^{Cu_5Yb}_{Al:Yb} = +10339.5 - 0.20T + 0.8333GHSERAL + 0.1667GHSERYB$	本工作
	${}^{0}L^{Cu_5Yb}_{Al,Cu:Yb} = -94939.485$	本工作
Cu_9Yb_2 模型： (Cu)$_{0.8182}$(Yb)$_{0.1818}$	$G^{Cu_9Yb_2}_{Cu:Yb} = -16248.917 + 2.006T + 0.8182GHSERCU + 0.1818GHSERYB$	[258]

续表 7-2

相	热力学参数	备注
Cu_7Yb_2 模型： $(Cu)_{0.7778}(Yb)_{0.2222}$	$G_{Cu:Yb}^{Cu_7Yb_2} = -16841.985 + 1.4725T + 0.7778GHSERCU + 0.2222GHSERYB$	[258]
Cu_2Yb 模型： $(Al, Cu)_{0.6667}$ $(Yb)_{0.3333}$	$G_{Cu:Yb}^{Cu_2Yb} = -17792.41 + 0.577T + 0.6667GHSERCU + 0.3333GHSERYB$	[258]
	$G_{Al:Yb}^{Cu_2Yb} = -17792 + 0.58T + 0.6667GHSERAL + 0.3333GHSERYB$	本工作
	${}^0L_{Al,Cu:Yb}^{Cu_2Yb} = -16029.35$	本工作
CuYb 模型： $(Cu)_{0.5}(Yb)_{0.5}$	$G_{Al:Yb}^{CuEr} = -14796.22 - 1.4309T + 0.5GHSERAL + 0.5GHSERYB$	[29]
τ_1 模型： $(Al, Cu)_{0.923077}$ $(Yb)_{0.076923}$	$G_{Al:Yb}^{\tau_1} = -5039.485 + 1.203T + 0.923077GHSERAL + 0.076923GHSERYB$	本工作
	$G_{Cu:Yb}^{\tau_1} = -37399.5 + 1.2T + 0.923077GHSERCU + 0.076923GHSERYB$	本工作
	$G_{Al,Cu:Yb}^{\tau_1} = -79998.697$	本工作
τ_2 模型： $(Al, Cu)_{0.894737}$ $(Yb)_{0.105263}$	$G_{Al:Yb}^{\tau_2} = -6539.5 + 1.2T + 0.894737GHSERAL + 0.105263GHSERYB$	本工作
	$G_{Cu:Yb}^{\tau_2} = -4039.49 + 1.202T + 0.894737GHSERCU + 0.105263GHSERYB$	本工作
	$G_{Al,Cu:Yb}^{\tau_2} = -86998.95$	本工作
τ_3 模型：$(Al)_{0.68}$ $(Cu)_{0.231892}(Yb)_{0.108108}$	$G_{Al:Cu:Yb}^{\tau_3} = -27800 + 1.003T + 0.68GHSERAL + 0.231892GHSERCU + 0.108108GHSERYB$	本工作
τ_4 模型：$(Al)_{0.128571}$ $(Cu)_{0.728571}(Yb)_{0.142858}$	$G_{Al:Cu:Yb}^{\tau_4} = -25185.03 + 1.0025T + 0.128571GHSERAL + 0.728571GHSERCU + 0.142858GHSERYB$	本工作
τ_5 模型：$(Al)_{0.206207}$ $(Cu)_{0.586897}(Yb)_{0.206896}$	$G_{Al:Cu:Yb}^{\tau_5} = -30400 + 2.003T + 0.206207GHSERAL + 0.586897GHSERCU + 0.206896GHSERYB$	本工作
τ_6 模型：$(Al)_{0.525}$ $(Cu)_{0.225}(Yb)_{0.25}$	$G_{Al:Cu:Yb}^{\tau_6} = -35484.01 + 1.003T + 0.525GHSERAL + 0.225GHSERCU + 0.25GHSERYB$	本工作

续表 7 – 2

相	热力学参数	备注
τ_7 模型：$(Al)_{0.333333}(Cu)_{0.333333}(Yb)_{0.333334}$	$G^{\tau_7}_{Al:Cu:Yb} = -34800 + 1.0T + 0.333333GHSERAL + 0.333333GHSERCU + 0.333334GHSERYB$	本工作

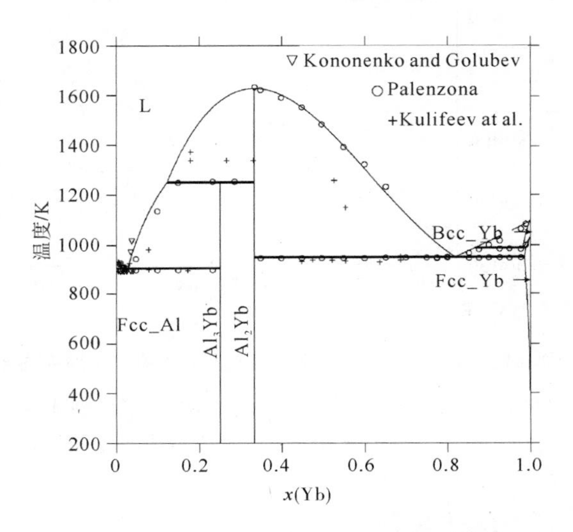

图 7 – 3　计算的 Al – Yb 二元相图与实验结果[259 – 261]的对比

Fig. 7 – 3　The calculated Al – Yb phase diagram in the present work with experimental data[259 – 261]

表 7 – 3　Al – Yb 富 Al 角零变量反应

Table 7 – 3　Invariant reactions in the Al – rich region of Al – Yb system

反应式	液相成分，x(Yb)	温度/K	反应类型	备注
$L \rightleftharpoons Fcc(Al) + Al_3Yb$	2.7	905	Eutectic	本工作
	2.9	903	Eutectic	[257]
	5	900	Eutectic	[259]
	4	898	Eutectic	[260]
	2.7	898	Eutectic	[261]
$L + Al_2Yb \rightleftharpoons Al_3Yb$	12.2	1250	Peritectic	本工作
	12.2	1251	Peritectic	[257]
		1338	Peritectic	[259]
		1253	Peritectic	[260]

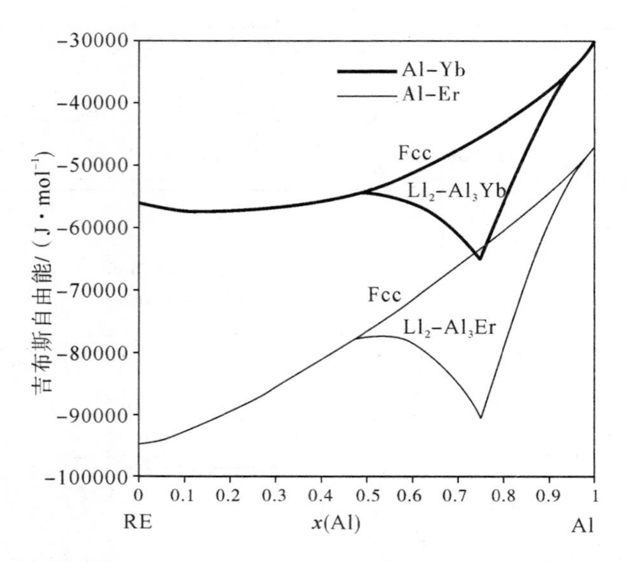

图 7－4 计算的 800 K 时有序结构（$L1_2$）与无序结构（Fcc）的吉布斯自由能与 Al－Er 体系对比

Fig. 7－4 The calculated Gibbs engery of Fcc and $L1_2$ phases in Al－RE（RE＝Er，Yb）system at 800 K

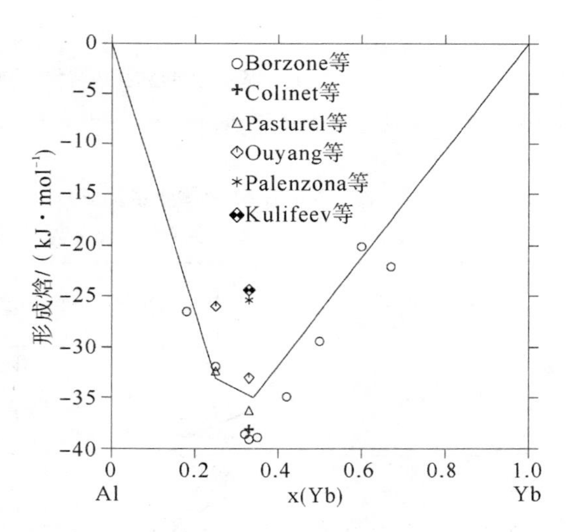

图 7－5 计算的 Al－Yb 二元系 298 K 标准形成焓与实验[28，262－266]比较（参考态为 Fcc）

Fig. 7－5 The calculated enthalpies of formation in the Al－Yb sysem comparing with Ref. [28，262－266]（referred to Fcc state）

7.4.2　Al－Cu－Yb三元系

图7－6为Stel'makhovych等人[253]的实测相图，图7－7为利用优化所得的热力学参数计算了870 K时的等温截面。比较实验相图(图7－6)于计算相图(图7－7)可以发现：除三元系中三个边际二元的计算相与实测相之间存在一定的差异外，其他计算的相关系与实验测定的结果吻合较好。由实测相图[253]可知，在Al－Cu端际，有二元相图中已溶解成液相的θ相；在Cu－Gd端，际遗漏了两个化合物相Cu_9Gd_2和Cu_7Gd_2。Cacciamani和Riani[240]在评估Al－Cu－Yb三元相图时提出了这些问题，并且作了相应的修正，修正后的相图与计算相图吻合很好。

由热力学计算可知，Al－Cu－Yb三元系中Cu在Al_2Yb和Al_3Yb中的溶解度为13.7%和7.2%，组元Al在Cu_5Yb中溶解度为35%。τ_1－$(Al, Cu)_{12}Yb$和τ_2－$(Al, Cu)_{17}Yb_2$相中Al含量分别为36%～55%和45%～74%。通过比较可知，计算值(图7－7)与实验值(图7－6)吻合较好。

计算的770 K和970 K时该三元系的等温截面如图7－8和7－9所示，计算的液相面投影图如图7－10所示，从图7－10可以获得所有与液相有关的零变量反应。表7－4列出了计算获得的零变量反应。但这些零变量反应的反应类型、反应温度及成分还需要实验进一步测定。

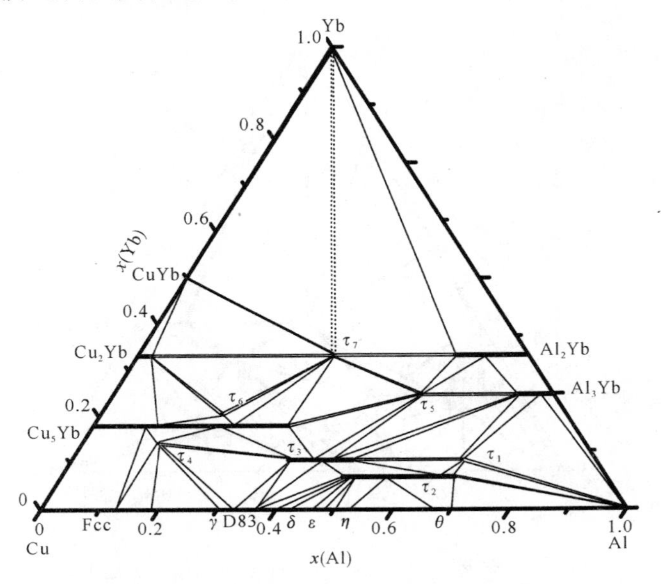

图7－6　Al－Cu－Yb三元系870 K等温截面

Fig. 7－6　The measured 870 K isothermal section of Al－Cu－Yb system

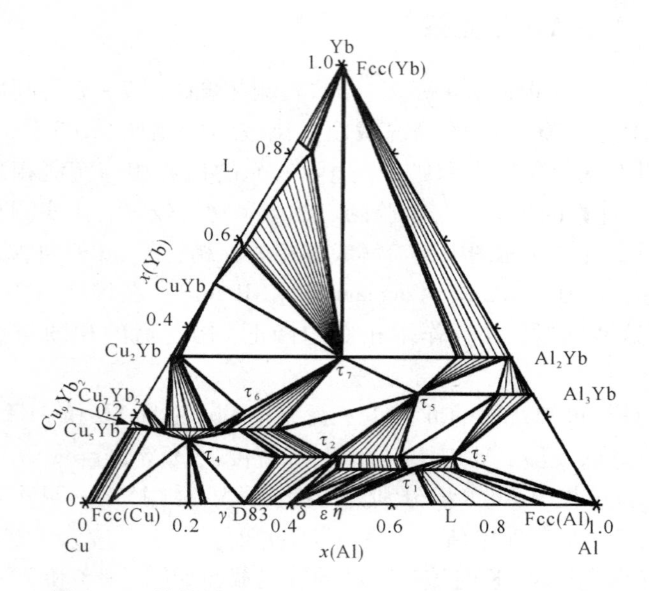

图 7 - 7　计算的 Al - Cu - Yb 三元系 870 K 等温截面

Fig. 7 - 7　The calculated 870 K isotherm section of Al - Cu - Yb system

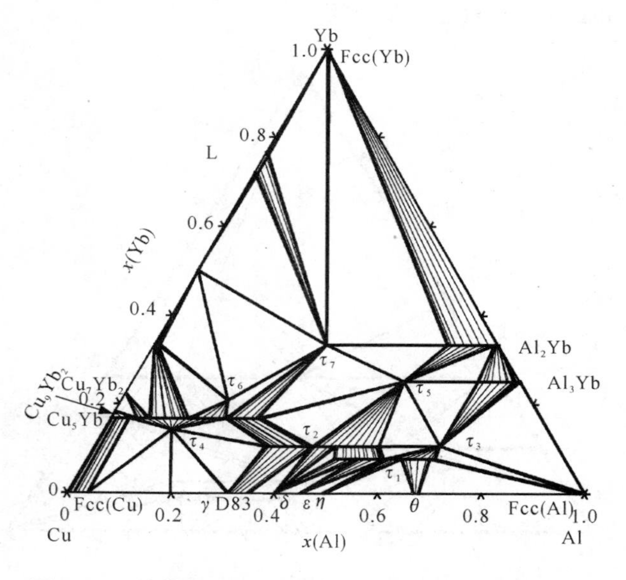

图 7 - 8　计算的 Al - Cu - Yb 三元系 770 K 等温截面

Fig. 7 - 8　The calculated 770 K isotherm section of Al - Cu - Yb system

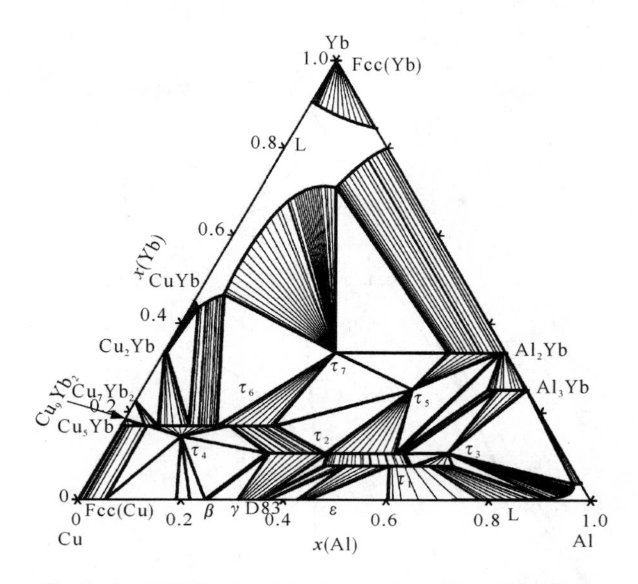

图 7-9 计算的 Al - Cu - Yb 三元系 970 K 等温截面

Fig. 7-9 The calculated 970 K isotherm section of Al - Cu - Yb system

表 7-4 Al - Cu - Yb 三元系零变量反应

Table 7-4 Calculated invariant reactions and temperatures of Al - Cu - Yb ternary system

反应类型	反应式	温度/K
E_1	$L \rightleftharpoons Fcc(Al) + Al_3Yb + \tau_3$	1024.2
E_2	$L \rightleftharpoons Al_2Yb + \tau_2 + \tau_6$	1383.66
E_3	$L \rightleftharpoons CuYb + Fcc(Yb) + \tau_7$	746.52
E_4	$L \rightleftharpoons Cu_5Yb + \tau_4 + \beta$	1230.23
E_5	$L \rightleftharpoons Cu_5Yb + \tau_2 + \beta$	1237.51
E_6	$L \rightleftharpoons Fcc(Al) + \tau_1 + \theta$	820.6
U_1	$L + \tau_3 \rightleftharpoons \tau_1 + Fcc(Al)$	887.97
U_2	$L + \tau_2 \rightleftharpoons \tau_3 + \tau_1$	1187.4
U_3	$L + Al_2Yb \rightleftharpoons \tau_2 + Al_3Yb$	1253.52
U_4	$L + \tau_2 \rightleftharpoons \tau_6 + Cu_5Yb$	1283.35
U_5	$L + \tau_6 \rightleftharpoons \tau_7 + Cu_5Yb$	1277.14
U_6	$L + Al_2Yb \rightleftharpoons \tau_7 + \tau_6$	1230.23
U_7	$L + Al_2Yb \rightleftharpoons Al_3Yb + \tau_7$	895.9
U_8	$L + Cu_2Yb \rightleftharpoons \tau_7 + CuYb$	892.99

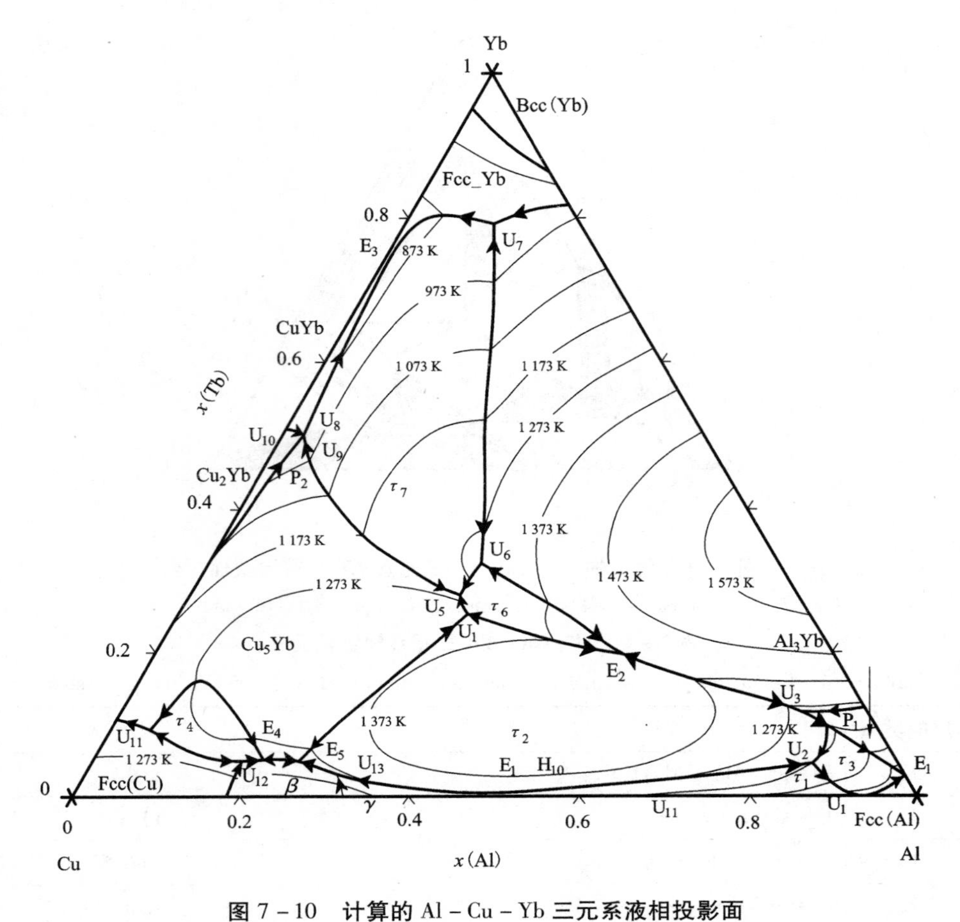

图 7 – 10　计算的 Al – Cu – Yb 三元系液相投影面

Fig. 7 – 10　The calculated liquidus projection of Al – Cu – Yb system

U_9	$L + \tau_5 \rightleftharpoons \tau_7 + Cu_2Yb$	895.54
U_{10}	$L + Cu_5Yb \rightleftharpoons Cu_2Yb + \tau_5$	897.23
U_{11}	$L + \tau_4 \rightleftharpoons Fcc(Cu) + Cu_5Yb$	1218.22
U_{12}	$L + Fcc(Cu) \rightleftharpoons \tau_4 + \beta$	1231.11
U_{13}	$L + \gamma \rightleftharpoons \beta + \tau_2$	1261.6
U_{14}	$L + \tau_2 \rightleftharpoons \tau_1 + \gamma$	1227.12
U_{15}	$L + \gamma \rightleftharpoons \beta + \tau_1$	1218.53
U_{16}	$L + \beta \rightleftharpoons \varepsilon + \tau_1$	1168.99

U_{17}	$L + Cu_9Yb_2 \rightleftharpoons Cu_5Yb + Cu_7Yb_2$	1124.11
U_{18}	$L + Cu_7Yb_2 \rightleftharpoons Cu_2Yb + Cu_5Yb$	1094.15
P_1	$L + \tau_2 + Al_3Yb \rightleftharpoons \tau_3$	1191.6
P_2	$L + \tau_7 + Cu_5Yb \rightleftharpoons \tau_5$	898.11
P_3	$L + \tau_1 + \varepsilon \rightleftharpoons \eta$	901.14
P_4	$L + \eta + \tau_1 \rightleftharpoons \theta$	868.85

7.5　小结

本章首先通过 CALPHAD 方法，修正了 Al - Yb 二元系，并结合已有的合理的 Al - Cu 和 Cu - Yb 二元系的热力学参数及文献报道的 Al - Cu - Yb 三元系的相平衡数据，采用统一的晶格稳定性参数评估优化了 Al - Cu - Yb 三元系的热力学参数，获得了一组合理的描述该三元系各相吉布斯自由能的热力学参数，计算获得的三元等温截面与实验结果吻合较好。

第 8 章　非晶形成能力预测

8.1　引言

非晶态材料，作为材料科学中广泛研究的一个新领域，由于其独特的结构与优良的机械、物理和化学性能，已经引起各国材料科学家和物理科学家的高度重视。随着快速凝固技术的飞速发展，突破了铝合金难于形成非晶态的障碍，实现了铝合金组织制备的多样化(非晶、纳米晶、纳米 - 非晶复相结构等)，一系列的 Al 基非晶态合金[98-103]得以成功制备，开辟了铝合金开发的新空间。

稀土元素与铝原子的尺寸相差较大，可以提高合金的随机堆垛结构的密度，增大合金的黏度，抑制了凝固时组元原子的运动，因而有利于形成相对稳定的非晶合金。

稀土元素与铝可形成 $AuCu_3$结构的 Al_3RE 相，该相与铝基体共格，可提高铝合金的机械性能。因此稀土铝合金的研究对于设计高性能铝合金十分重要。不过研究稀土铝合金(特别是 Al - Cu - RE 合金)时发现稀土的添加对铝合金的强度和硬度会产生不利影响。究其原因可知，Al_3RE 相在铝基固溶体的溶解度很小，热处理时先析出的并不是 $AuCu_3$结构的 Al_3RE 相而是其他相，这些相的出现可以抑制再结晶过程，但其对合金的最终力学性能的贡献比 Al_3RE 相弱，有时甚至削弱稀土铝合金的各项性能。而在非晶铝基体中，Al_3RE 相可以大量溶解，并且在随后的热加工过程中弥散析出(Al_3RE 相的体积分数可以达到 10% 以上[38])。利用非晶制备高性能稀土铝合金，可以使得铝合金具有优异的高温性能(300℃时合金屈服强度可以达到 275 MPa[38])。纳米晶体弥散分布的铝基非晶合金以其优异的性能，吸引了材料研究人员的注意，其超高比强度和良好的稳定性特别适合于航空航天领域，而且有望在运输工具轻型化方面占有一席之地。

然而，对于 Al 基合金而言，由于其非晶形成能力及热稳定性有限，其产品多为薄带或粉体材料，块体材料的直接合成还很困难(目前报道的最大厚度的铝基非晶只有约 300 μm)，在很大程度上限制了其在工程实践中的应用。因此，发展具有大的玻璃形成能力或者有很强的纳米相形成能力并具有一定的高温热稳定性的 Al 基合金系统具有重要的工程意义。对于预测合金非晶能力的尝试和探讨是完全有价值的，这对于丰富块体非晶合金的内容，促进块体非晶合金的进一步发展也具有重要的意义。

本章首先应用优化获得的 Al - Cu - RE 热力学数据库，采用 Driving forces 判据解释了已有 Al - Cu - RE 体系非晶制备的实验结果；然后应用 Driving forces 判据预测了稀土与 Cu 含量对非晶形成能力的影响；最后采用恒驱动力线来预测 Al - Cu - RE 体系整个成分范围内的非晶形成能力变化。

8.2　现有 Al - Cu - RE 体系非晶制备结果模拟

运用 Thermo - calc 软件[238]可计算出合金中各个晶体相在具体温度时相对于过冷液相的驱动力[146]，晶体相的驱动力越大说明该合金中晶体相越容易形成，相对的该合金成分处非晶态形成能力越弱。本章中所有的计算驱动力均除掉 RT 值，因此为无单位量纲值。

8.2.1　Al - Cu - Y 三元系

Mizutani 等人[269, 270]发现在 $Al_x(Cu_{0.4}Y_{0.6})_{100-x}$ 合金中当稀土 Y 的含量小于 15% 或 Y 含量大于 50% 时，合金容易形成非晶组织。为了研究 Mizutani 等人制备的非晶合金形成机理，本文选择 Al - $Cu_{40}Y_{60}$ 截面计算驱动力。图 8 - 1 是计算

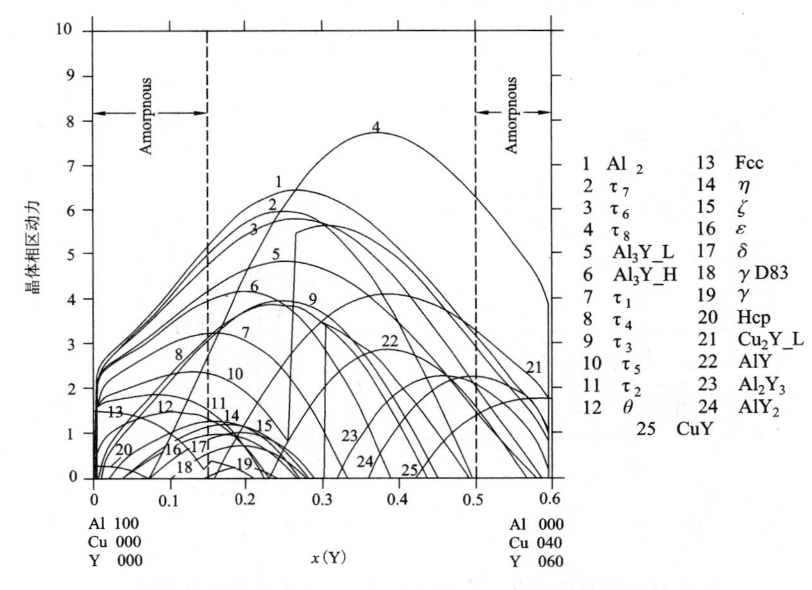

图 8 - 1　计算的 450 K Al - $Cu_{40}Y_{60}$ 截面处各相驱动力

Fig. 8 - 1　Calculated driving forces of crystalline phases for $Al_x(Cu_{0.4}Y_{0.6})_{100-x}$ alloys, versus Y content at 450 K

的 450 K 时 Al - $Cu_{40}Y_{60}$截面晶体相驱动力图，从图 8 - 1 可以发现，合金驱动力随着稀土 Y 含量的增加先增后降，驱动力最高的合金稀土 Y 含量为 38.95%，说明该成分处合金的非晶形成能力最小，而低稀土含量（Y≤15%）及高稀土含量处（Y≥50%）的晶体相的驱动力相对较低，说明这些区域内合金容易形成非晶，计算结果与 Mizutani 等人[269, 270]的实验结果十分吻合。这也说明了 Driving forces 判据可以有效地预测合金非晶形成能力。

8.2.2 Al - Cu - Nd 三元系

Inoue 等人[271]研究了 Al - Cu - Nd 富 Cu 处合金的非晶形成能力，实验中发现，合金中 Cu 含量大于 80% 时合金可以形成单相非晶。为了深入研究 Inoue 等人所发现的 Al - Cu - Nd 合金的非晶形成能力，本研究采用优化获得的 Al - Cu - Nd 三元系热力学数据库，计算了 450 K 处 Al - $Cu_{50}Nd_{50}$截面的各晶体相在过冷液相中的驱动力变化（图 8 - 2 所示）。从图中可以发现随着 Cu 含量的增加，Al - Cu - Nd 体系中晶体相的驱动力持续降低，说明合金非晶相的形成能力随 Cu 含量的增加而一直增强，在 Cu 含量为 94.5% 处，驱动力存在局部最低点，该成分处的合金的非晶形成能力应该最好，这些与 Inoue 等人[271]的研究结果一致。

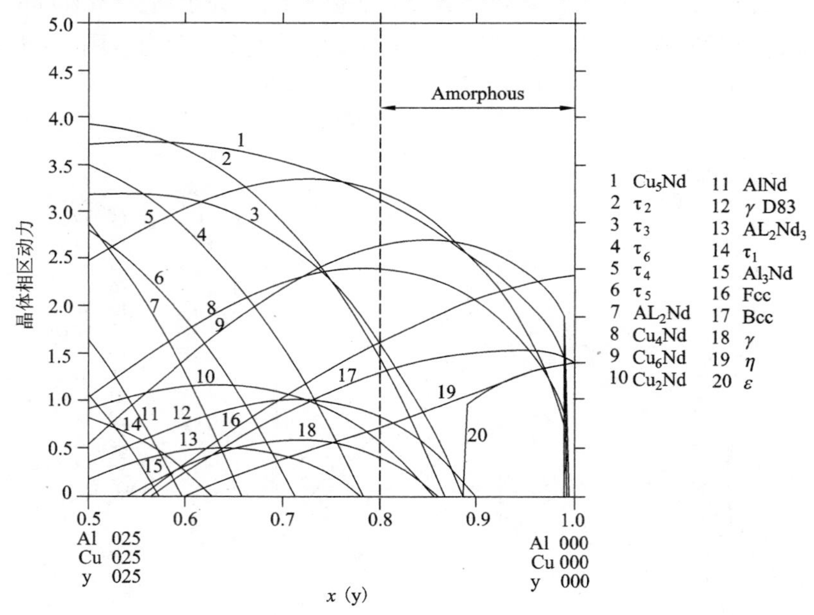

图 8 - 2 计算的 450 K $Al_{25}Cu_{50}Nd_{25}$ - Cu 截面处各相驱动力

Fig. 8 - 2 Calculated driving forces of crystalline phases for $Cu_x(Al_{50}Nd_{50})_{100-x}$ alloys, versus Cu content at 450 K

8.2.3 Al－Cu－Gd 三元系

Lalla 和 Srivastava[207] 研究了 Al－Cu－Gd 三元合金的非晶形成能力。研究发现在($Al_{50}Cu_{50}$)$_{100-x}$$Gd_x$ 合金中(x 大于 40 时)，合金能形成单相非晶，合金 $Al_{33.3}Cu_{33.3}Gd_{33.3}$ 中非晶相与晶体相(τ_7－AlCuGd 相)共存。图 8－3 是计算的($Al_{50}Cu_{50}$)$_{100}$－$x$$Gd_x$合金的驱动力图，从图中可发现稀土 Gd 的含量越高，合金中晶体相的驱动力越小，因此合金的非晶形成能力越高。当 Gd 含量大于 40% 时，合金的相对驱动力较小，该区域内合金的非晶形成能力强，这与 Lalla 和 Srivastava[207] 的研究一致，计算对应的 $Al_{33.3}Cu_{33.3}Gd_{33.3}$ 合金最高驱动力相为 τ_7－AlCuGd，说明这个合金中最容易生成的相为 τ_7－AlCuGd，这也与实验结果吻合。

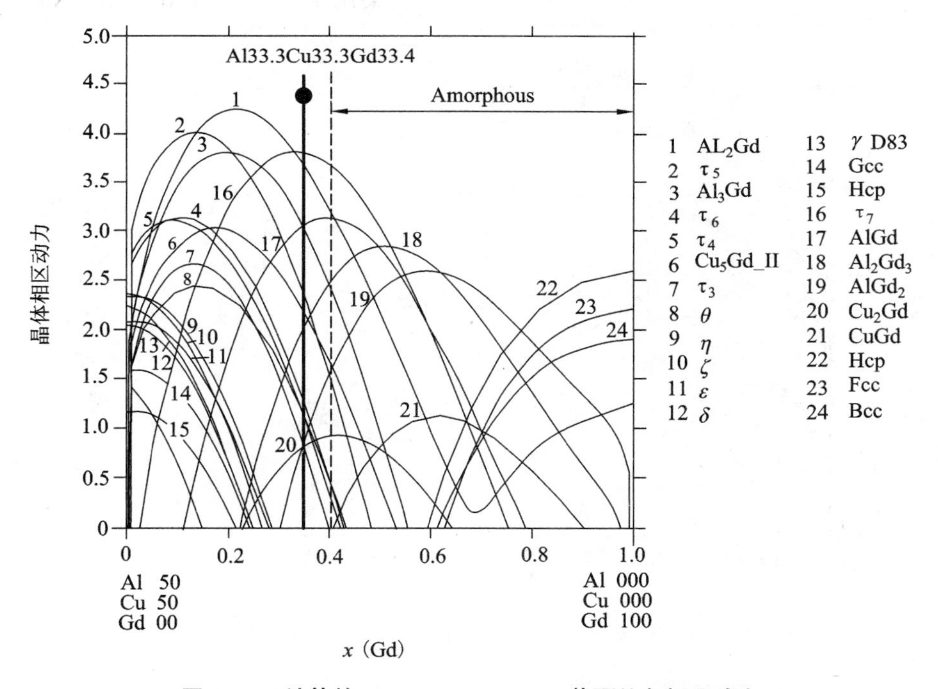

图 8－3　计算的 450 K $Al_{50}Cu_{50}$－Gd 截面处各相驱动力

Fig. 8－3　Calculated driving forces of crystalline phases for ($Al_{50}Cu_{50}$)$_{100-x}$$Gd_x$ alloys, versus Gd content at 450 K

8.2.4 Al - Cu - Ti 三元系

许多研究者[189, 272 - 275]对 Al - Cu - Ti 三元非晶合金进行了广泛的研究，根据他们的工作：合金 $Al_{10}Cu_{90-x}Ti_x$，x 小于60 时，合金容易形成非晶；合金 $Al_{20}Cu_{80-x}Ti_x$ x 小于50 时，合金容易形成非晶，x 大于50 小于60 时，合金中非晶相与晶体相共存，而 x 大于60 时，合金不形成非晶。本文采用驱动力准则，应用优化计算获得的 Al - Cu - Ti热力学模型，计算了 $Al_{10}Cu_{90-x}Ti_x$和 $Al_{20}Cu_{80-x}Ti_x$两个截面在450 K 时各晶体相相对于过冷液相的驱动力，计算结果如图 8 - 4 和图 8 - 5 所示。计算结果均显示高 Ti 含量的合金中晶体相的驱动力较大，其说明高 Ti 含量合金的晶体相容易形成，非晶相在这些合金中的生成能力弱，这与文献报道的结果吻合。

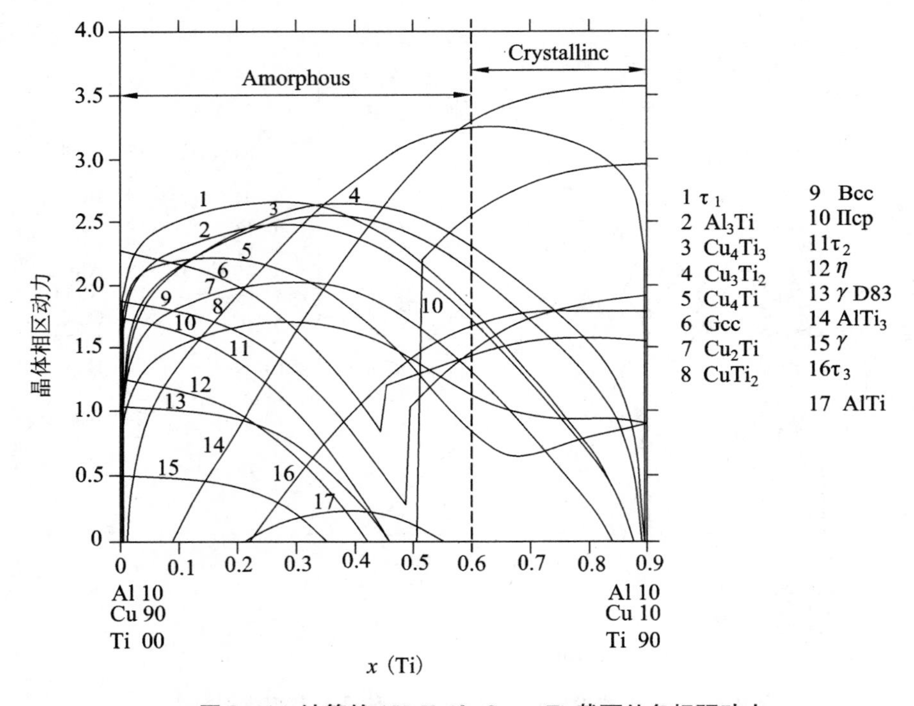

图 8 - 4 计算的 450 K $Al_{10}Cu_{90-x}Ti_x$截面处各相驱动力

Fig. 8 - 4 Calculated driving forces of crystalline phases for $Al_{10}Cu_{90-x}Ti_x$ alloys, versus Ti content at 450 K

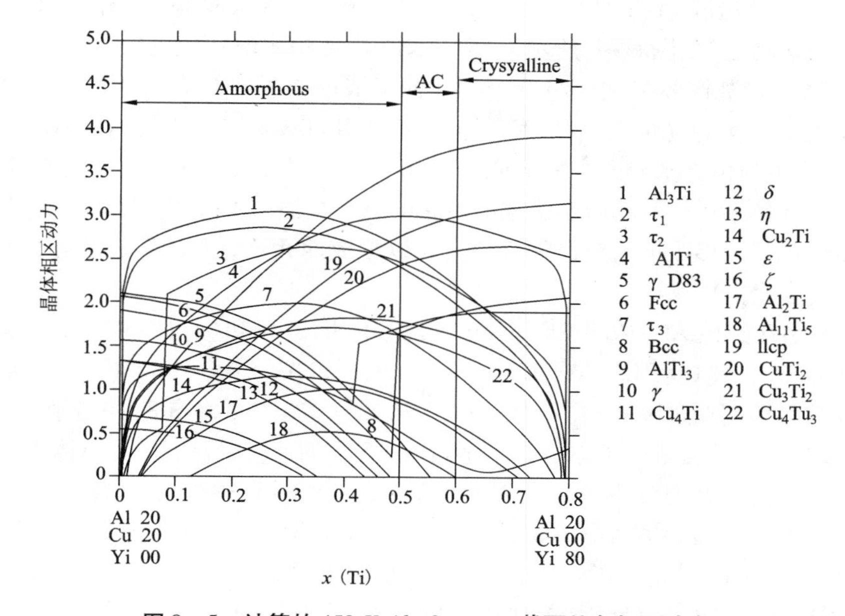

图8-5 计算的450 K $Al_{20}Cu_{80-x}Ti_x$截面处各相驱动力

Fig. 8-5 Calculated driving forces of crystalline phases for $Al_{20}Cu_{80-x}Ti_x$ alloys, versus Ti content at 450 K

8.3 稀土与Cu含量对非晶形成能力的影响

本节利用已经建立的Al-Cu-RE(RE=Y、Nd、Gd、Dy、Er、Yb和Ti)体系的热力学数据库，采用Driving force判据，对Al-Cu-RE(RE=Y、Nd、Gd、Dy、Er、Yb和Ti)体系中具体截面的非晶形成能力进行预测，从而用于指导该合金系的非晶铝合金的制备和生产。

在450 K时分别在$Al_{98}Cu_2$-$Al_8Cu_2RE_{90}$、$Al_{95}Cu_5$-$Al_5Cu_5RE_{90}$和$Al_{90}Cu_{10}$-$Cu_{10}RE_{90}$三个截面处计算各个晶体相相对于过冷液相的驱动力，计算结果如图8-6至图8-26所示。对于同一体系(如Al-Cu-Y三元系)，比较三个截面的驱动力图可发现(如图8-6、图8-7和图8-8)，在Cu含量少于10%时，随着Cu含量的逐步升高，体系的整体驱动力面逐渐上升，但上升的趋势不明显。因此，在Cu含量低于10%时，增加Cu含量对于Al-Cu-Y三元合金的非晶形成能力影响不大。而Y的含量对Al-Cu-Y三元合金的非晶形成能力影响较大。从图8-6、8-7和8-8中可以发现，合金的非晶形成能力随稀土Y含量的增加先逐渐变弱，然后又变强。其中Y含量在15%~60%时由于晶体相的驱动力很大，所以这个范围的合金非晶形成能力最弱。实验结果表明在Al-10Cu合金中添加 Y 的含量超过 15 at. % 时，合金的非晶形成能力大大降低（如图 1 –2），这与预测的结果吻合（如图 8 –8 所示）。对比图 10 –6、图 10 –7 和图 10 –8，在 Y 含量少于 5% 时（如图 8 –8 所示）合金的非晶形成能力相对较高。计算结果同时表明富稀土 Y 合金容易形成非晶（稀土 Y 含量超过 60% 时，合金晶体相驱动力迅速降低），这也与稀土基合金容易形成非晶相一致。但计算结果表明，简单的 Al – Cu – Y 三元体系中，不能形成稳定的 $AuCu_3$（$L1_2$）结构的 Al_3Y 相，因此仍然需要进一步优化工艺参数或需要添加其他组元以形成四元系，五元系、甚至更多元体系来设计合金。

同样，在其他 Al – Cu – RE（RE = Nd、Gd、Dy、Er 和 Ti）体系中，450 K 时分别在 $Al_{98}Cu_2 - Al_8Cu_2RE_{90}$、$Al_{95}Cu_5 - Al_5Cu_5RE_{90}$ 和 $Al_{90}Cu_{10} - Cu_{10}RE_{90}$ 三个截面处计算各个晶体相在过冷液相中的驱动力，从计算结果中（如图 8 –9 至图 8 –23）可以发现：当 Cu 含量少于 10% 时，随着 Cu 含量的逐步升高，体系整体驱动力面逐渐上升，但上升趋势不明显。因此，在 Cu 含量少于 10% 时，增加 Cu 含量对 Al – Cu – RE 三元合金的非晶形成能力影响不大，而稀土 RE 的含量对 Al – Cu – RE 三元合金的非晶形成能力影响较大。合金的驱动力面随 RE 含量的增加先增加后减少，驱动力最大的区域分别为 10% ~50% Nd、10% ~40% Gd、20% ~50% Dy、20% ~40% Er 和 30% ~50% Ti，即表明此区域内晶体相容易形成，因此合金的非晶形成能力弱。计算的驱动力图（图 8 –9 至图 8 –23）显示，在 Al – Cu – RE 体系的富 Al 角存在局部最低点，成分在 5% RE 左右。在 Al – Cu – RE 富 Al 角合金中稀土含量在该成分点附近的合金非晶形成能力是最优异的。同样的，简单的 Al – Cu – RE 三元体系中，不能形成稳定的 $AuCu_3$（$L1_2$）结构的 Al_3RE 相。

图 8 –24、图 8 –25 和图 8 –26 分别为 450 K 时，计算的 $Al_{98}Cu_2 - Al_8Cu_2Yb_{90}$、$Al_{95}Cu_5 - Al_5Cu_5Yb_{90}$ 和 $Al_{90}Cu_{10} - Cu_{10}Yb_{90}$ 三个截面处晶体相在过冷液相中的驱动力。比较三个驱动力图可以发现，在 Cu 含量低于 10% 时，随着 Cu 含量的逐步升高，体系的整体驱动力面变化不明显。因此，在 Cu 含量低于 10% 时，增加 Cu 对 Al – Cu – Yb 三元合金的非晶形成能力影响不大。Yb 的含量对 Al – Cu – Yb 三元合金的非晶形成能力却有较大影响。从图 8 –24、图 8 –25 和 8 –26 中可以发现，合金的驱动力面随 Yb 含量的增加先增后减，驱动力最大的区域为 30% –50% Yb 处，说明此区域内晶体相容易形成，故合金的非晶形成能力弱。从图 8 –24、8 –25 和 8 –26 中可以发现，富 Al 角存在局部最低点，在 $Al_{98}Cu_2 - Al_8Cu_2Yb_{90}$、$Al_{95}Cu_5 - Al_5Cu_5Yb_{90}$ 和 $Al_{90}Cu_{10} - Cu_{10}Yb_{90}$ 三个截面处分别为 4.2% Yb、5.03% Yb 和 4.31% Yb。在 Al – Cu – Yb 体系的富 Al 角合金中，稀土含量在这三个成分点附近合金非晶形成能力是最优异的，并且这些非晶形成能力高的合金经过后续的热加工晶化后，首先析出的晶体相为 $AuCu_3$ 结构的 Al_3Yb 相，因此设计新型稀土铝合金其成分点应该在这些成分附近。

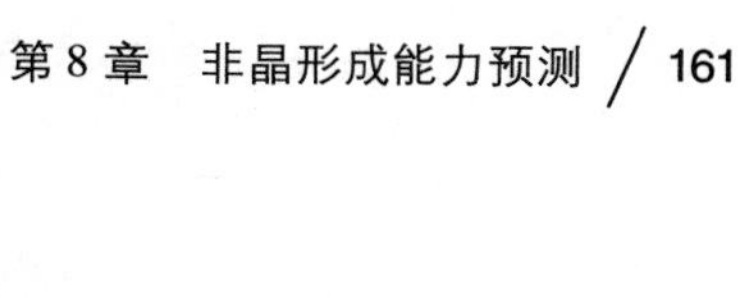

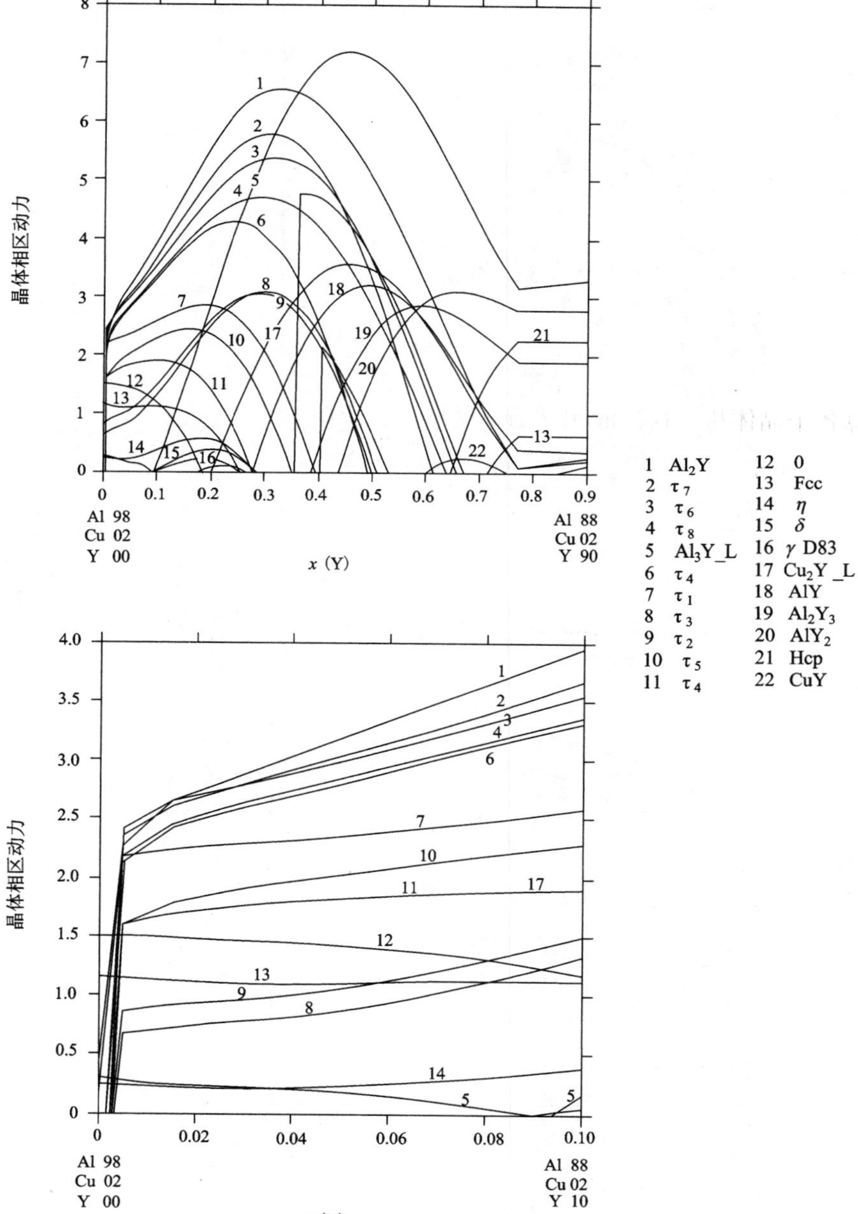

图 8－6　计算的 450 K $Al_{98}Cu_2-Al_8Cu_2Y_{90}$ 截面处各相驱动力

Fig. 8－6　Calculated driving forces of crystalline phases for $Al_{98-x}Cu_2Y_x$ alloys, versus Y content at 450 K

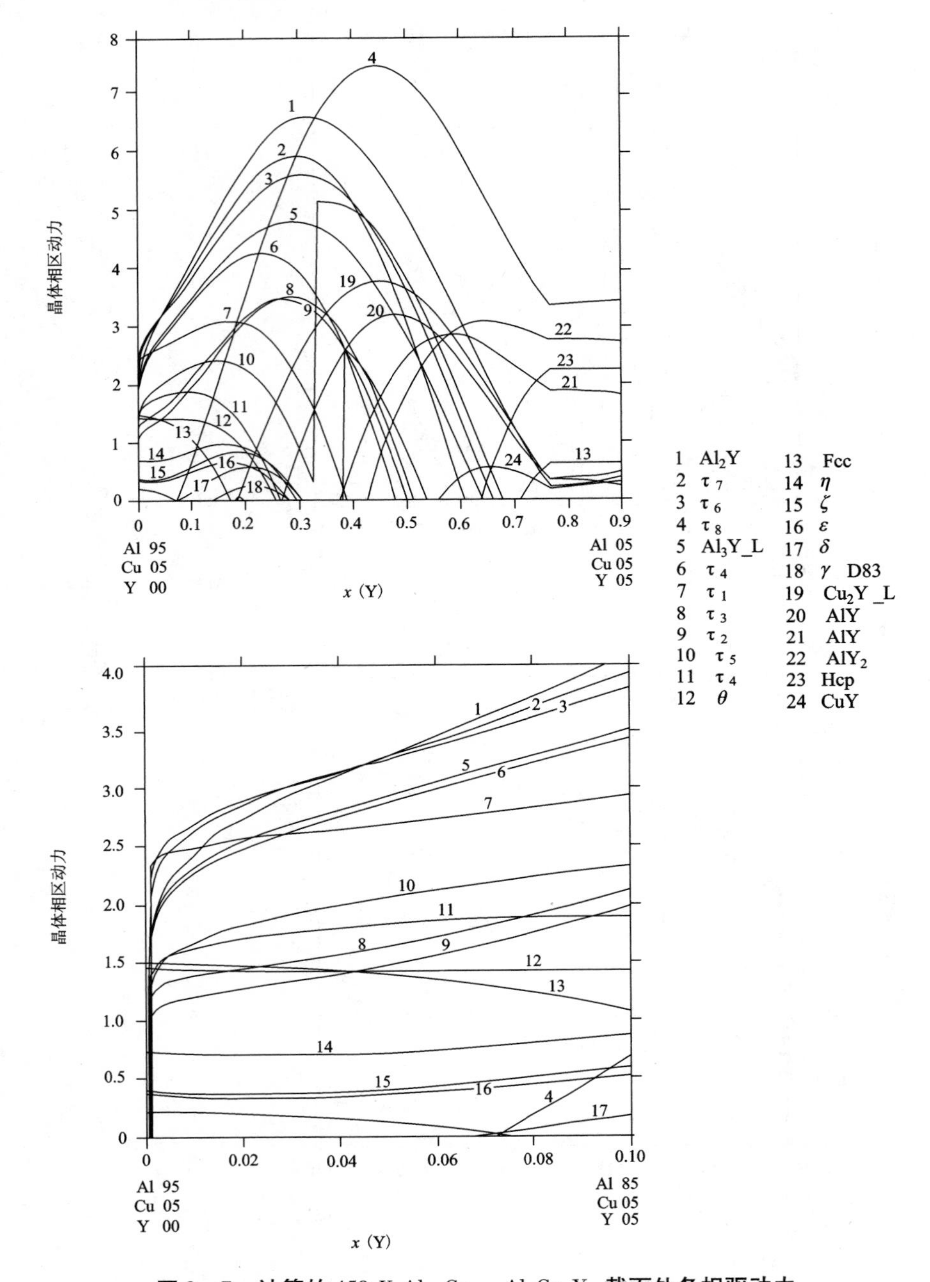

图 8 – 7 计算的 450 K $Al_{95}Cu_5$ – $Al_5Cu_5Y_{90}$ 截面处各相驱动力

Fig. 8 – 7 Calculated driving forces of crystalline phases for $Al_{95-x}Cu_5Y_x$ alloys, versus Y content at 450 K

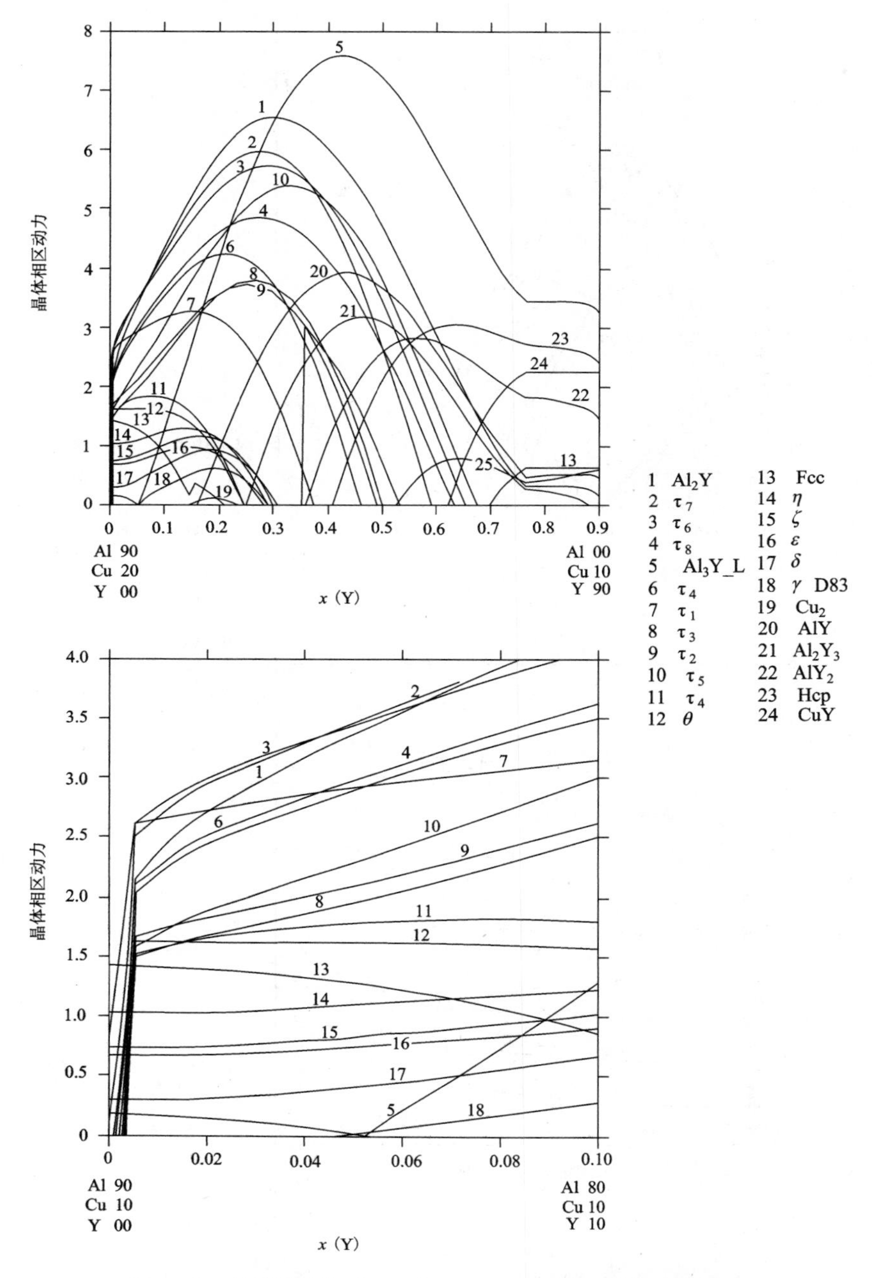

图 8－8　计算的 450 K $Al_{90}Cu_{10}$－$Cu_{10}Y_{90}$ 截面处各相驱动力

Fig. 8－8　Calculated driving forces of crystalline phases for $Al_{90-x}Cu_{10}Y_x$ alloys, versus Y content at 450 K

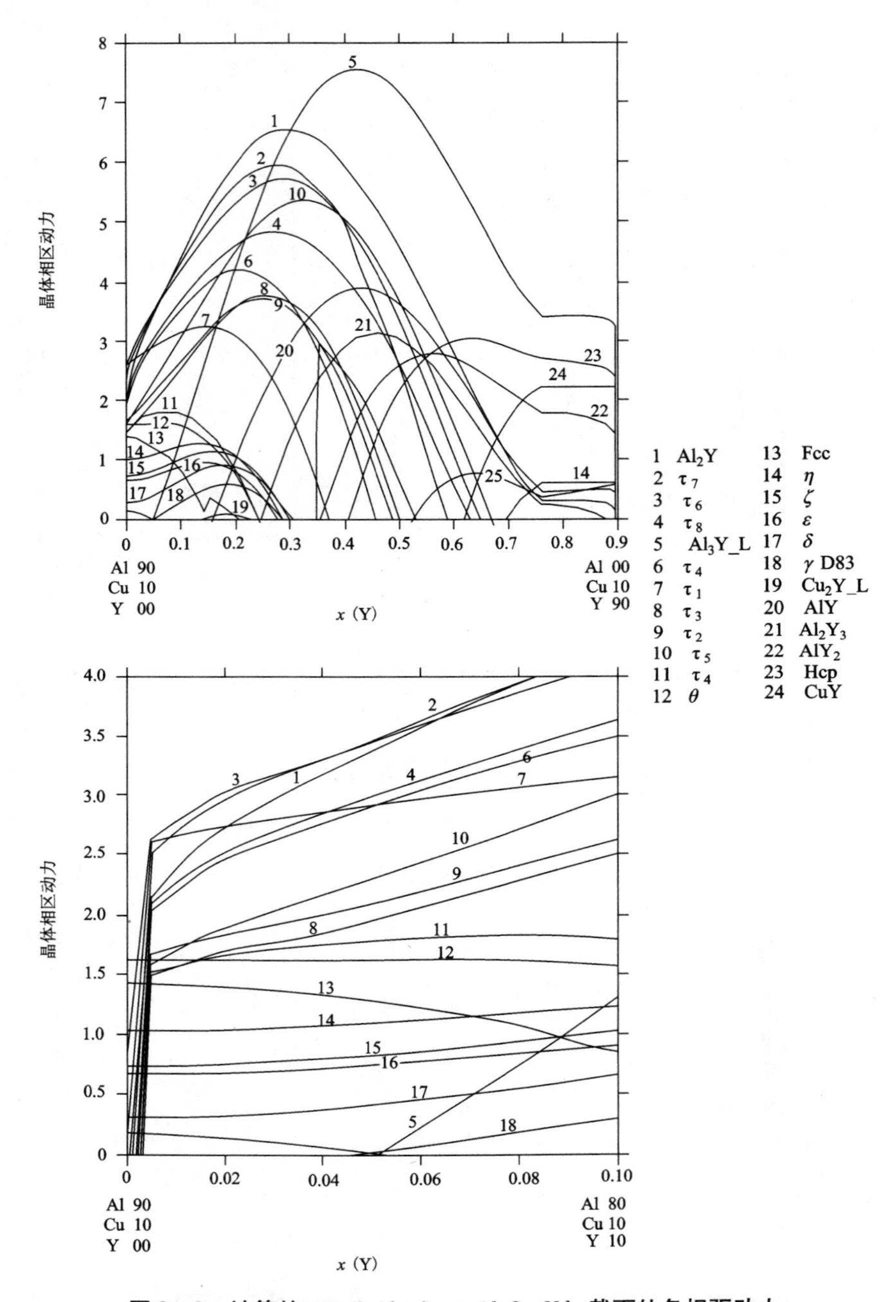

图 8-9 计算的 450 K $Al_{98}Cu_2$ - $Al_8Cu_2Nd_{90}$ 截面处各相驱动力

Fig. 8-9 Calculated driving forces of crystalline phases for $Al_{98-x}Cu_2Nd_x$ alloys, versus Nd content at 450 K

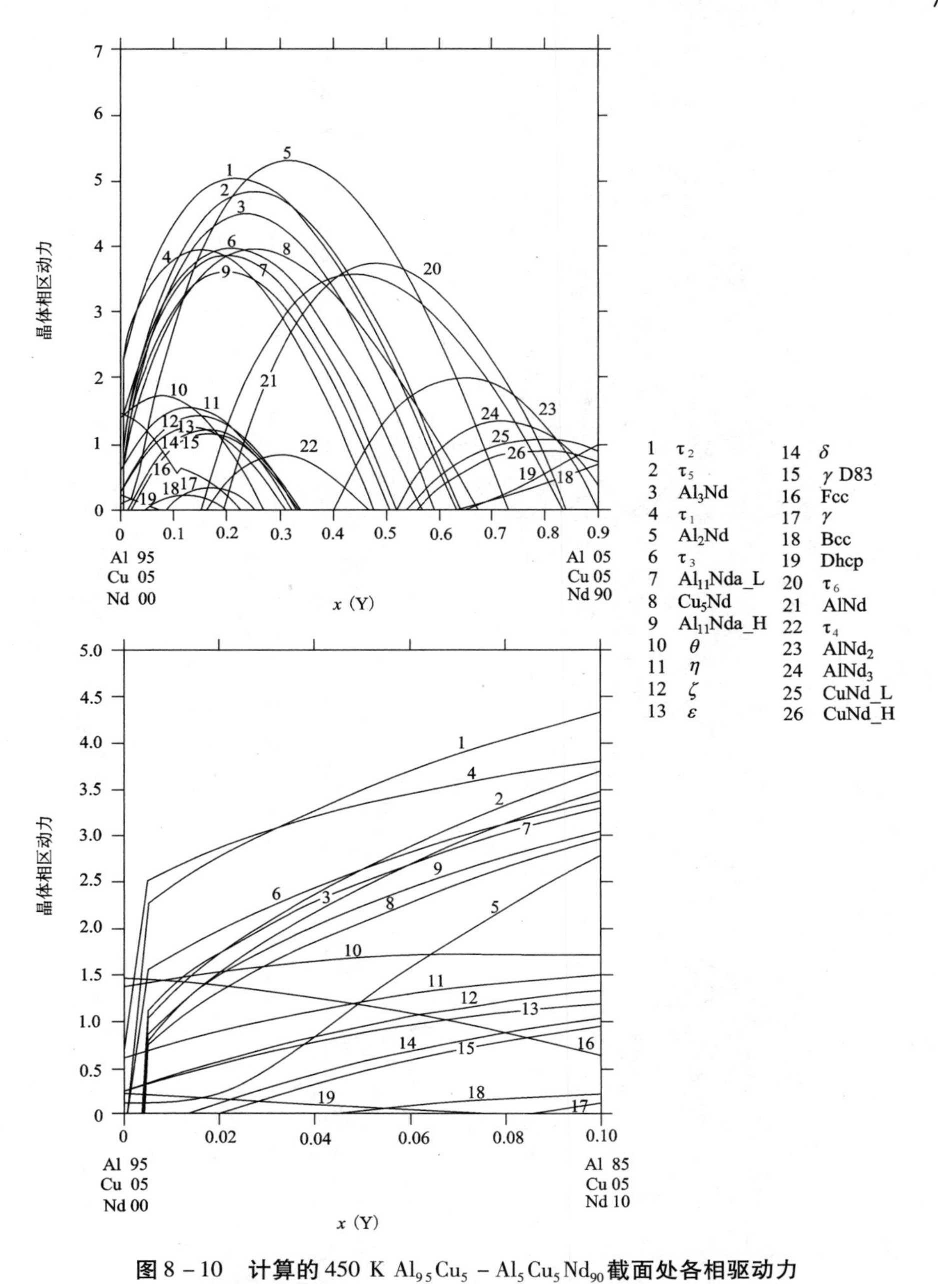

图 8－10　计算的 450 K $Al_{95}Cu_5$ － $Al_5Cu_5Nd_{90}$ 截面处各相驱动力

Fig. 8－10　Calculated driving forces of crystalline phases for $Al_{95-x}Cu_5Nd_x$ alloys, versus Nd content at 450 K

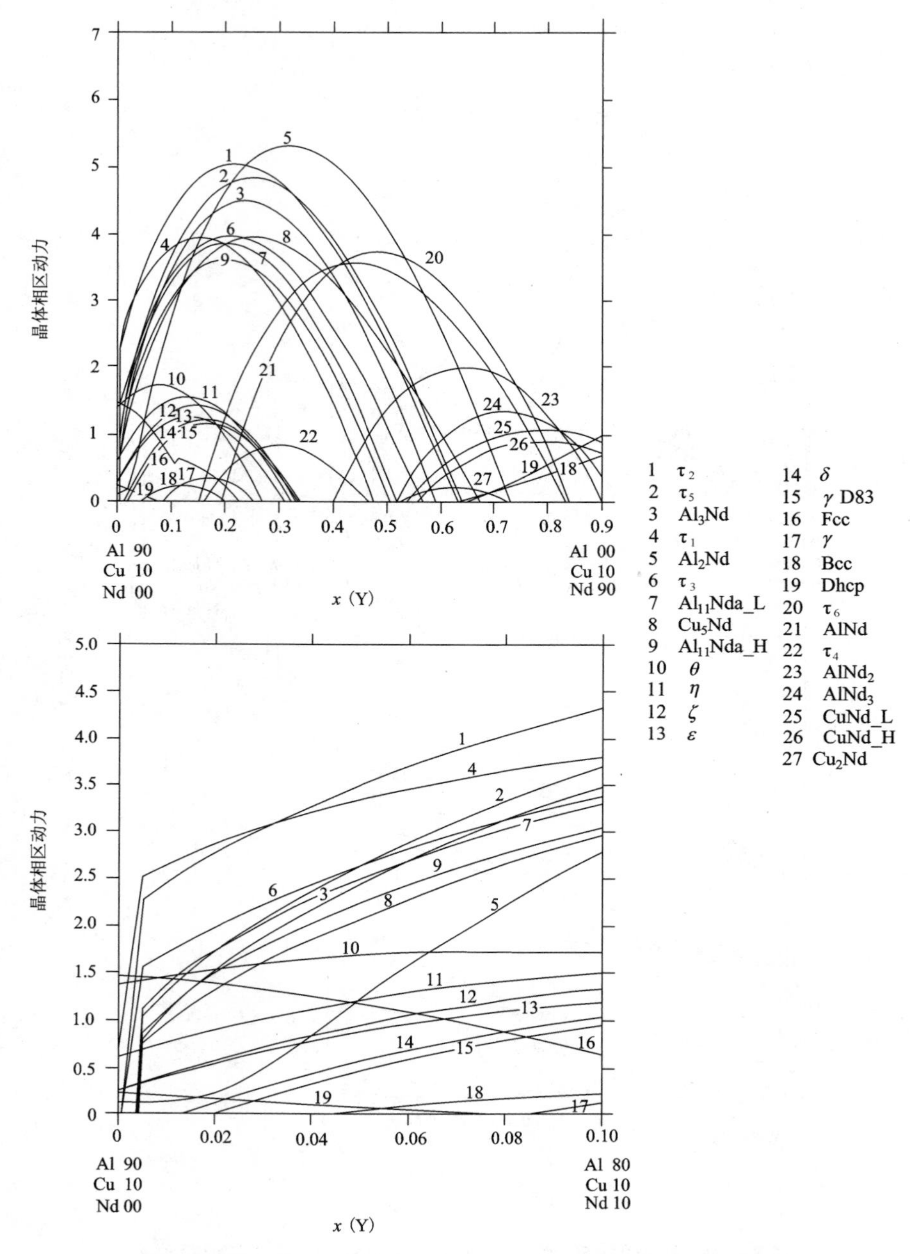

图 8 - 11 计算的 450 K $Al_{90}Cu_{10}$ - $Cu_{10}Nd_{90}$ 截面处各相驱动力

Fig. 8 - 11 Calculated driving forces of crystalline phases for $Al_{90-x}Cu_{10}Nd_x$ alloys, versus Nd content at 450 K

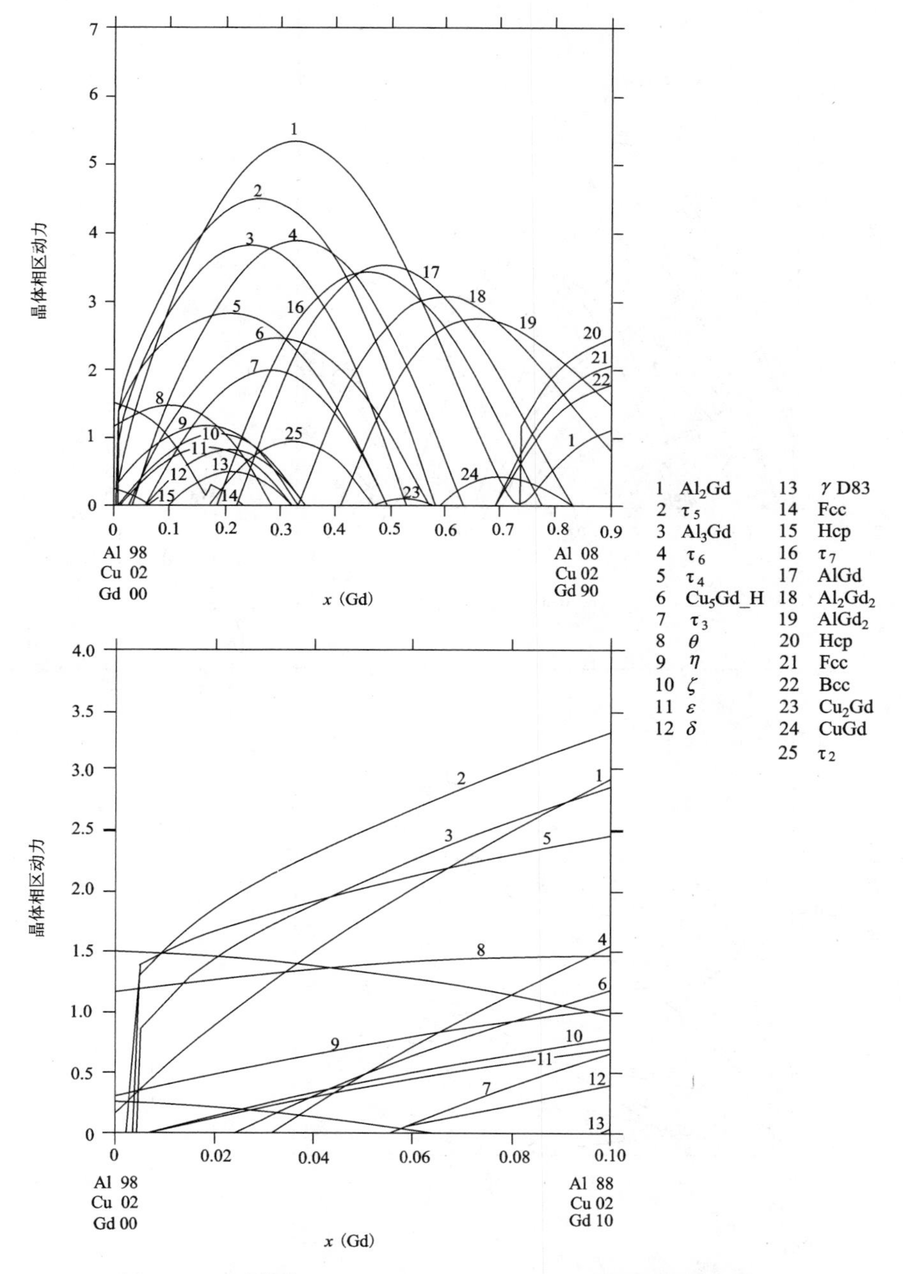

图 8－12　计算的 450 K $Al_{98}Cu_2$－$Al_8Cu_2Gd_{90}$ 截面处各相驱动力

Fig. 8－12　Calculated driving forces of crystalline phases for $Al_{98-x}Cu_2Gd_x$ alloys, versus Gd content at 450 K

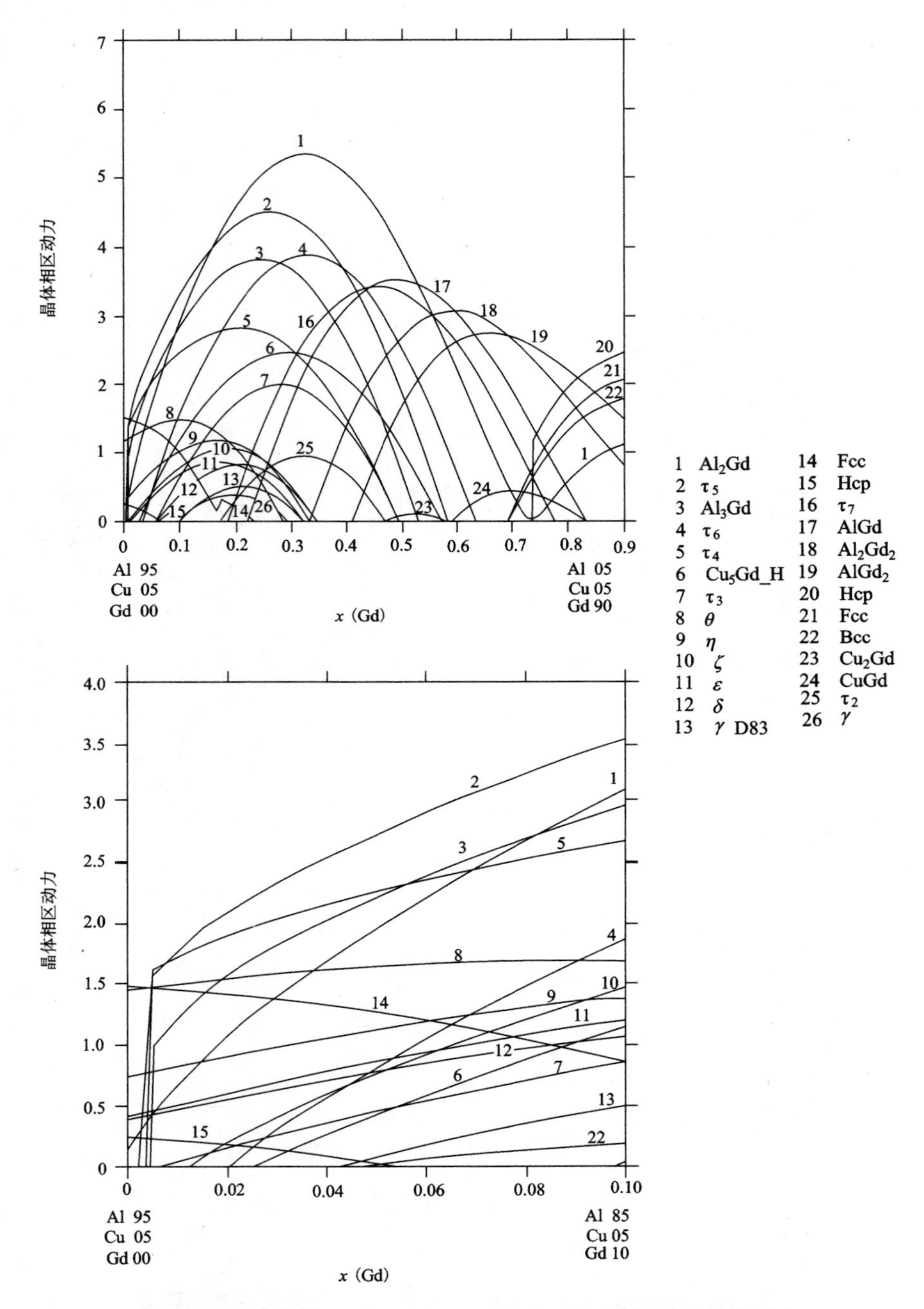

图 8－13 计算的 450 K $Al_{95}Cu_5$－$Al_5Cu_5Gd_{90}$ 截面处各相驱动力

Fig. 8－13 Calculated driving forces of crystalline phases for $Al_{95-x}Cu_5Gd_x$ alloys, versus Gd content at 450 K

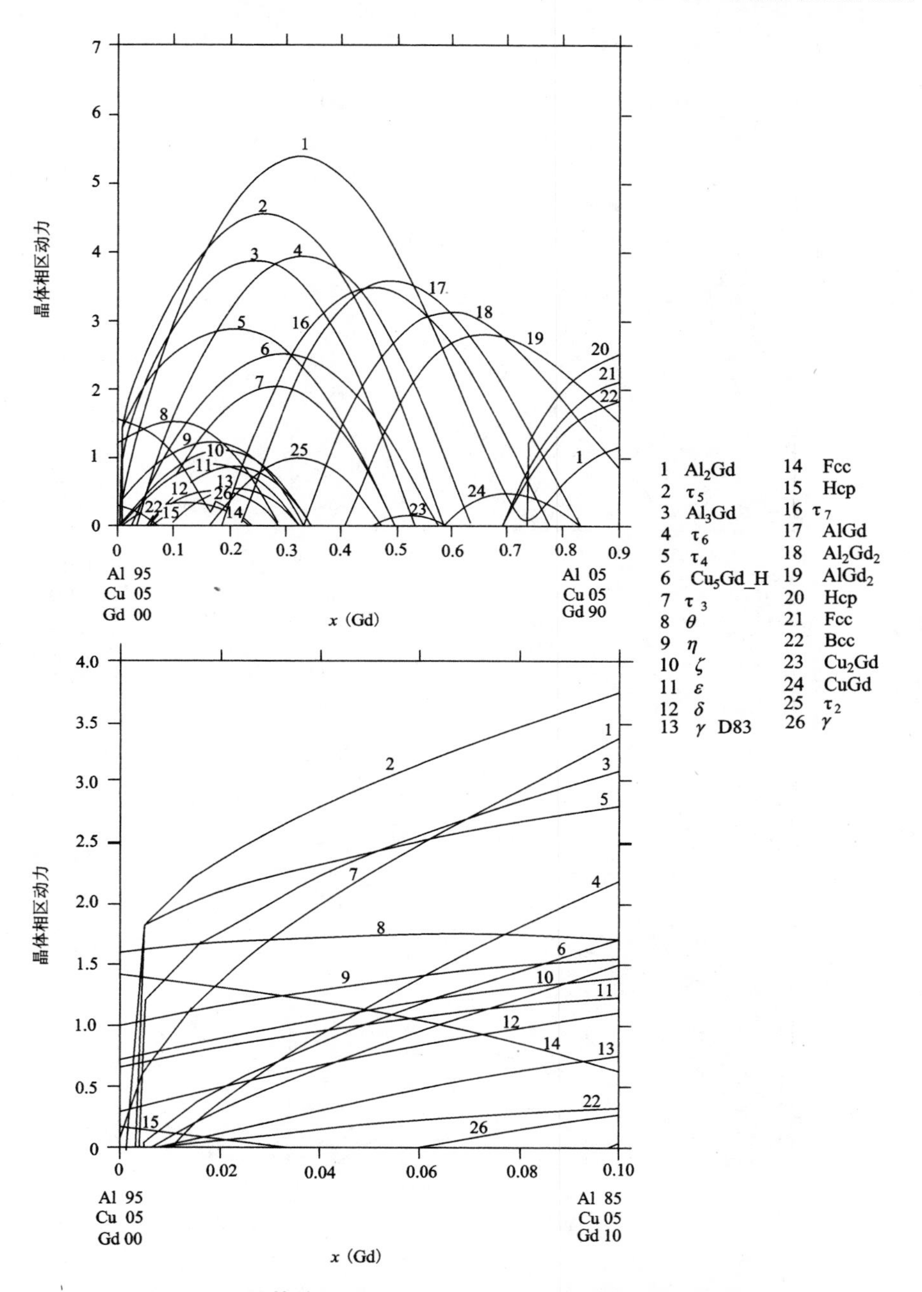

图 8－14　计算的 450 K $Al_{90}Cu_{10}-Cu_{10}Nd_{90}$ 截面处各相驱动力

Fig. 8－14　Calculated driving forces of crystalline phases for $Al_{90-x}Cu_{10}Nd_x$ alloys, versus Nd content at 450 K

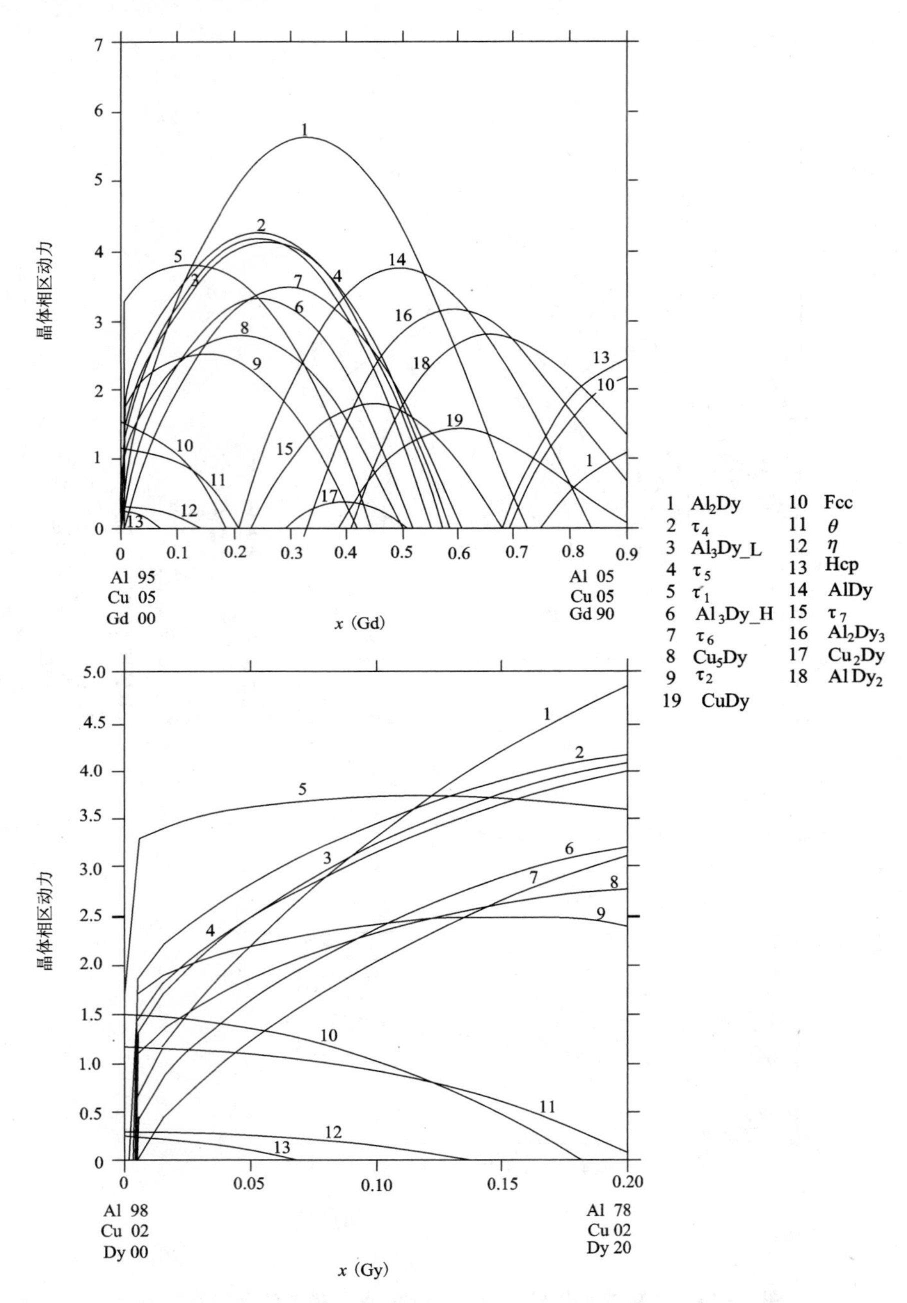

图 8－15　计算的 450 K $Al_{98}Cu_2$－$Al_8Cu_2Dy_{90}$ 截面处各相驱动力

Fig. 8－15　Calculated driving forces of crystalline phases for $Al_{98-x}Cu_2Dy_x$ alloys, versus Dy content at 450 K

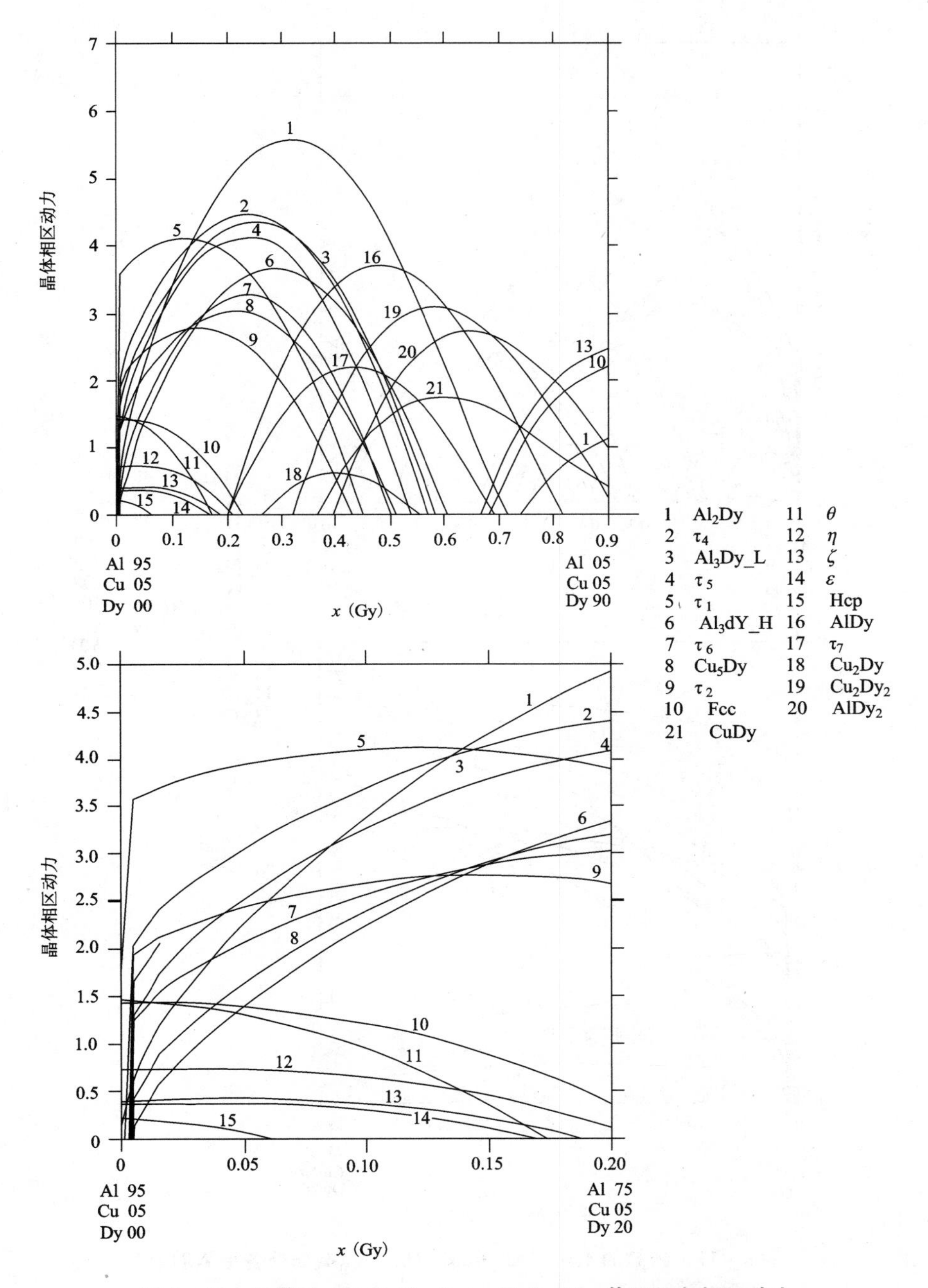

图 8-16 计算的 450 K $Al_{95}Cu_5-Al_5Cu_5Dy_{90}$ 截面处各相驱动力

Fig. 8-16 Calculated driving forces of crystalline phases for $Al_{95-x}Cu_5Dy_x$ alloys, versus Dy content at 450 K

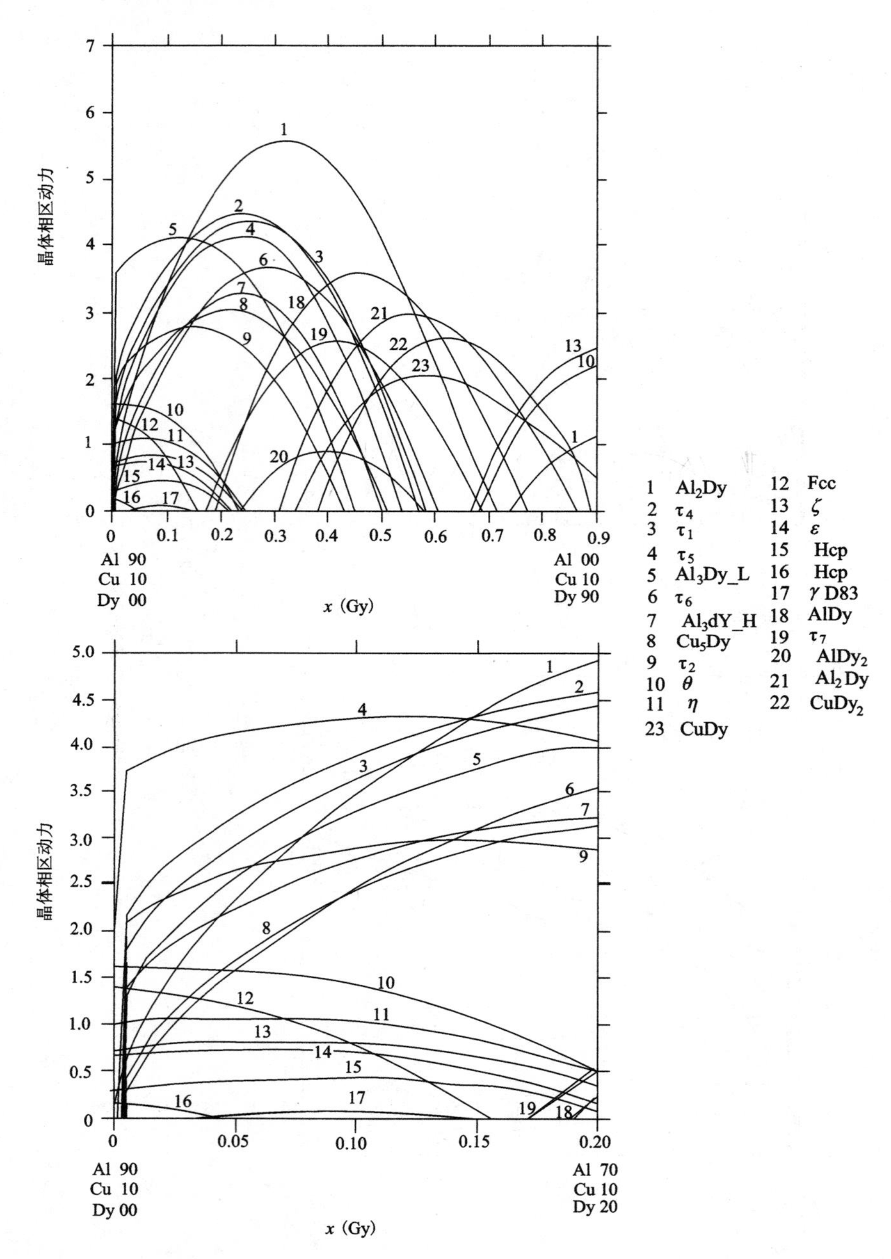

图 8 - 17 计算的 450 K $Al_{90}Cu_{10}$ - $Cu_{10}Dy_{90}$ 截面处各相驱动力

Fig. 8 - 17 Calculated driving forces of crystalline phases for $Al_{90-x}Cu_{10}Dy_x$ alloys, versus Dy content at 450 K

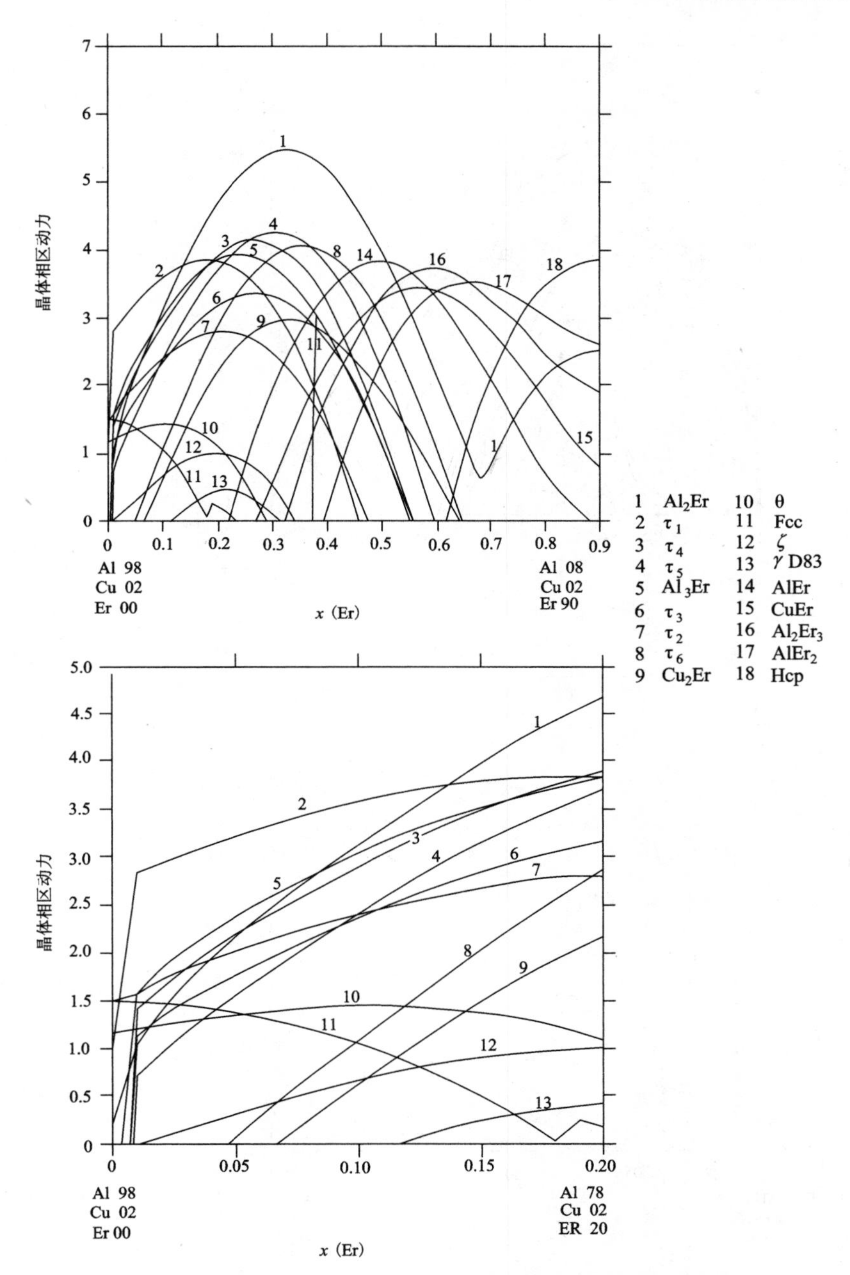

图 8-18　计算的 450 K $Al_{98}Cu_2-Al_8Cu_2Er_{90}$ 截面处各相驱动力

Fig. 8-18　Calculated driving forces of crystalline phases for $Al_{98-x}Cu_2Er_x$ alloys, versus Er content at 450 K

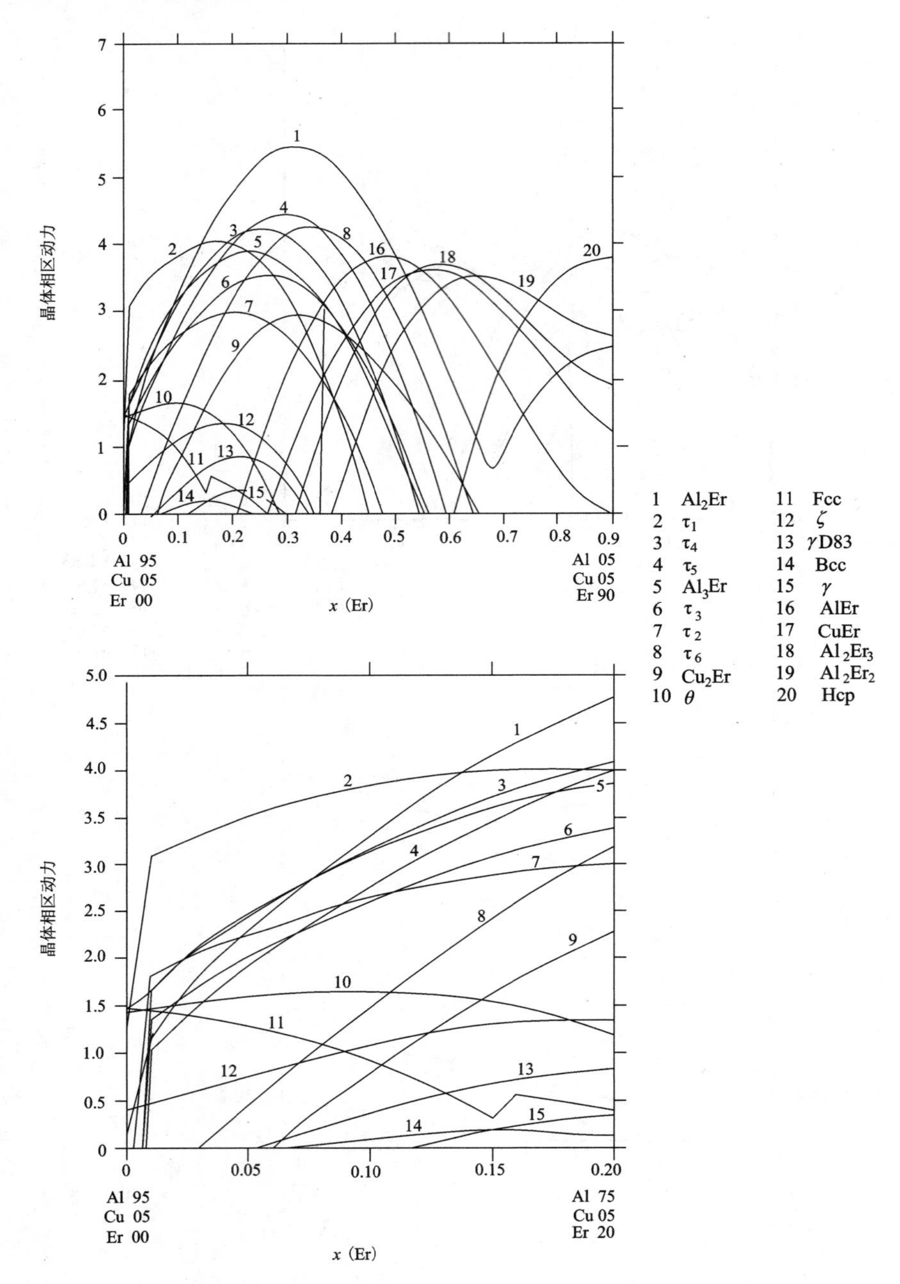

图 8 - 19　计算的 450 K $Al_{95}Cu_5$ - $Al_5Cu_5Er_{90}$ 截面处各相驱动力

Fig. 8 - 19　Calculated driving forces of crystalline phases for $Al_{95-x}Cu_5Er_x$ alloys, versus Er content at 450 K

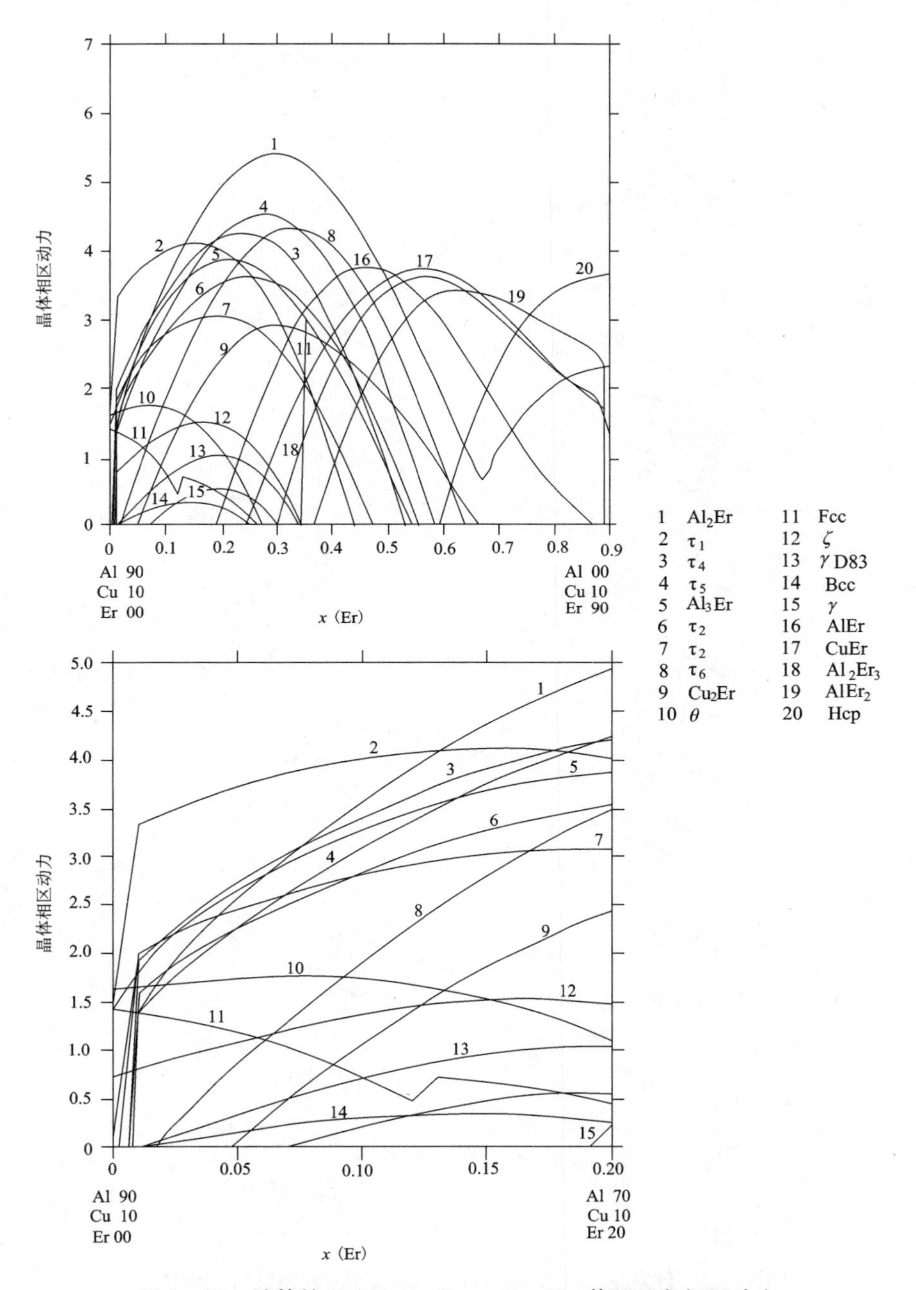

图 8-20 计算的 450 K $Al_{90}Cu_{10}-Cu_{10}Er_{90}$ 截面处各相驱动力

Fig. 8-20 Calculated driving forces of crystalline phases for $Al_{90-x}Cu_{10}Er_x$ alloys, versus Er content at 450 K

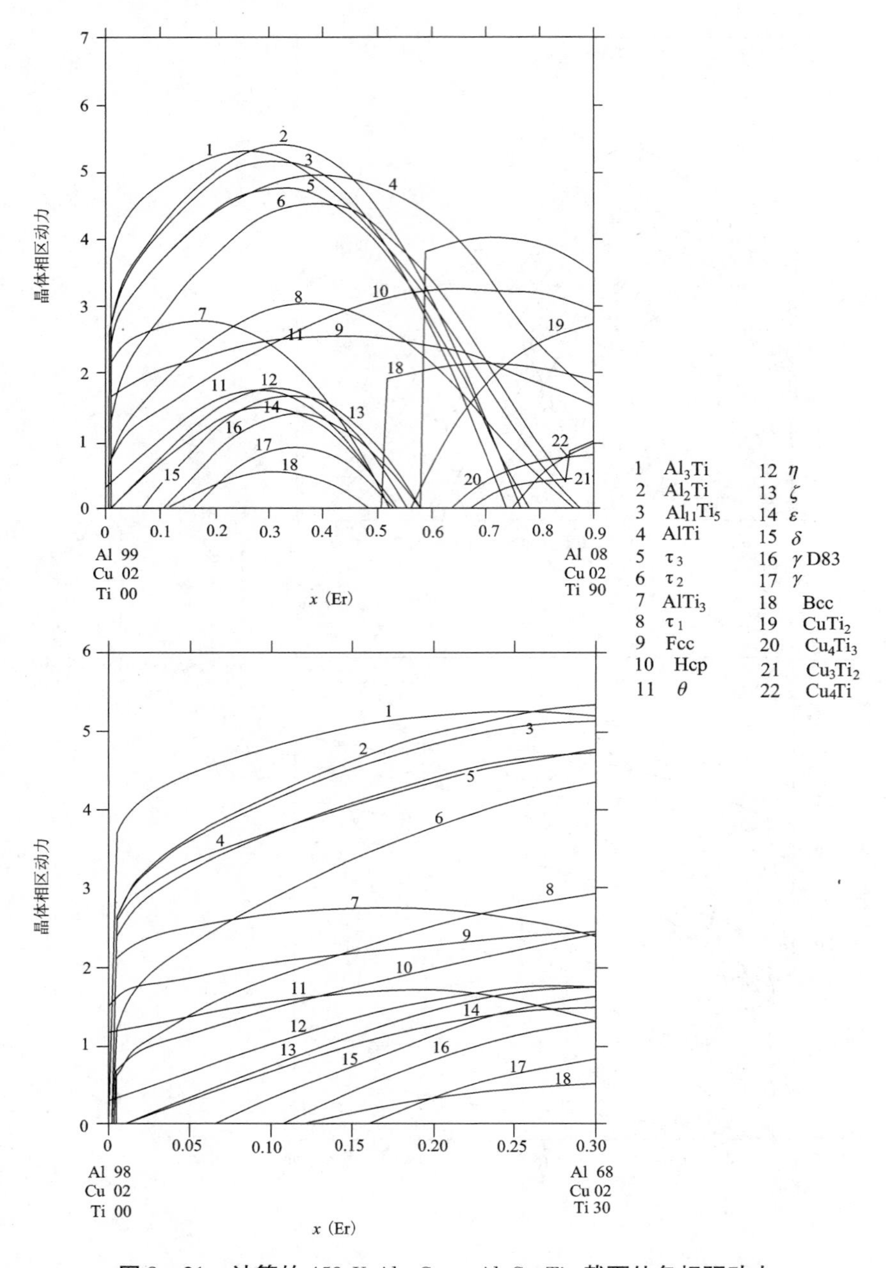

图 8 - 21 计算的 450 K $Al_{98}Cu_2$ - $Al_8Cu_2Ti_{90}$ 截面处各相驱动力

Fig. 8 - 21 Calculated driving forces of crystalline phases for $Al_{98-x}Cu_2Ti_x$ alloys, versus Ti content at 450 K

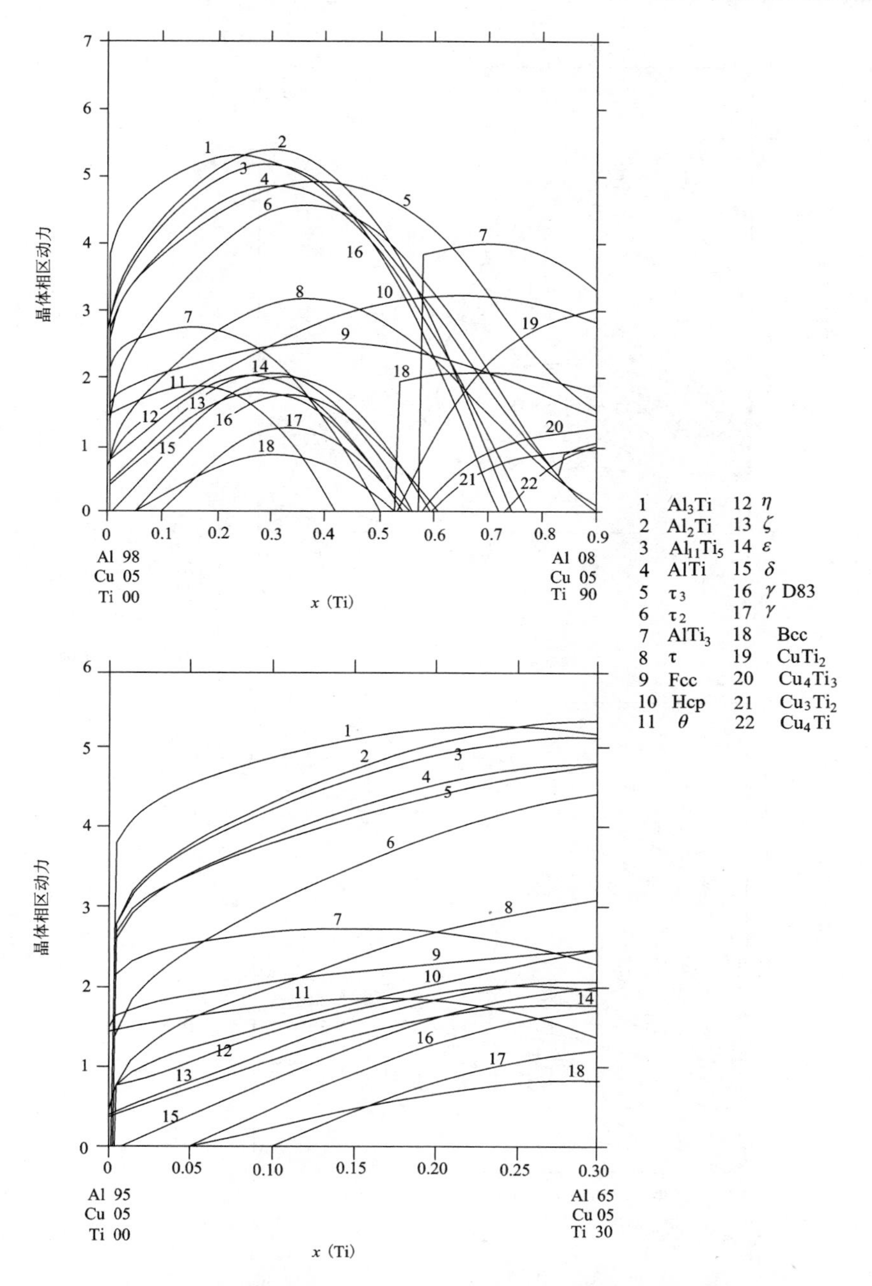

图 8－22　计算的 450 K $Al_{95}Cu_5$－$Al_5Cu_5Ti_{90}$ 截面处各相驱动力

Fig. 8－22　Calculated driving forces of crystalline phases for $Al_{95-x}Cu_5Ti_x$ alloys, versus Ti content at 450 K

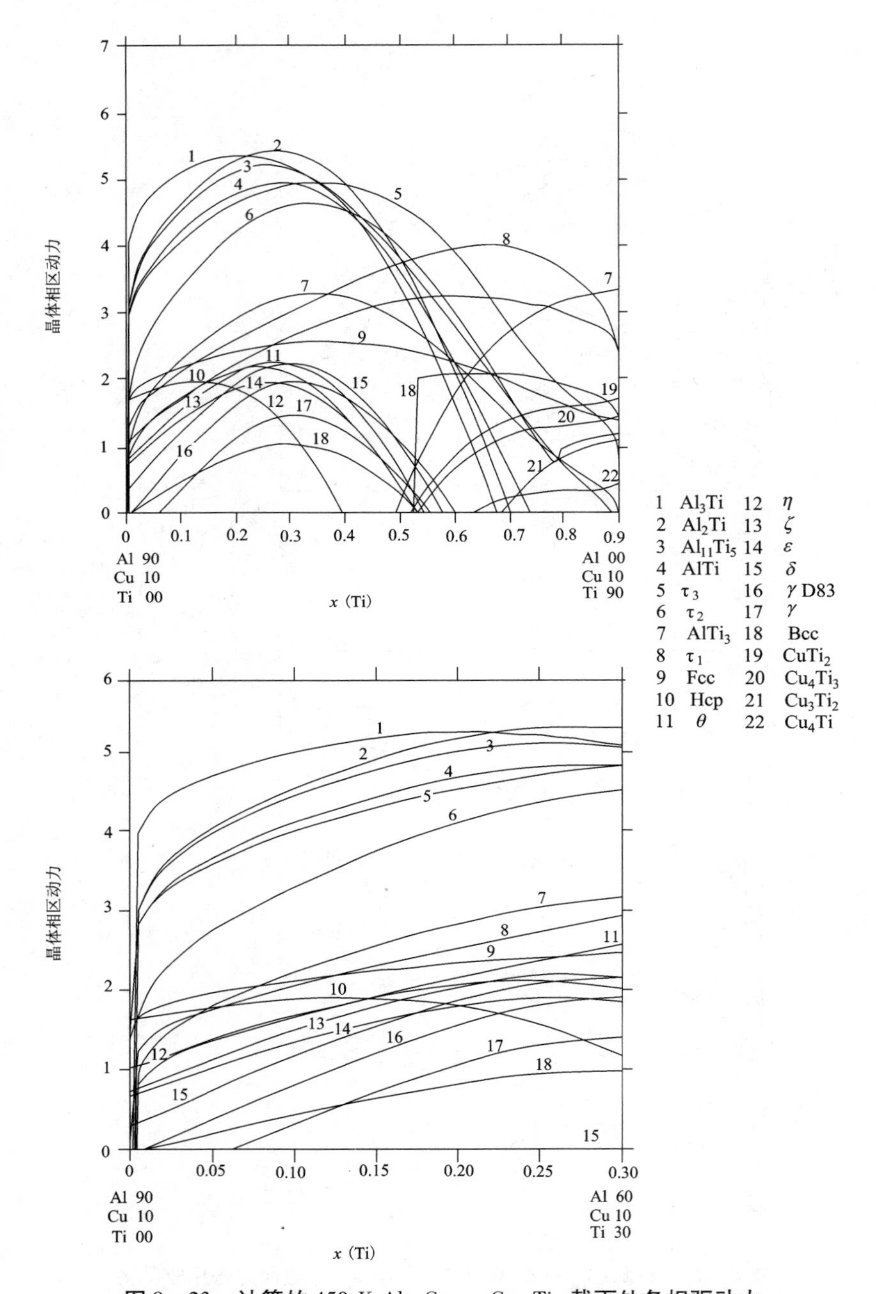

图 8 - 23 计算的 450 K $Al_{90}Cu_{10}$ - $Cu_{10}Ti_{90}$ 截面处各相驱动力

Fig. 8 - 23 Calculated driving forces of crystalline phases for $Al_{90-x}Cu_{10}Ti_x$ alloys, versus Ti content at 450 K

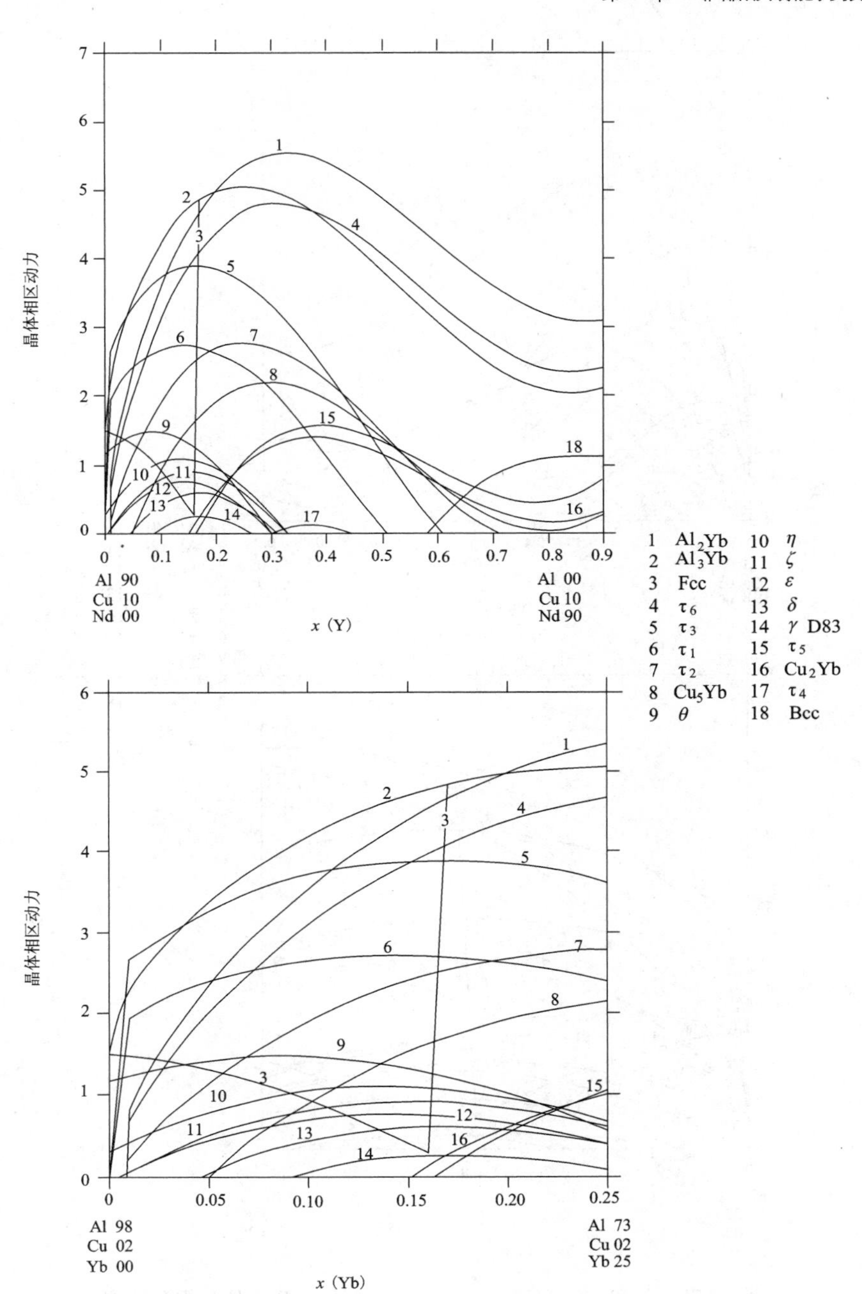

图 8-24　计算的 450 K $Al_{98}Cu_2$ - $Al_8Cu_2Yb_{90}$ 截面处各相驱动力

Fig. 8-24　Calculated driving forces of crystalline phases for $Al_{98-x}Cu_2Yb_x$ alloys, versus Yb content at 450 K

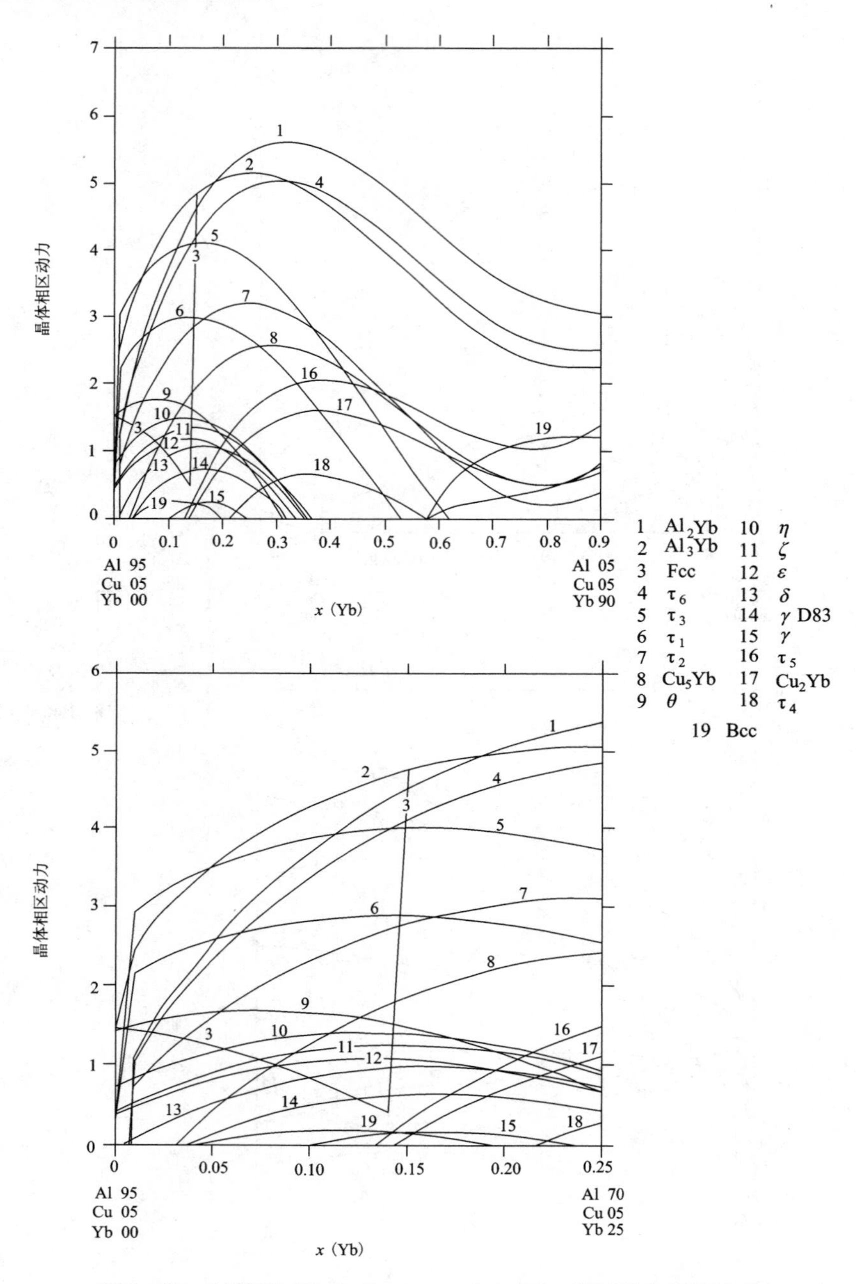

图 8 - 25 计算的 450 K $Al_{95}Cu_5$ - $Al_5Cu_5Yb_{90}$ 截面处各相驱动力

Fig. 8 - 25 Calculated driving forces of crystalline phases for $Al_{95-x}Cu_5Yb_x$ alloys, versus Yb content at 450 K

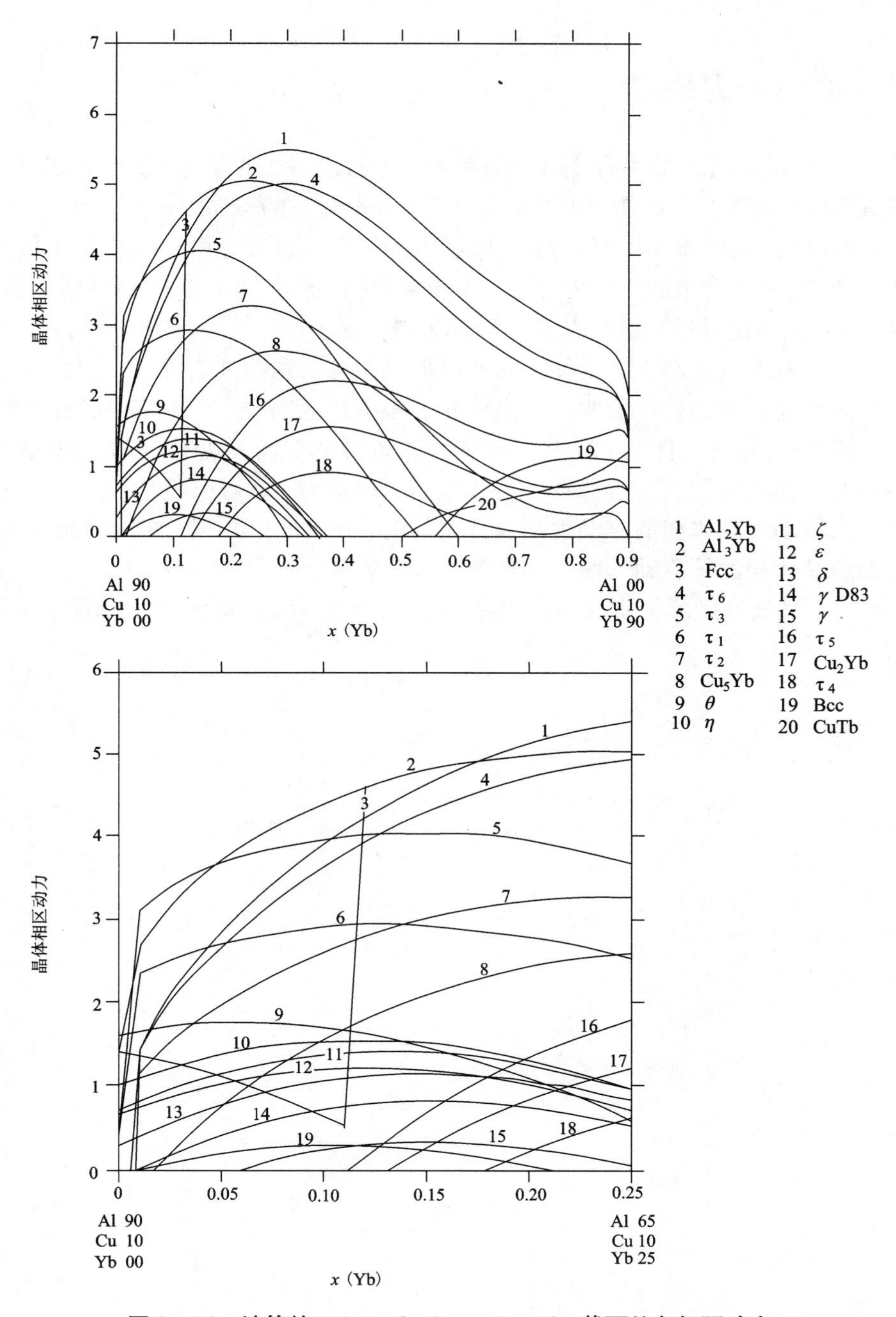

图8－26　计算的450 K $Al_{90}Cu_{10}$－$Cu_{10}Yb_{90}$截面处各相驱动力

Fig. 8－26　Calculated driving forces of crystalline phases for $Al_{90-x}Cu_{10}Yb_x$ alloys, versus Yb content at 450 K

8.4 恒驱动力线

上节中计算了在 450 K 下各个晶体相相对于过冷液相的驱动力，计算结果可以得到具体成分的非晶形成能力以及该成分下非晶晶化时的驱动力序列，作为晶化的初级评判标准。如图 8 - 3 中的合金 $Al_{33.3}Cu_{33.3}Gd_{33.4}$，该合金中非晶与晶体相同时存在，通过计算该合金的驱动力可知，在该合金中，τ_7 - AlCuGd 相的驱动力最大，因此，该合金晶化时最容易形成 τ_7 - AlCuGd 相，这个计算结果与实验吻合。

只有具有最大驱动力的晶体相对非晶形成能力的预测才有作用，因此具体合金成分处不需要考虑其他低驱动力晶体相。根据以上规则，8.3 节中的计算结果(如图 8 - 7)可修改为图 8 - 27。该图显示了随稀土 Y 含量变化时最大相驱动力晶体相的驱动力变化。通过计算一系列截面的驱动力，就可以模拟出完整成分范围内最大驱动力晶体相的驱动力随成分变化图。图 8 - 28 即是计算的 450 K 时最大驱动力晶体相的等驱动力图。结合图 8 - 27 和 8 - 28 可知，Al - Cu - Y 三元系中，驱动力最低的处除了富 Al 角，还有富稀土 Y 角，而且其处于低驱动力的成分

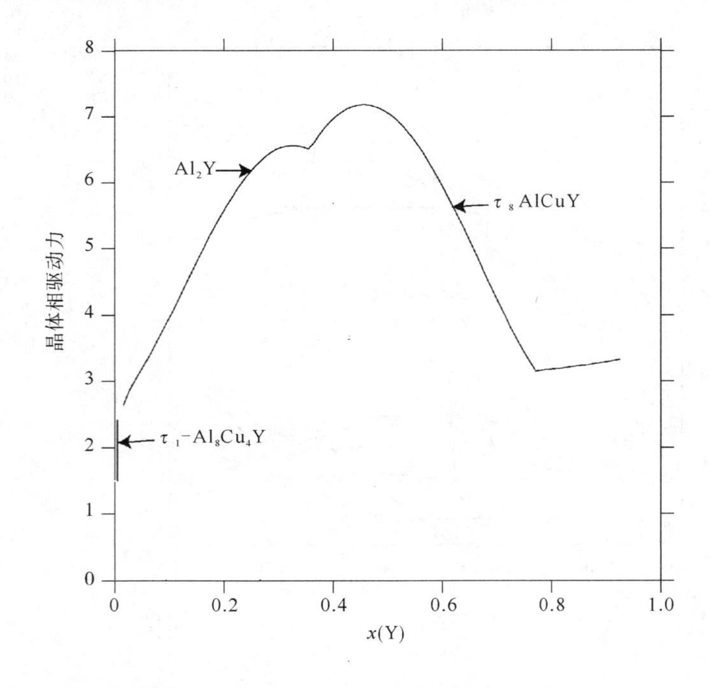

图 8 - 27 计算的 450 K $Al_{95}Cu_5$ - Cu_5Y_{95} 截面处各相驱动力

Fig. 8 - 27 Calculated driving forces of crystalline phases for $Al_{95-x}Cu_5Y_x$ alloys, versus Y content at 450 K

范围比富 Al 角的更宽，这也说明了在富稀土 Y 端形成非晶的可能性也很高，计算结果与实验合金结果[111, 269, 270]一致。值得一提的是 Al - Cu - Y 三元系中富 Al 角的共晶反应（L→Fcc(Al) + Al_3Y + τ_6，0.6% Cu，2.8% Y）也处于驱动力低的区域内，说明合金在该成分处容易形成非晶，这与 low - lying - liquidus surfaces 的判据一致。但这一点与 Inoue 的实验结果[111]不符，Inoue 的实验结果（如图 2 - 1 所示）显示：只有稀土含量在 5% ~15%（原子分数）之间的合金才容易形成非晶态（驱动力计算显示稀土 Y 含量低于 15% 的合金驱动力（ <5）均较低）。驱动力判据与实验结果出现偏差的原因是：驱动力判据的前提是忽略了界面能以及动力学因素，当这两个因素影响较大时，驱动力判据将出现一定的偏差。不过，恒驱动力线能够描述出合金的非晶形成能力变化的总体趋势。

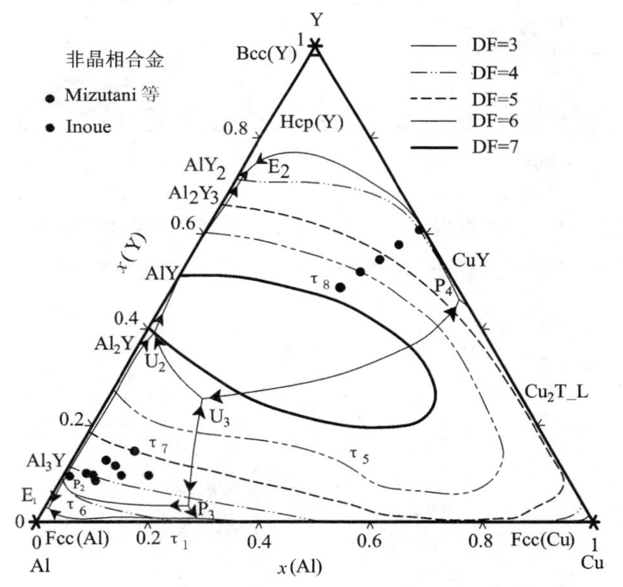

图 8 - 28　计算的 Al - Cu - Y 系 450 K 时最大驱动力晶体相的等驱动力图（DF 代表驱动力值）

Fig. 8 - 28　Calculated isoplethal of driving forces in Al - Cu - Y system with experimetal alloys[111, 296, 297]

类似地，Al - Cu - RE（RE = Nd、Gd、Dy、Er、Yb 和 Ti）体系在 450 K 时最大驱动力晶体相的等驱动力图计算结果如图 8 - 29 至 8 - 34 所示。通过计算可以发现，富稀土以及富 Al 的合金均易形成非晶，但是富稀土处合金的成分范围明显较为宽广。此外，Al - Cu - Gd、Al - Cu - Dy、Al - Cu - Er 和 Al - Cu - Ti 三元系的等驱动力计算结果表明，合金在富 Cu 端也容易形成非晶，这与实验结果[189]一致。

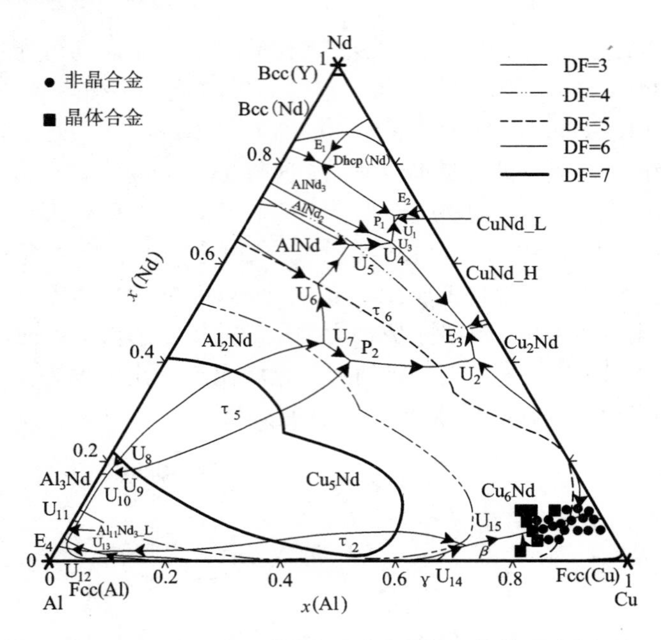

图 8-29　计算的 Al-Cu-Nd 系 450 K 时最大驱动力晶体相的等驱动力图(DF 代表驱动力值)

Fig. 8-29　Calculated isoplethal of driving forces in Al-Cu-Nd system with experimental alloys[189]

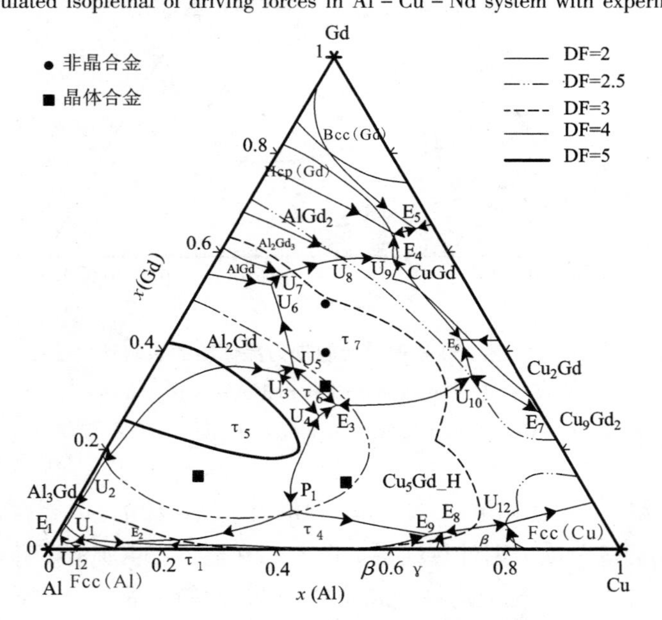

图 8-30　计算的 Al-Cu-Gd 系 450 K 时最大驱动力晶体相的等驱动力图(DF 代表驱动力值)

Fig. 8-30　Calculated isoplethal of driving forces in Al-Cu-Gd system with experimental alloys with experimetal alloys[207]

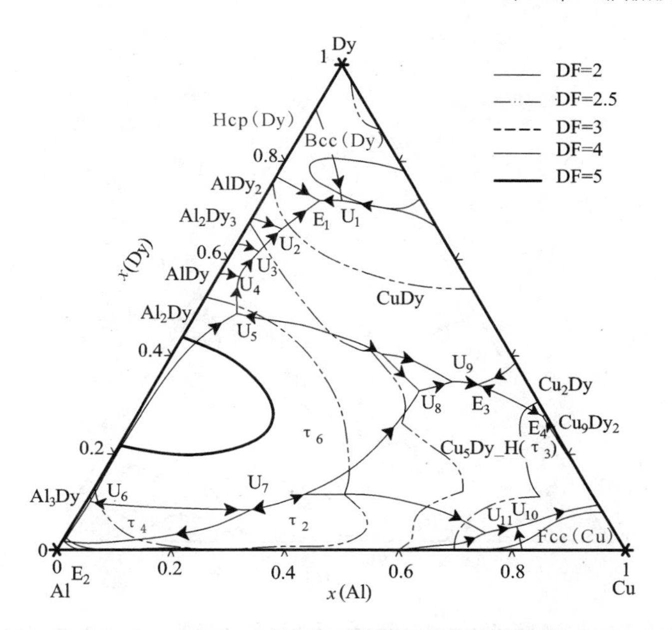

图 8 - 31　计算的 Al - Cu - Dy 系 450 K 时最大驱动力晶体相的等驱动力图(DF 代表驱动力值)

Fig. 8 - 31　Calculated isoplethal of driving forces in Al - Cu - Dy system

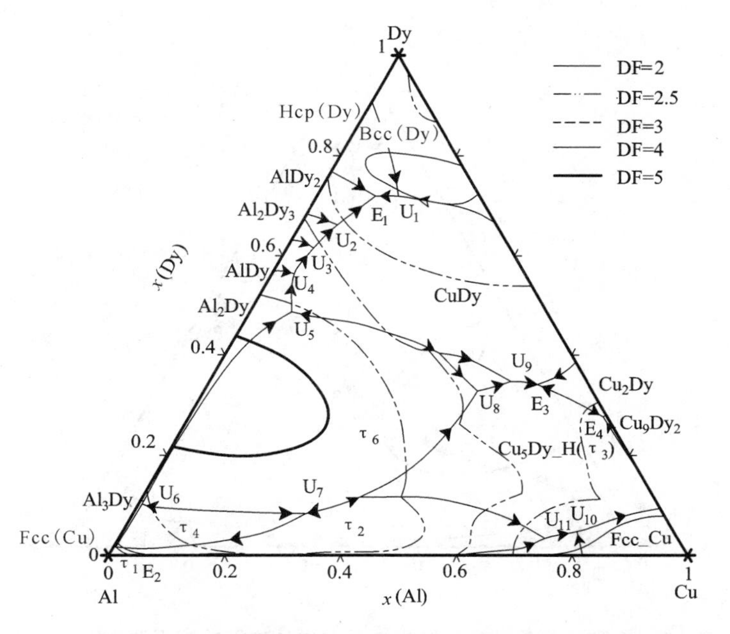

图 8 - 32　计算的 Al - Cu - Er 系 450 K 时最大驱动力晶体相的等驱动力图(DF 代表驱动力值)

Fig. 8 - 32 Calculated isoplethal of driving forces in Al - Cu - Er system

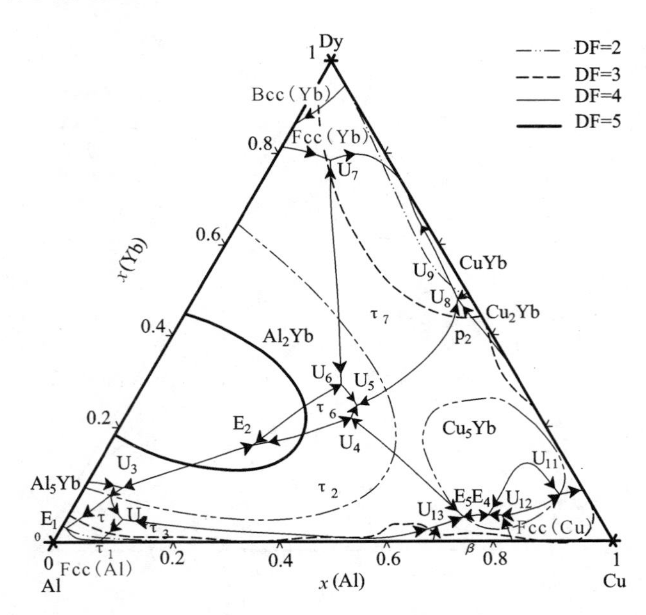

图 8 - 33　计算的 Al - Cu - Yb 系 450 K 时最大驱动力晶体相的等驱动力图(DF 代表驱动力值)

Fig. 8 - 33 Calculated isoplethal of driving forces in Al - Cu - Yb system

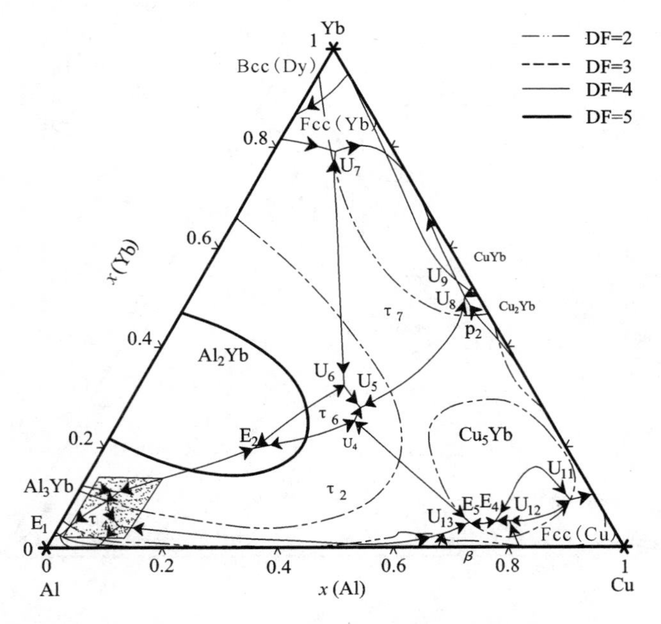

图 8 - 34　计算的 Al - Cu - Ti 系 450 K 时最大驱动力晶体相的等驱动力图(DF 代表驱动力值)

Fig. 8 - 34 Calculated isoplethal of driving forces in Al - Cu - Ti system

8.5 合金设计

由于 Al－Cu－RE 的合金中 $AuCu_3$($L1_2$)结构的 Al_3RE 相在铝基体中的溶解度很小甚至为零，因此无法采用传统的固溶时效方式获得耐热铝合金。因此本节以 Al－Cu－Yb系合金为例，采用非晶态作为过渡亚稳态来设计新型耐热Al－Cu－RE 合金。图8－35 计算了在 Al－10Cu－2Yb(at.%)合金中 Al_3Yb 相分别在 Fcc(Al)和 L 相中的析出驱动力与温度的关系，可以发现 Al_3Yb 相在 Fcc(Al)相中的析出驱动力为零，这也说明了 Al_3Yb 相无法通过普通固溶处理时效强化来获得；同时发现 Al_3Yb 相在 L 中析出驱动力随温度降低而迅速升高，这说明随着合金的过冷度的提高 Al_3Yb 相析出的趋势越大。假设该合金的液相能够过冷到一定的温度(该液相可以看成是非晶相)，那就可以获得过饱和 Al_3Yb 相的非晶态合金，在这个基础上进行一定的热加工，使得 Al_3Yb 相弥散析出，这个过程就相当于一个固溶处理－时效强化的过程。Olson 等人[38]提出了以非晶态制备高性能耐热铝合金(Al－TM(过渡族金属：Ni、Cu、Co、Fe 等)－Yb)的思路，并发表了一个专利，他们提出当合金成分为 2%≤TM≤12% 且 2%≤Yb≤15%(原子分数)时(如图8－36 所示)，合金可以获得弥散的 Al_3Yb 相，而且合金的高温性能十分优异。通过热力学计算，可以模拟出 Al－Cu－Yb 体系的非晶形成能力以及随后能析出 Al_3Yb 相的合金成分，而计算结果显示合金成分为 2%≤TM≤18% 且 2%≤Yb≤14%(原子分数)时(如图8－37 所示)，合金的非晶形成力优异且能从非晶中析出 Al_3Yb 相。计算结果与实验结果吻合较好，说明该热力学设计合金的方法能够用于材料开发。

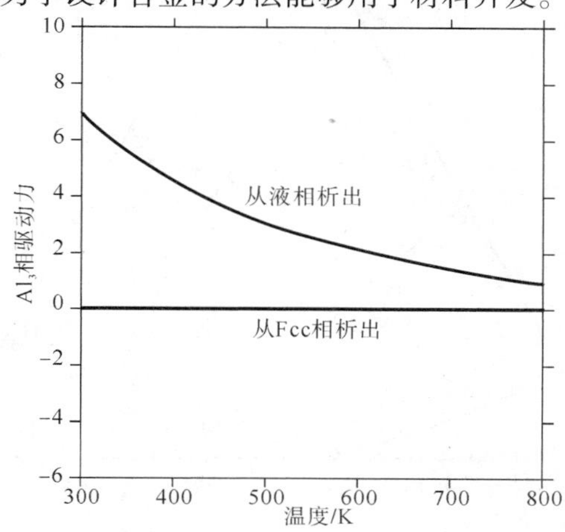

图8－35 计算的 Al－10Cu－2Yb(at.%)合金中 Al_3Yb 相分别在 Fcc(Al)和 L 相中的析出驱动力与温度的关系

Fig. 8－35 Calculated driving forces of Al_3Yb phase from Fcc(Al) and L in Al－Cu－Yb system

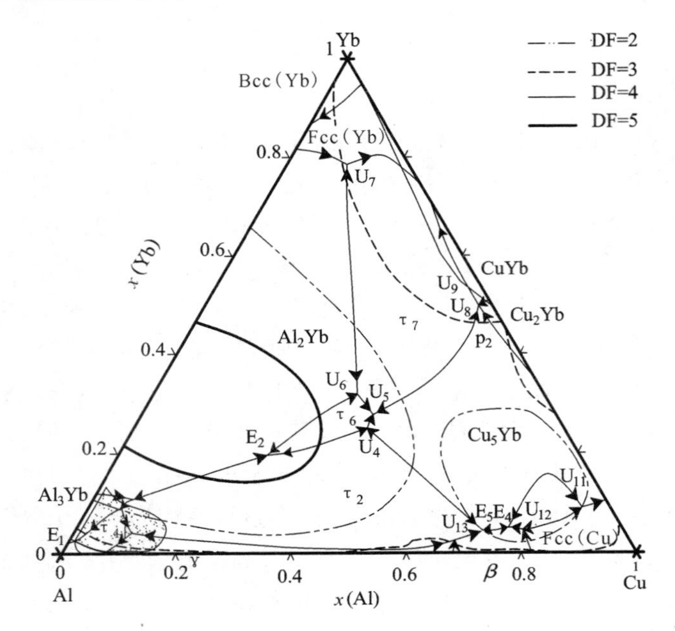

图 8 - 36　实验的 Al - Cu - Yb 系中获得弥散 Al_3Yb 相的成分区域(阴影区域)

Fig. 8 - 36 Experimental compositions of Al_3Yb phase in Al - Cu - Yb system

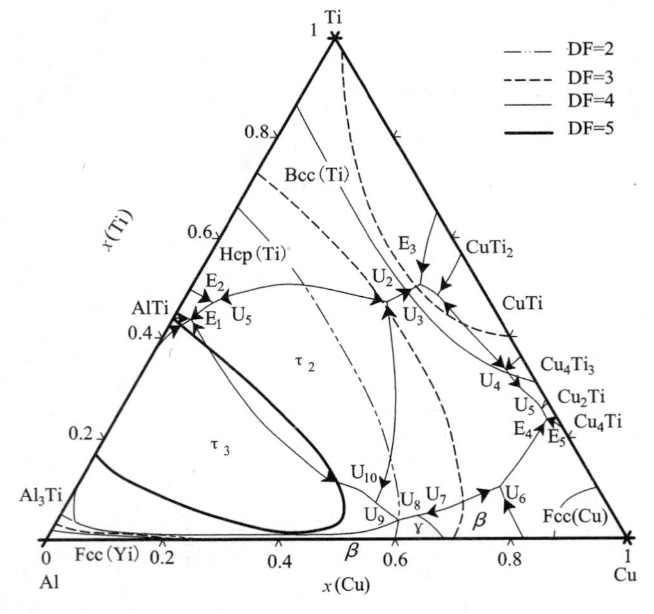

图 8 - 37　计算的 Al - Cu - Yb 系中获得弥散 Al_3Yb 相的成分区域(阴影区域)

Fig. 8 - 37 Calculated compositions of Al_3Yb phase in Al - Cu - Yb system

8.6　小结

本章首先通过 CALPHAD 方法，运用 Driving forces 判据，模拟了 Al – Cu – Y、Al – Cu – Nd、Al – Cu – Gd 以及 Al – Cu – Ti 体系非晶形成能力，模拟结果能合理的解释实验现象；其次，运用 Driving forces 判据预测了 Al – Cu – RE(RE = Y、Nd、Gd、Dy、Er、Yb 和 Ti) 三元系的非晶形成能力，预测结果显示合金的非晶形成能力与 RE 含量关系密切；最后，运用等驱动力线，预测了完整成分范围内合金的非晶形成能力。并在此基础上剖析一个专利，计算获得的成分与专利中报道的成分十分接近，说明基于相图及相图热力学的合金设计法是可行的。

参考文献

[1] 黎桂英，何红征. 铝及铝合金型材与制品[M]，广州：广东科技出版社，广州，1995，5.
[2]王祝堂，田荣璋. 铝合金及其加工手册[M]，长沙：中南大学出版社，2000.
[3]王世洪，铝及铝合金热处理，北京:机械工业出版社，1986.
[4] I J Polmear. Wrought aluminum alloys. Inst of Metals & Materials Australasia, Parkville, Australia, 1997, pp: 1 - 26.
[5] A. I. H. Committee, Properties and Selection: Nonferrous Alloys and Special - Purpose Materials, The Materials Information Company, 1994.
[6]蔡其刚，广西轻工业，(2009) 28 - 29.
[7]马鸣图，马露霞，新材料产业，(2008) 43 - 50.
[8]邱庆荣，孙宝德，周尧和，铸造，(1998) 46 - 49.
[9] O. H. Duparc, Zeitschrift fuer Metallkunde/Materials Research and Advanced Techniques, 96 (2005) 398 - 405.
[10] A. Heinz, A. Haszler, C. Keidel, S. Moldenhauer, R. Benedictus, W. S. Miller, Materials Science and Engineering A, 280 (2000) 102 - 107.
[11] J. H. Chen, E. Costan, M. A. van Huis, Q. Xu, H. W. Zandbergen, Science, 312 (2006) 416 - 419.
[12]彭志辉，材料导报，11 (1997) 16 - 19.
[13] F. W. Gayle, M. Goodway, Science, 266 (1994) 1015 - 1017.
[14] D. H. Xiao, M. Song, K. H. Chen, B. Y. Huang, Materials Science and Technology, 23 (2007) 1156 - 1160.
[15] Y. - L. Wu, F. H. Froes, C. Li, A. Alvarez, Metallurgical and Materials Transactions A: Physical Metallurgy and Materials Science, 30 (1999) 1017 - 1024.
[16] K. H. Chen, H. C. Fang, Z. Zhang, L. P. Huang, Materials Science Forum, (2007) 1021 - 1026.
[17] H. - c. Fang, K. - h. Chen, Z. Zhang, C. - j. Zhu, Transactions of the Nonferrous Metals Society of China, 18 (2008) 28 - 32.
[18] D. - h. Xiao, B. - y. Huang, Transactions of Nonferrous Metals Society of China, 17 (2007) 1181 - 1185.
[19] H. - z. Li, X. - p. Liang, F. - f. Li, F. - f. Guo, Z. Li, X. - m. Zhang, Transactions of Nonferrous Metals Society of China, 17 (2007) 1194 - 1198.
[20] L. Meng, X. L. Zheng, Materials Science and Engineering A, A237 (1997) 109 - 118.
[21] A. Deschamps, F. Livet, Y. Brohet, Acta Materialia, 47 (1998) 281 - 292.
[22] G. - f. Xu, S. - z. Mou, J. - j. Yang, T. - n. Jin, Z. - r. Nie, Z. - m. Yin, Transactions of Nonferrous Metals Society of China, 16 (2006) 598 - 603.
[23]杨军军，徐国富，聂祚仁，尹志民，特种铸造及有色合金，26 (2006) 293 - 296.

[24] S. Lathabai, P. Lloyd, Acta Materialia, 50 (2002) 4275 –4292.
[25] D. H. Xiao, M. Song, B. Y. Huang, J. H. Yi, Y. H. He, Y. M. Li, Materials Science and Technology, 25 (2009) 747 –752.
[26] M. C. Gao, A. D. Rollett, M. Widom, Physical Review B (Condensed Matter and Materials Physics), 75 (2007) 174120 –174121.
[27] X. Tao, Y. Ouyang, H. Liu, Y. Feng, Y. Du, Z. Jin, International Journal of Materials Research, 99 (2008) 582 –588.
[28] Y. Ouyang, B. Zhang, Z. Jin, S. Liao, Zeitschrift fur Metallkunde, 87 (1996) 802 –805.
[29] J. Sato, T. Omori, K. Oikawa, I. Ohnuma, R. Karinuma, K. Ishida, Science, 312 (2006) 90 –91.
[30] D. J. Skinner, K. Okazaki, Scripta Metallurgica, 18 (1984) 905 –909.
[31] A. Inoue, Y. H. Kim, T. Masumoto, Materials Transactions, JIM, 33 (1992) 487 –490.
[32] G. S. Choi, Y. H. Kim, H. K. Cho, A. Inoue, T. Masumoto, Scripta Metallurgica et Materialia, 33 (1995) 1301 –1306.
[33] Y. H. Kim, K. Hiraga, A. Inoue, T. Masumoto, H. H. Jo, Materials Transactions, JIM, 35 (1994) 293 –302.
[34] Y. H. Kim, A. Inoue, T. Masumoto, Journal of Japan Institute of Light Metals, 42 (1992) 217 –223.
[35] Y. –H. Kim, A. Inoue, T. Masumoto, Materials Transactions, JIM, 32 (1991) 331 –338.
[36] H. Kimura, A. Inoue, K. Sasamori, Y. –H. Kim, T. Masumoto, Materials Transactions, JIM, 36 (1995) 1004 –1011.
[37] J. J. U. S. Myrick, US, 2005.
[38] G. B. Olson, W. J. Tang, C. A. Qiu, H. J. Jou, in: Q. I. LLC. (Ed.), US, 2008.
[39] J. C. Zhao, Elsevier Ltd., Amsterdam, 2007, pp. 505.
[40] Z. P. Jin, Central South University of technology, Changsha, 1987, pp. 206.
[41]梁敬魁. 相图和结构, 北京: 科学出版社, 1993.
[42] L. A. Cornish, M. J. Witcomb, Journal of Alloys and Compounds, 291 (1999) 117 –129.
[43] J. A. P. Coutinho, V. Ruffier –Meray, Fluid Phase Equilibria, 148 (1998) 147 –160.
[44] R. Ferro, A. Saccone, Thermochimica Acta, 418 (2004) 23 –32.
[45] H. Zhou, X. Xu, G. Cheng, Z. Wang, S. Zhang, Journal of Alloys and Compounds, 386 (2005) 144 –146.
[46] K. W. Richter, K. Chandrasekaran, H. Ipser, Intermetallics, 12 (2004) 545 –554.
[47] K. W. Richter, H. Ipser, Intermetallics, 11 (2003) 101 –109.
[48] F. Stein, D. Jiang, M. Palm, G. Sauthoff, D. Grober, G. Kreiner, Intermetallics, 16 (2008) 785 –792.
[49] K. Zhang, Y. Xu, Journal of Alloys and Compounds, 400 (2005) 131 –135.
[50] X. Zhong, Z. Yang, J. Liu, Journal of Alloys and Compounds, 316 (2001) 172 –174.
[51] W. J. Boettinger, U. R. Kattner, K. W. Moon, J. H. Perepezko, DTA and Heat –flux DSC

Measurements of Alloy Melting and Freezing, U. S. NIST, Washington, 2006.

[52]金展鹏，中南矿冶学院学报，15 (1984) 27 - 35.

[53] Z. P. Jin, Scand. J. Metall., 10 (1981) 279 - 287.

[54] R. R. Kapoor, T. W. Eagar, Acta metallurgica et materialia, 38 (1990) 2755 - 2767.

[55] R. R. Kapoor, T. W. Eagar, Acta metallurgica et materialia, 38 (1990) 2741 - 2753.

[56] A. A. Kodentsov, G. F. Bastin, F. I. J. van Loo, Journal of Alloys and Compounds, 320 (2001) 207 - 217.

[57] J. C. Zhao, J. Mater. Sci., 39 (2004) 3913 - 3925.

[58] J. C. Zhao, Annu. Rev. Mater. Res., 35 (2005) 51 - 73.

[59] J. C. Zhao, M. R. Jackson, L. A. Peluso, L. N. Brewer, JOM, 54 (2002) 42 - 45.

[60] X. Honghui, D. Yong, H. Baiyun, J. Zhanpeng, L. Shitong, Z. Xiang, Zeitschrift fur Metallkunde, 97 (2006) 140 - 144.

[61] H. S. Liu, Y. M. Wang, L. G. Zhang, Q. Chen, F. Zheng, Z. P. Jin, Journal of Materials Research, 21 (2006) 2493 - 2503.

[62] Y. M. Wang, H. S. Liu, L. G. Zhang, F. Zheng, Z. P. Jin, Materials Science and Engineering A, 431 (2006) 184 - 190.

[63] J. J. V. Laar, Z. Physik. Chem., 63 (1908) 216 - 257.

[64] L. Kaufman, H. Bernstain, Computer Calculation of Phase Diagram, Academic Press, New York, 1970.

[65] P. Spencer, Calphad, (2007).

[66] R. W. 卡恩，P. 哈森，E. J. 克雷默，玻璃与非晶态材料，北京：科学出版社，2001.

[67] W. Buckel, R. Hilsch, Physik, 132 (1952) 420.

[68] M. H. Cohen, D. Turnbull, J. Chem. Phys., 31 (1959) 1164.

[69] W. K. JUN., R. H. WILLENS, P. DUWEZ, Nature, 187 (1960) 869 - 870.

[70] Y. He, R. B. Schwarz, J. I. Archuleta, Applied Physics Letters, 69 (1996) 1861 - 1863.

[71] H. W. Kui, Applied Physics Letters, 62 (1993) 1224 - 1226.

[72] R. B. Schwarz, Y. He, Trans Tech Publications, Switzerland, 1997, pp. 231 - 240.

[73] X. Yingfan, H. Xinming, C. Hong, W. Wenkui, Journal of Materials Science Letters, 9 (1990) 850 - 851.

[74] C. Dong, Q. Wang, J. B. Qiang, J. H. Xia, J. Wu, Y. M. Wang, Intermetallics, 15 (2007) 711 - 715.

[75] Z. Yong, Z. Degian, Z. Yanzin, P. Mingxiang, W. Weihua, Acta Metallurgica Sinica, 36 (2000) 1153 - 1156.

[76] K. Amiya, A. Inoue, Materials Transactions, 43 (2002) 2578 - 2581.

[77] A. Inoue, X. M. Wang, W. Zhang, Reviews on Advanced Materials Science, 18 (2008) 1 - 9.

[78] H. Men, J. Xu, Acta Metallurgica Sinica, 37 (2001) 1243 - 1246.

[79] I. A. Figueroa, H. Zhao, S. Gonzalez, H. A. Davies, I. Todd, Journal of Non - Crystalline

Solids, 354 (2008) 5181 - 5183.

[80] S. A. Syed, D. Swenson, Mater. Res. Soc, Warrendale, PA, USA, 1999, pp. 131 - 136.

[81] Q. S. Zhang, H. F. Zhang, Y. F. Deng, B. Z. Ding, Z. Q. Hu, Scripta Materialia, 49 (2003) 273 - 278.

[82] T. Zhang, H. Men, S. J. Pang, J. Y. Fu, C. L. Ma, A. Inoue, Materials Science & Engineering A (Structural Materials: Properties, Microstructure and Processing), 449 - 451 (2007) 295 - 298.

[83] C. - Y. Haein, X. Donghua, W. L. Johnson, Applied Physics Letters, 82 (2003) 1030 - 1032.

[84] J. Y. Lee, D. H. Bae, J. K. Lee, D. H. Kim, Journal of Materials Research, 19 (2004) 2221 - 2225.

[85] D. V. Louzguine - Luzgin, T. Shimada, A. Inoue, Materials Science and Engineering A, 448 - 451 (2007) 198 - 202.

[86] Y. Wang, C. H. Shek, J. Qiang, C. Dong, S. Pang, T. Zhang, Journal of Alloys and Compounds, 434 - 435 (2007) 167 - 170.

[87] M. C. Gao, G. J. Shiflet, Scripta Materialia, 53 (2005) 1129 - 1134.

[88] J. C. Huang, J. P. Chu, J. S. C. Jang, Intermetallics, 17 (2009) 973 - 987.

[89] Y. K. Kim, J. Ryong Soh, D. Kyung Kim, H. Mo Lee, Journal of Non - Crystalline Solids, 242 (1998) 122 - 130.

[90] D. V. Louzguine, A. Inoue, Materials Letters, 54 (2002) 75 - 80.

[91] J. Chol - Lyong, L. Xia, D. Ding, Y. - D. Dong, Chinese Physics Letters, 23 (2006) 672 - 674.

[92] P. Li, S. Li, Z. Tian, Z. Huang, F. Zhang, Y. Du, Journal of Alloys and Compounds, 478 (2009) 193 - 196.

[93] C. - L. Jo, L. Xia, D. Ding, Y. - D. Dong, E. Gracien, Journal of Alloys and Compounds, 458 (2008) 18 - 21.

[94] B. Zan, I. Akihisa, Materials Transactions, 46 (2005) 2541 - 2544.

[95] Q. Luo, W. H. Wang, Journal of Non - Crystalline Solids, 355 (2009) 759 - 775.

[96] B. Zhang, M. Pan, D. Zhao, W. Wang, Applied Physics Letters, 85 (2004) 61 - 63.

[97] P. Predecki, B. C. Giessen, N. J. Grant, Trans. Met. Soc. AIME, 233 (1965) 1438 - 1439.

[98] H. A. Davies, J. B. Hull, Scripta Metallurgica, 6 (1972) 241 - 246.

[99] P. Furrer, H. Warlimont, Zeitschrift fuer Metallkunde/Materials Research and Advanced Techniques, 62 (1971) 100 - 112.

[100] P. Furrer, H. Warlimont, Zeitschrift fur Metallkunde, 64 (1973) 236 - 248.

[101] P. Furrer, H. Warlimont, Material Science and Engineering, 28 (1977) 127 - 137.

[102] H. Warlimont, W. Zingg, P. Furrer, Switzerland, 1976, pp. 101 - 105.

[103] P. Ramachandrarao, M. Laridjani, R. W. Cahn, Zeitschrift fur Metallkunde, 63 (1972) 43 - 49.

[104] A. Inoue, A. Kitamura, T. Masumoto, Journal of Materials Science, 16 (1981) 1895－1908.

[105] A. Inoue, H. M. Kimura, T. Masumoto, A. P. Tsai, Y. Bizen, Journal of Materials Science Letters, 6 (1987) 771－774.

[106] A. Inoue, M. Yamamoto, H. M. Kumura, T. Masumoto, Journal of Materials Science Letters, 6 (1987) 194－196.

[107] T. An－Pang, A. Inoue, T. Masumoto, Metallurgical Transactions A (Physical Metallurgy and Materials Science), 19A (1988) 1369－1371.

[108] A. Inoue, K. Ohtera, T. An－Pang, T. Masumoto, Japanese Journal of Applied Physics, Part 2 (Letters), 27 (1988) 280－282.

[109] A. Inoue, K. Ohtera, A.－P. Tsai, H. Kimura, T. Masumoto, Japanese Journal of Applied Physics, Part 1: Regular Papers and Short Notes and Review Papers, 27 (1988) 1579－1582.

[110] A. Inoue, K. Kita, T. Zhang, T. Masumoto, Materials Transactions, JIM, 30 (1989) 722－725.

[111] A. Inoue, Amorphous, Quasicrystalline and Nanocrystalline alloy in Al－ and Mg－ based systems, Elsevier Science B. V., Amsterdam, The Netherlands, 1997.

[112] H. S. Chen, D. Turnbull, 17 (1969) 1021－1031.

[113] A. L. Greer, Nature, 366 (1993) 303－304.

[114] A. Inoue, T. Zhang, T. Masumoto, Journal of Non－Crystalline Solids, 156－58 (1993) 473－480.

[115] C. Suryanarayana, I. Seki, A. Inoue, Journal of Non－Crystalline Solids, 355 (2009) 355－360.

[116] Y. Li, S. C. Ng, C. K. Ong, H. H. Hng, T. T. Goh, Scripta Materialia, 36 (1997) 783－787.

[117] A. Inoue, K. Kobayashi, T. Maumoto, in: C. Hargitai, I. Bakony, T. Kemeny (Eds.) Metallic glasses, science and technology, Central Research Insitiute of Physics, Budapest, 1980, pp. 217.

[118] D. Turnbull, M. H. Cohen, J. Chem. Phys., 29 (1958) 1049－1052.

[119] M. Marcus, D. Turnbull, Switzerland, 1976, pp. 211－214.

[120] Z. P. Lu, Y. Li, S. C. Ng, Journal of Non－Crystalline Solids, 270 (2000) 103－114.

[121] Z. P. Lu, H. Tan, Y. Li, S. C. Ng, Scripta Materialia, 42 (2000) 667－673.

[122] F. Guo, S. Poon, G. Shiflet, Applied Physics Letters, 84 (2004) 37.

[123] K. Zhao, J. Li, D. Zhao, M. Pan, W. Wang, Scripta Materialia, 61 (2009) 1091－1094.

[124] A. Inoue, Acta Materialia, 48 (2000) 279－306.

[125] Z. P. Lu, C. T. Liu, Intermetallics, 12: 1035－1043.

[126] M. Hillert, Phase Equilibria, Phase Diagrams and Phase Transformations: Their Thermodynamic Basis, Cambridge University Press, Cambridge, 1998.

[127] H. L. Lukas, S. G. Fires, B. Sundman, Computational Thermodynamics: The CALPHAD Method, Cambridge University Press, New York, 2007.

[128] A. Zhu, G. J. Shiflet, D. B. Miracle, Scripta Materialia, 50 (2004) 987 – 991.

[129] X. Y. Yan, Y. A. Chang, Y. Yang, F. Y. Xie, S. L. Chen, F. Zhang, S. Daniel, M. H. He, Intermetallics, 9 (2001) 535 – 538.

[130] R. Arroyave, T. W. Eagar, L. Kaufman, Journal of Alloys and Compounds, 351 (2003) 158 – 170.

[131] M. C. Gao, R. E. Hackenberg, G. J. Shiflet, Journal of Alloys and Compounds, 353 (2003) 114 – 123.

[132] C. Tang, Y. Du, H. H. Xu, W. Xiong, L. J. Zhang, F. Zheng, H. Y. Zhou, Intermetallics, 16 (2008) 432 – 439.

[133] C. Triveno Rios, S. Surinach, M. D. Bar, C. Bolfarini, W. J. Botta, C. S. Kiminami, Journal of Non – Crystalline Solids, 354 (2008) 4874 – 4877.

[134] F. De Boer, R. Boom, W. Mattens, A. Miedema, A. Niessen, Cohesion in Metals: Transition Metal Alloys. Vol. 1, Elsevier Science Publishers B. V, P. O. Box 103, 1000 AC Amsterdam, The Netherlands, 1988.

[135] G. Toop, Trans. TMS – AIME, 223 (1965) 850? 855.

[136] R. Bormann, Thermodynamics of Alloy Formation, (1997) 171 – 186.

[137] R. Bormann, Materials Science and Engineering: A, 178 (1994) 55 – 60.

[138] R. Bormann, Materials Science and Engineering A, 226 – 228 (1997) 268 – 273.

[139] M. Palumbo, G. Cacciamani, E. Bosco, M. Baricco, Calphad, 25 (2001) 625 – 637.

[140] G. Shao, Journal of Applied Physics, 88 (2000) 4443 – 4445.

[141] N. Saunders, A. P. Miodownik, CALPHAD – Calculation of Phase Diagrams: A Comprehensive Guide, Elsevier Science Ltd Press, New York, 1998.

[142] M. Hillert, M. Jarl, Calphad, 2 (1978) 227 – 238.

[143] G. Shao, Intermetallics, 9 (2001) 1063 – 1068.

[144] G. Meyrick, G. Powell, Annual Review of Materials Science, 3 (1973) 327 – 362.

[145] D. A. Porter, K. E. Easterling, Phase transformations in metals and alloys, Van Nostrand Reinhold Co. Ltd. , New York, 1981.

[146] B. Lee, N. Hwang, H. Lee, Acta Materialia, 45 (1997) 1867 – 1874.

[147] H. – f. Hsu, S. – w. Chen, Acta Materialia, 52 (2004) 2541 – 2547.

[148] F. – q. Li, C. – q. Wang, 2006, pp. 18 – 22.

[149] W. Zhu, J. Wang, H. Liu, Z. Jin, W. Gong, Materials Science and Engineering: A, 456 (2007) 109 – 113.

[150] C. Lee, C. – Y. Lin, Y. – W. Yen, Journal of Alloys and Compounds, 458 (2008) 436 – 445.

[151] J. Wang, L. G. Zhang, H. S. Liu, L. B. Liu, Z. P. Jin, Journal of Alloys and Compounds, 455 (2008) 159 – 163.

[152] S. – w. Chen, M. – h. Lin, B. – r. Shie, J. – l. Wang, Journal of Non – Crystalline Solids, 220 (1997) 243 – 248.

[153] W. – k. Liou, Y. – w. Yen, K. – d. Chen, Journal of Alloys and Compounds, 479 (2009) 225 – 229.

[154] J. – W. Yoon, S. – B. Jung, Journal of Alloys and Compounds, 359 (2003) 202 – 208.

[155] C. Huang, S. Chen, Journal of Electronic Materials, 31 (2002) 152 – 160.

[156] J. Wang, H. Liu, L. Liu, Z. Jin, Journal of Electronic Materials, 35 (2006) 1842 – 1847.

[157] S. Yu, M. Wang, M. Hon, J. Mater. Res, 16 (2001) 77.

[158] A. T. Wu, M. – H. Chen, C. – H. Huang, Journal of Alloys and Compounds, 476 (2009) 436 – 440.

[159] W. Zhu, H. Liu, J. Wang, Z. Jin, Journal of Alloys and Compounds, 456 (2008) 113 – 117.

[160] D. Kim, B. Lee, N. Kim, Scripta Materialia, 52 (2005) 969 – 972.

[161] D. Kim, B. Lee, N. Kim, Intermetallics, 12 (2004) 1103 – 1107.

[162] S. Gorsse, G. Orveillon, O. Senkov, D. Miracle, Physical Review B, 73 (2006) 224202.

[163] 王娜, 李长荣, 杜振民, 金属学报, 44 (2008) 1111 – 1115.

[164] H. Okada, M. Kanno, Scripta Materialia, 37 (1997) 781 – 786.

[165] K. Horikawa, S. Kuramoto, M. Kanno, Acta Materialia, 49 (2001) 3981 – 3989.

[166] M. Drits, Paper from" Khimiya Metal. Splavov". Moscow, Nauka, 1973, 167 – 170 (Russian). (1973).

[167] R. A. Karnesky, M. E. van Dalen, D. C. Dunand, D. N. Seidman, Scripta Materialia, 55 (2006) 437 – 440.

[168] N. Saunders, I. Ansara, A. T. Dinsale, M. H. Rand, European Communities, Luxemburg, 1998.

[169] V. Witusiewicz, U. Hecht, S. Fries, S. Rex, Journal of Alloys and Compounds, 385 (2004) 133 – 143.

[170] S. Al Shakhshir, M. Medraj, Journal of Phase Equilibria and Diffusion, 27 (2006) 231 – 244.

[171] S. Liu, Y. Du, H. Chen, Calphad, 30 (2006) 334 – 340.

[172] S. Fries, H. Lukas, R. Konetzki, R. Schmid – Fetzer, Journal of Phase Equilibria, 15 (1994) 606 – 614.

[173] U. Abend, H. Schaller, Berichte der Bunsen – Gesellschaft, 101 (1997) 741 – 748.

[174] O. S. Zarehnyuk, I. F. Kolobnev, Russ. Metall., (1968) 140 – 142.

[175] M. E. Drits, E. S. Kadaner, D. DinShoa, Russ. Metall., (1971) 123 – 126.

[176] I. Yunusov, I. N. Ganiev, Russian Metallurgy, (1988) 204 – 205.

[177] I. Yunusov, I. N. Ganiev, Rasplavy, (1993) 91 – 94.

[178] T. Krachan, B. Stel'makhovych, Y. Kuz'ma, Journal of Alloys and Compounds, 349 (2003) 134 – 139.

[179] O. Redlich, A. Kister, Industrial & Engineering Chemistry, 40 (1948) 341 – 345.

[180] O. Kubaschewski, C. B. Alcock, Metallurgical Thermochemistry, Pergamon Press London, Oxford, New York, 1979.

[181] A. T. Dinsdale, Calphad, 15: 317 - 425.

[182]

[183] W. Cao, S. Chen, F. Zhang, K. Wu, Y. Yang, Y. Chang, R. Schmid - Fetzer, W. Oates, Calphad, 33 (2009) 328 - 342.

[184] A. Pisch, J. Gr 鲠 ner, R. Schmid - Fetzer, Materials Science & Engineering A, 289 (2000) 123 - 129.

[185] G. Shao, V. Varsani, Y. Wang, M. Qian, Z. Fan, Intermetallics, 14 (2006) 596 - 602.

[186] G. Levi, S. Avraham, A. Zilberov, M. Bamberger, Acta Materialia, 54 (2006) 523 - 530.

[187] E. Scheil, Zeitschrift fur Metallkunde, 34 (1942) 70 - 72.

[188] A. Inoue, T. Zhang, Materials science & engineering. A, Structural materials: properties, microstructure and processing, 226 (1997) 393 - 396.

[189] Y. Kawazoe, J. Z. Yu, A. P. Tsai, T. Masumoto, New Series III/ 37A, Landolt - Bornstein, 1997.

[190] G. Cacciamani, R. Ferro, Calphad, 25 (2001) 583 - 597.

[191] N. Clavaguera, Y. Du, Journal of Phase Equilibria, 17 (1996) 107 - 111.

[192] M. Gao, U. N, G. Shiflet, M. Mihalkovic, M. Widom, Metallurgical and Materials Transactions A, 36 (2005) 3269 - 3279.

[193] W. Zhuang, Z. Qiao, S. Wei, J. Shen, Journal of Phase Equilibria, 17 (1996) 508 - 521.

[194] Y. Du, N. Clavaguera, Scripta Materialia, 34 (1996) 1609 - 1613.

[195] Y. Du, P. S. Wang, (2009).

[196] O. S. Zarechnyuk, R. M. Rykhal, M. Y. Shtoyko, N. V. Herman, Visn. Lv́iv Derz. Univ., Ser. Khim, 17 (1975) 24 - 26.

[197] I. Yunusov, I. N. Ganiev, Russian Metallurgy, (1987) 188 - 190.

[198] P. Riani, L. Arrighi, R. Marazza, D. Mazzone, G. Zanicchi, R. Ferro, Journal of Phase Equilibria and Diffusion, 25 (2004) 22 - 52.

[199] P. Lantsman, M. Rutman, S. Dudkina, Metal Science and Heat Treatment, 32 (1990) 285 - 288.

[200] G. M. Dougherty, Y. He, G. J. Shiflet, S. J. Poon, Scripta Metallurgica et Materialia, 30 (1994) 101 - 106.

[201] G. M. Dougherty, G. J. Shiflet, S. J. Poon, Acta metallurgica et materialia, 42 (1994) 2275 - 2283.

[202] G. J. Shiflet, Y. He, S. J. Poon, Scripta Metallurgica, 22 (1988) 1661 - 1664.

[203] A. Zhu, S. Joseph Poon, G. J Shiflet, Scripta Materialia, 50 (2004) 1451 - 1455.

[204] H. Chen, Y. He, G. J. Shiflet, S. J. Poon, Scripta Metallurgica et Materialia, 25 (1991) 1421 - 1424.

[205] F. Q. Guo, S. J. Poon, G. J. Shiflet, Scripta Materialia, 43 (2000) 1089 - 1095.

[206] Y. He, G. J. Shiflet, S. J. Poon, Journal of Alloys and Compounds, 207 - 208 (1994) 349 - 354.

[207] N. Lalla, O. Srivastava, Materials Science & Engineering A, 304 (2001) 879 - 883.
[208] R. Dunlap, V. Srinivas, G. Beydaghyan, M. McHenry, Journal of Materials Science, 28 (1993) 2893 - 2897.
[209] J. Grobner, D. Kevorkov, R. Schmid - Fetzer, Zeitschrift fur Metallkunde, 92 (2001) 22 - 27.
[210] R. Hackenberg, M. Gao, L. Kaufman, G. Shiflet, Acta Materialia, 50 (2002) 2245 - 2258.
[211] G. Cacciamani, S. De Negri, A. Saccone, R. Ferro, Intermetallics, 11 (2003) 1135 - 1151.
[212] P. Subramanian, D. Laughlin, Bull. Alloy Phase Diagrams, 9 (1988) 347 - 354.
[213] R. V. Gumeniuk, B. M. Stel′makhovych, Y. B. Kuz′ma, Journal of Alloys and Compounds, 329 (2001) 182 - 188.
[214] A. P. Prevarskiy, Y. B. Kuz′ma, Izv. Akad. Nauk SSSR, Met. , (1988) 207 - 209.
[215] V. Raghavan, Journal of Phase Equilibria and Diffusion, 28 (2007) 547 - 548.
[216] V. T. Witusiewicz, M. I. Ivanov, Dokl. Akad. Nauk Ukr. SSR, (1987) 30 - 32.
[217] K. Fitzner, O. Kleppa, Metallurgical and Materials Transactions A, 28 (1997) 187 - 190.
[218] S. Chatain, C. Gonella, G. Bordier, J. Le Ny, Journal of Alloys and Compounds, 228 (1995) 112 - 118.
[219] F. Sommer, J. Schott, B. Predel, Journal of the less - common metals, 125 (1986) 175 - 181.
[220] M. Copeland, H. Kato, J. Nachman, C. Lundih, Gordon and Breach, New York, 133 (1962).
[221] K. Buschow, A. Van der Goot, Acta Crystallographica Section B: Structural Crystallography and Crystal Chemistry, 27 (1971) 1085 - 1088.
[222] C. S. Cheng, L. M. Zeng, Acta Phys. Sinica, 32 (1983) 1443 - 1448.
[223] M. Carnasciali, S. Cirafici, E. Franceschi, Name: J. Less - Common Met, (1983).
[224] P. Subramanian, D. Laughlin, Bull. Alloy Phase Diagrams, 9 (1988) 331 - 337.
[225] Y. B. Kuz′ma, V. V. Milyan, Izv. Akad. Nauk SSSR, Met. , (1989) 211 - 213.
[226] P. Riani, L. Arrighi, P. Perrot, Al - Cu - Dy (Aluminium - Copper - Dysprisium), in: S. I. G. Effenberg (Ed.) Landolt - Bornstein - Group IV Physical Chemistry, Light Metal System. Part 2, MSIT, 2005, pp. 431 - 438.
[227] N. Usenko, M. Ivanov, V. Petiuh, V. Witusiewicz, Journal of Alloys and Compounds, 190 (1993) 149 - 155.
[228] S. Meschel, O. Kleppa, Journal of Alloys and Compounds, 388 (2005) 91 - 97.
[229] N. Baenziger, J. Moriarty Jr, Acta Crystallogr, 14 (1961) 948.
[230] A. Storm, K. Benson, Acta Crystallographica, 16 (1963) 701 - 702.
[231] K. Buschow, A. GOOT, J. Birkhan, J LESS - COMMON METALS, 19 (1969) 433 - 436.
[232] M. Copeland, H. Kato, International Atomic Energy Agency, Vienna, Austria, (1964) 295 - 317.

[233]郑建宣，徐国雄，物理学报，31（1982）807－809.

[234] E. Franceschi, Journal of the Less Common Metals, 87（1982）249－256.

[235] E. M. Sokolovskaya, E. F. Kazakova, T. P. Loboda, Izv. Vyssh. Uchebn., Zaved., Tsvetn. Metall.,（1997）45－51.

[236] Y. B. Kuz'ma, T. V. Pan'kiv, Izv, Akad. Nauk SSSR Metally,（1989）218－219.

[237] M. Hillert, Journal of Alloys and Compounds, 320（2001）161－176.

[238] T. Helander, L. Hoglund, P. Shi, B. Sundman, J. Andersson, Calphad, 26（2002）273.

[239] R. Ferro, P. Riani, Al－Cu－Tb（Aluminium－Copper－Terbium）, in: S. I. G. Effenberg（Ed.）Landolt－Bornstein － Group IV Physical Chemistry, Light Metal System. Part 2, MSIT, 2005, pp. 148－155.

[240] G. Cacciamani, P. Riani, Al－Cu－Yb（Aluminium－Copper－Ytterbium）, in: S. I. G. Effenberg（Ed.）Landolt－Bornstein － Group IV Physical Chemistry, Light Metal System. Part 2, MSIT, 2005, pp. 174－218.

[241] K. Gschneidner, F. Calderwood, Journal of Phase Equilibria, 9（1988）676－678.

[242] K. Knipling, D. Dunand, D. Seidman, Zeitschrift fur Metallkunde, 97（2006）246.

[243]孙伟成，稀土在铝合金中的行为，兵器工业出版社，北京，1992.

[244]李云涛，刘志义，马飞跃，夏卿坤，稀有金属材料科学与工程，37（2008）1019－1022.

[245]李云涛，刘志义，夏卿坤，余日成，中南大学学报（自然科学版），37（2006）1044－1049.

[246] Y. Li, Z. Liu, Q. Xia, Y. Liu, Metallurgical and Materials Transactions A, 38（2007）2853－2858.

[247] G. Cacciamani, A. Saccone, S. De Negri, R. Ferro, Journal of Phase Equilibria and Diffusion, 23（2002）38－50.

[248] P. Subramanian, D. Laughlin, Bull. Alloy Phase Diagrams, 9（1988）337－342.

[249] B. Love, U. S. A. F., WADD Techn. Rept, 1960, pp. 60－74.

[250] H. Kato, M. I. Copeland, 1961, pp. 4－7.

[251] K. H. J. Buschow, Philips J. Res., 25（1970）227－230.

[252] I. V. Nikolaenko, E. A. Beloborodova, G. I. Batalin, N. I. Frumina, V. S. Zhuravlev, Zh. Fiz. Khim., 57（1983）1154－1156.

[253] B. M. Stel'makhovych, Y. B. Kuz'ma, V. S. Babizhet'sky, Journal of Alloys and Compounds, 190（1993）161－164.

[254] K. Gschneidner, F. Calderwood, Journal of Phase Equilibria, 10（1989）47－49.

[255] H.－c. Fang, K.－h. Chen, Z. Zhang, C.－j. Zhu, Transactions of Nonferrous Metals Society of China, 18（2008）28－32.

[256] K. Chen, H. Fang, Z. Zhang, X. Chen, G. Liu, Materials Science & Engineering A, 497（2008）426－431.

[257] F. Meng, L. Zhang, H. Liu, L. Liu, Z. Jin, Journal of Alloys and Compounds, 452（2008）279－282.

[258] L. Zhang, L. Liu, H. Liu, Z. Jin, Calphad, 31 (2007) 264 - 268.

[259] V. K. Kulifeev, G. P. Stanolevich, V. G. Kuzlow, Izv. Vyssh. Uchenbn. Zaved. Tsvetn. Metall, (1971) 108 - 110.

[260] A. Palenzona, Journal of the Less Common Metals, 29 (1972) 289 - 292.

[261] V. I. Kononenko, S. V. Golubev, Izv Akad Nauk SSSR Metally, (1990) 197 - 199.

[262] A. Pasturel, C. Chatillon - Colinet, A. Percheron - Guran, J. C. Achard, Journal of the Less Common Metals, 90 (1983) 21 - 27.

[263] G. Borzone, A. Cardinale, N. Parodi, G. Cacciamani, Journal of Alloys and Compounds, 247 (1997) 141 - 147.

[264] C. Colinet, A. Pasturel, K. Buschow, The Journal of Chemical Thermodynamics, 17 (1985) 1133 - 1139.

[265] V. K. Kulifeev, G. P. Stanolevich, V. G. Kozlov, Izv. Vyssh. Ucheb. Zaved. Tsvet. Met., (1971) 146 - 148.

[266] A. Palenzona, S. Cirafici, G. Balducci, G. Bardi, Thermochimica Acta, 23 (1978) 393 - 395.

[267] I. Ansara, P. Willemin, B. Sundman, Acta Metallurgica, 36 (1988) 977 - 982.

[268] I. Ansara, N. Dupin, H. Lukas, B. Sundman, Journal of Alloys and Compounds, 247 (1997) 20 - 30.

[269] U. Mizutani, H. Sugiura, Y. Yamada, Y. Sugiura, T. Matsuda, Materials Science and Engineering: A, 179 - 180 (1994) 132 - 136.

[270] T. Fukunaga, H. Sugiura, N. Takeichi, U. Mizutani, Physical Review B, 54 (1996) 3200.

[271] A. Inoue, J. PARK, N. Nishiyama, T. Masumoto, Materials transactions - JIM, 34 (1993) 82 - 84.

[272] T. A. Stephens, D. Rathnayaka, D. G. Naugle, Materials Science and Engineering: A, 133 (1991) 59 - 62.

[273] M. Yamada, N. Matsui, K. Kurita, K. Tanaka, T. Fukunaga, U. Mizutani, Materials Science and Engineering: A, 134 (1991) 983 - 986.

[274] W. - N. Myung, L. Battezzati, M. Baricco, K. Aoki, A. Inoue, T. Masumoto, Materials Science and Engineering: A, 179 - 180 (1994) 371 - 375.

[275] A. Inoue, N. Nishiyama, K. Amiya, T. Zhang, T. Masumoto, Materials Letters, 61 (2007) 2851 - 2854.

图书在版编目(CIP)数据

稀土 Al - Cu 合金相图及应用/章立钢,刘立斌,金展鹏著.
—长沙:中南大学出版社,2015.10
ISBN 978 - 7 - 5487 - 2039 - 3

Ⅰ.稀... Ⅱ.①章...②刘...③金... Ⅲ.稀土金属合金 - 铝铜合金 - 研究 Ⅳ.TG146.2

中国版本图书馆 CIP 数据核字(2015)第 284527 号

稀土 Al - Cu 合金相图及应用

章立钢 刘立斌 金展鹏 著

□责任编辑 刘颖维
□责任印制 易建国
□出版发行 中南大学出版社
社址:长沙市麓山南路 邮编:410083
发行科电话:0731-88876770 传真:0731-88710482
□印 装 长沙印通印刷有限公司

□开 本 720×1000 1/16 □印张 13.75 □字数 271 千字
□版 次 2015 年 10 月第 1 版 □印次 2015 年 10 月第 1 次印刷
□书 号 ISBN 978 - 7 - 5487 - 2039 - 3
□定 价 65.00 元